U0227730

配电系统可靠性分析
——故障关联矩阵法
Reliability Analysis of Power Distribution Systems:
Fault Incidence Matrix Method

王成山　张天宇　罗凤章　著

科 学 出 版 社

北 京

内 容 简 介

配电系统可靠性分析是配电系统规划、建设、改造和运行的一项基础性工作，是掌握电力用户可靠性水平的有效手段、剖析配电系统薄弱环节的关键环节，并可为配电系统可靠性水平的提升提供指导方向。本书系统介绍了一种配电系统可靠性分析新方法——故障关联矩阵方法，该方法可避免传统可靠性计算方法中烦琐的故障枚举和搜索计算过程，极大地提升了可靠性的分析效率。第1章概述配电系统可靠性相关概念及分析时存在的挑战等；第2、3章介绍可靠性基本理论及常用方法；第4、5章介绍基于故障关联矩阵的可靠性指标计算及灵敏度分析方法；第6~9章介绍可靠性分析方法在不同分析场景下的应用；第10章对智能配电系统的可靠性分析研究进行展望。

本书适合配电系统设备研发、工程建设和运行管理等相关领域的科技工作者阅读，也可供高等院校电力系统及其自动化专业的教师、研究生和高年级本科学生参考。

图书在版编目(CIP)数据

配电系统可靠性分析：故障关联矩阵法=Reliability Analysis of Power Distribution Systems: Fault Incidence Matrix Method / 王成山，张天宇，罗凤章著.—北京：科学出版社，2021.6

ISBN 978-7-03-067601-6

Ⅰ. ①配… Ⅱ. ①王… ②张… ③罗… Ⅲ. ①配电系统-系统可靠性 Ⅳ. ①TM727

中国版本图书馆CIP数据核字(2021)第001475号

责任编辑：范运年 王楠楠 / 责任校对：王萌萌
责任印制：师艳茹 / 封面设计：蓝正设计

科 学 出 版 社 出版
北京东黄城根北街16号
邮政编码：100717
http://www.sciencep.com

北京通州皇家印刷厂 印刷
科学出版社发行 各地新华书店经销

*

2021年6月第 一 版 开本：720×1000 1/16
2021年6月第一次印刷 印张：15 3/4
字数：317 000

定价：168.00 元
(如有印装质量问题，我社负责调换)

前　言

　　配电系统是电力系统中直接面向用户供电的重要环节，具有设备类型多、数量大、网架结构复杂等特征。过去 20 年，我国配电系统长期处于快速发展阶段，提高用户供电可靠性是长期不变的主题。近年来，随着智能电网技术的发展，配电系统形态发生了重大变化，分布式电源的大量接入使其由无源系统转变成有源系统，电力电子技术的发展促进了直流配电系统的应用，电动汽车等新型负荷增大了配电系统的运行复杂性，用户与电网间的供需互动需要配电系统发挥更好的平台支撑作用。同时，当配电系统的可靠性达到一个比较高的水平后，继续全面追求供电可靠性的提升也不再是一种科学的发展模式，按需定制，满足用户多样化的供电需求是配电系统更应关注的发展方向。

　　在配电系统的发展过程中，可靠性分析始终是一个重要的研究方向，也是电力系统建设和运行者关注的重要问题，发展简单实用的可靠性分析方法是众多学者不断的追求。面对配电系统的形态变化以及可靠性分析的新需求，配电系统的可靠性分析方法也需要不断发展。传统的配电系统可靠性计算方法已经比较成熟，由于可靠性分析是离线计算模式，对算法速度要求不高，可实现任意阶数故障下的系统可靠性分析。但将所有故障参数与系统/用户可靠性指标之间的关系进行显式解析表达还具有一定的挑战性。所谓显式解析表达，即建立故障参数与系统/用户可靠性指标之间的显式关系。显式的解析表达形式可以清晰地展示不同故障参数对可靠性指标影响程度的大小，也方便以解析表达关系为基础，建立数学优化模型解决可靠性优化提升问题。这种显式关系对可靠性薄弱环节分析以及可靠性提升措施优化都很重要。发展配电系统可靠性的显式解析分析方法是本书的主要目的。

　　在配电系统领域，作者所在的研究组已经开展了大量研究工作，培养了一批博士研究生和硕士研究生，很多成果已在我国配电系统中获得了广泛应用，为我国配电系统健康可持续发展做出了重要贡献，研究成果曾三次获得国家科技进步奖二等奖(2004 年、2010 年、2016 年)。正是因为坚持面向我国配电系统发展的重大需求，持之以恒不断探索，才促使作者对配电系统可靠性分析面临的新的理论与技术问题有更为深刻的认识。

　　本书共 10 章，系统介绍了一种配电系统可靠性分析的新方法——故障关联矩阵(fault incidence matrix，FIM)方法，该方法可避免传统可靠性计算方法中烦琐的故障枚举和搜索计算过程，通过建立各种可靠性指标与相关参数的显式表达式，更加便于对可靠性影响因素的分析以及薄弱环节的挖掘,极大地提升了配电系统可靠性的分析效率。书中以举例的形式介绍故障关联矩阵方法的应用,包括考虑分布式电源的配电系统可靠性分析、配电物理-信息系统的可靠性分析等,并对智能配电系统的可靠性分析发展方向进行展望。在本书写作过程中,针对每章内容,三位作者都反复讨论、不断修改,最终得以定稿呈现给广大读者。

　　本书的研究工作获得了国家自然科学基金委员会与瑞典研究理事会合作研究项目"多能协同的分布式可再生能源高比例消纳与高效利用"(编号:51961135101)、国家自然科学基金委员会-国家电网公司智能电网联合基金项目"智能配电系统源-网-荷形态特征演变分析及协调规划理论"(编号:U1866207)"复杂交直流混合配电系统可靠性评估与优化研究"(编号:51977140)以及国家重点研发计划项目等的支持。项目研究及本书写作过程中,得到了中国工程院院士余贻鑫教授,以及作者研究组成员葛少云、王守相、肖峻、魏炜、刘洪、李鹏、于浩、富晓鹏、宋关羽、冀浩然等老师的支持,在此一并表示感谢。

　　本书所介绍的内容是对配电系统可靠性计算方法的一种新探索,由于配电系统非常复杂,特别是随着智能配电系统技术的快速发展,配电系统的构成与运行方式都将发生很大的变化,可靠性分析领域会有许多新的问题凸显,作者希望本书能够起到抛砖引玉的作用,对广大从事配电系统可靠性研究的工作者来说有一定的参考价值,能够对推动我国配电系统的技术进步有所贡献。本书写作过程历时两年多,尽管对写作的内容进行了精心的准备,但由于配电系统技术目前正处于快速发展阶段,很多新的技术(如直流配电系统)尚在探索中,详细内容没有包含其中。限于作者水平,内容可能还存在不妥之处,真诚地期待专家和读者对本书提出批评和指正。

作　者

2021 年 2 月于天津大学

目　　录

第1章 绪 论

1.1 电力系统可靠性基本概念

可靠性是一个早已存在于人们生产生活中的基本概念，是指一个元件、设备或系统在规定的时间和条件下完成规定功能的能力，是衡量设备或系统功能的重要指标。对于电力系统，其可靠性的定义为电力系统按可接受的质量标准和所需数量不间断地向电力用户提供电力和电量的能力。

电力系统是关系到社会经济发展、国家能源安全的重要基础设施，其基本功能是尽可能地为用户提供经济和可靠的电能。一旦电力系统发生故障，就可能导致从局部直至大面积的停电事故发生。停电的后果不仅仅是电力公司收入的损失或用户用电舒适度的降低，甚至有可能对国家和人身安全造成严重的威胁，因此分析电力系统的供电可靠性，并指导建设高可靠性的电力系统已成为今天电力工业的一项基本任务。由于电力系统的规模庞大、设备繁杂，跨越多个电压等级，不同电压等级电力系统的网络架构、运行方式以及运营模式都不相同，难以将其作为一个整体进行可靠性分析。即使拥有计算整个电力系统可靠性指标的能力，将各电压等级电网作为整体计算，所得到的可靠性指标也并不具有指导意义。实际的可靠性分析工作是按照系统电压等级或功能，分层分区地进行。当前，对电力系统的可靠性分析工作分为三个层次[1]，如图 1-1 所示。

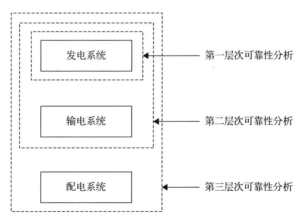

图 1-1 电力系统可靠性分析的层次划分

第一层次：发电系统可靠性分析。在对发电系统进行可靠性分析时，一般假设输配电网中的设备及其功能完全可靠。如果发电容量充足，输配电网可将发电系统的电能传送到所有负荷需求节点，且不会出现网络过负荷和电压偏移超过允许值的情况。系统是否正常的判据为发电系统的发电量是否能完全满足所有负荷的需求，因此发电系统的可靠性分析也称为发电容量充裕度分析。这一层次的可靠性分析重点关注的是发电机组发生强迫停运或者计划检修所导致的失负荷事件，应用的可靠性指标为电力不足概率(loss of load probability，LOLP)和电量不足期望(loss of energy expectation，LOEE)。分析的方法是基于历史统计数据，为系统中各个发电机组不同出力水平赋予概率值，并与年负荷需求曲线进行卷积运算，或通过模拟发电机组的出力与负荷水平的变化，得到发电系统无法满足所有负荷需求的概率值以及失负荷量的期望，从而体现发电系统满足负荷需求的能力。依靠这一层级的可靠性指标，系统规划运行人员可以决策发电系统的最优旋转备用容量、制定发电机组的最优检修计划、安排发电机组的容量扩建或淘汰退出时机等，以保证发电系统能最大限度地满足负荷需求。

第二层次：输电系统可靠性分析。输电系统由高压输电线路和包含不同设备与控制装置的变电站组成。这一层次的可靠性分析重点关注输电线路、变压器、断路器等故障对系统供电可靠性的影响，配电系统等效为负荷节点。常用的方法为故障影响分析(failure effect analysis，FEA)法，枚举所有故障事件，分析故障影响。实际中，输电系统呈环网运行，负荷的供电路径冗余，单一设备的故障往往并不会造成负荷停电。因此需要枚举多阶故障事件，判断故障后的输电网络是否违反了线路传输容量和电压偏移约束。若违反运行约束，记为一次失负荷事件，并对故障切除后的输电系统进行最优潮流分析，优化切机切负荷措施，统计失负荷量。输电系统的可靠性指标与发电系统相同，也应用电力不足概率和电量不足期望衡量系统对负荷的可靠供电能力。依据这一层次的可靠性分析结果，相关工程人员可以制定输电网架的规划建设方案、输电设备的检修时序，根据不同月份、季节负荷需求情况制定系统的最优运行方式。

第三层次：配电系统可靠性分析。配电系统可靠性分析的范围包括从输电系统终端变电站出口母线至电力用户的所有配电设备。这一层次的可靠性分析关注到了每个具体用户的用电可靠性，衡量配电系统可靠性的指标包括系统/用户停电频率、系统/用户停电时间以及系统/用户停电量。最常用的可靠性分析方法为故障模式影响分析(failure mode and effect analysis，FMEA)法，枚举设备故障事件，分析设备故障后的保护策略以及故障处理程序，进而分析故障对系统中每个用户的影响，并统计出系统/用户的可靠性指标。相关工程人员可根据用户个性化的可靠性需求指导配电系统的网架设计、设备改造等工作。

本书重点关注配电系统的可靠性分析，阐述配电系统可靠性分析的相关理论及其应用。

1.2　配电系统可靠性分析的主要内容

　　配电系统的可靠性分析工作可以分为配电系统可靠性历史分析和配电系统可靠性预测分析两大方面[2-4]，如图 1-2 所示。

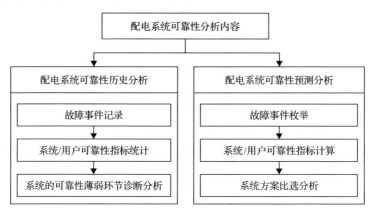

图 1-2　配电系统可靠性分析主要内容

1. 配电系统可靠性历史分析

　　配电系统可靠性历史分析重点关注的是配电系统在过去某一段时间的表现，通过记录配电系统的历史运行情况，统计并分析配电系统的历史可靠性指标，即"度量过去"。历史分析的主要工作包括故障事件记录、系统/用户可靠性指标统计以及系统的可靠性薄弱环节诊断分析三方面。

　　故障事件记录通常包括故障设备的类型，故障发生原因、时间、天气状况，故障影响范围，故障处理时长，供电恢复时长等内容。故障事件记录是可靠性历史分析的数据基础，只有尽可能详细地记录故障发生的全过程才能尽可能精确地掌握配电系统可靠性。

　　系统/用户可靠性指标统计基于故障事件记录情况进行，是对一段时间内，通常是一年来停电事件所做记录的统计总结。所得到的配电系统历史可靠性指标主要有四类：停电频率类、停电时间类、停电量类和停电概率类，对于整个配电系统和单一电力用户均有相对应的统计指标。

　　系统的可靠性薄弱环节诊断分析基于可靠性指标统计结果进行，通过对可靠性指标的分析可以得到影响系统可靠性的主要原因、系统的薄弱环节以及重复出现故障的设备等，从而进行具有针对性的可靠性提升工程，如检修或替换故障频发的设备、提升网络坚强性、提高故障处理效率等措施。

2. 配电系统可靠性预测分析

配电系统可靠性预测分析重点关注的是配电系统将来一段时间内的表现，即"预测未来"。预测分析的主要工作包括故障事件枚举、系统/用户可靠性指标计算以及系统方案比选分析三方面。

要枚举故障事件首先需要对不同类型的故障事件进行可靠性建模，基于历史上大量同类故障发生的频率、故障持续时长等统计数据，计算出此类故障事件的发生概率、故障修复时长等可靠性参数。然后，在所研究的配电系统中模拟该故障事件发生，并分析故障发生后的系统保护动作情况和用户停电情况。在枚举所有可能发生的故障事件之后，基于每一类故障事件的可靠性参数及其对用户的停电影响，即可计算系统或用户的可靠性指标。

可靠性预测分析是为了给未来配电系统的规划、改造、设备检修、运行调度等活动的最优策略制定提供策略参考和数据支撑，通常需要在不同的系统方案之间进行比选。在配电系统的规划设计改造中，提升系统可靠性是重要的目标之一，因此，需要可靠性的预测分析为系统规划改造提供目标参考；在配电系统的调度运行中，可以应用可靠性预测分析选取风险最小的运行方式；在配电系统设备状态检修决策中，同样需要应用可靠性预测分析来评价预防性维修措施的效果以及检修策略变化对系统可靠性的影响，从而安排最佳的检修计划。

可以说配电系统可靠性的历史分析与预测分析两者密不可分、相辅相成，是配电系统可靠性工程的两个重要组成部分。只有掌握了现有配电系统设备的可靠性参数数据，才能进行可靠性预测分析。反之预测分析是历史分析的深化和发展，只有通过预测分析指导配电系统的规划改造和设备检修，才能进一步提升配电系统可靠性，对可靠性的历史统计才有价值。

1.3　配电系统可靠性分析的特点

配电系统供电覆盖面积广，设备种类、型式、接线方式复杂多样，且负荷大小、分布和性质各异，相比发输电系统有其自身的运行方式和管理特点。配电系统的可靠性分析也与发输电系统有很大不同，其特点主要有以下三个方面。

(1)配电系统的可靠性指标直接面向电力用户。配电系统是电力系统连接用户的最后一环，与用户联系紧密，因此，配电系统的可靠性分析更倾向于以具体的电力用户为导向。由于发输电系统将变电站作为等效的负荷点，其可靠性指标通常为电力不足概率和电量不足期望，用以表征系统整体的可靠供电能力。而配电系统可靠性指标是以用户为统计单位，这里的用户包括公用配电变压器下所连接的电力用户和专变所连接的电力用户。配电系统可靠性指标包括了停电时间、停电频率、停电量以及停电概率四类指标，可以从不同侧面反映每个具体用户的用电可靠性。

(2) 一阶故障事件占主导地位。由于发输电系统在规划建设时往往考虑 N–1 或 N–2 的冗余设计，大部分一阶故障事件并不会对发输电系统的正常供电产生影响，需要枚举二阶甚至高阶故障。但配电系统是辐射状运行，即使具有弱环结构，在运行时通常也是开环状态。配电系统中的大部分一阶故障就会造成用户停电，加之高阶故障发生的可能性较小，因此，一阶故障对配电系统可靠性指标的影响占主导地位。在配电系统可靠性分析中往往忽略高阶故障，仅仅枚举所有一阶故障事件并分析其影响。

(3) 配电系统的两个故障准则。故障准则是判断系统在规定的条件下丧失规定功能的判据。发输电系统的故障准则是故障切除后的网络中出现线路过负荷和电压越限等情况，通常需要建立基于直流潮流的最优切负荷模型，优化切负荷量，从而计算可靠性指标。而配电系统的故障准则有两个，分别为全部失去连续性 (total loss of continuity，TLOC) 准则和部分失去连续性 (partial loss of continuity，PLOC) 准则。TLOC 准则是指若元件故障造成负荷点和所有电源点之间的所有通路都断开，则判定为一次停电事件。PLOC 准则是指若元件故障并未断开负荷点和所有电源之间的所有通路，但由于线路容量和电压约束，须削减负荷以消除过流或过电压现象，则判断为一次停电事件。PLOC 准则与发输电系统的故障准则类似，但由于配电线路的电阻值较大不可忽略，需要计算故障后的配电系统交流潮流，从而确定失负荷情况。当前，配电系统可靠性分析中多采用 TLOC 准则作为判断负荷停电的标准，主要原因是配电系统的辐射状运行特点导致 TLOC 事件在所有一阶故障事件中占据主要比例[5]。配电系统的负荷分布广、类型多、实时变动大，尤其在预测分析中无法掌握未来精确的系统潮流情况，应用精确的切负荷优化模型处理 PLOC 事件并不会提升配电系统可靠性的预测分析精度，且计算量大，因此配电系统可靠性分析中多以 TLOC 准则为主导。

1.4 配电系统可靠性分析的意义

在过去相当长的一段时间内，配电系统可靠性问题受关注程度远低于发电系统和输电系统。这主要是因为发电系统和输电系统的投资集中，故障后可能会引起严重的后果，造成巨大损失。而配电系统的投资相对分散，停电影响是局部的。因此，许多专家都着重研究发电系统和输电系统的可靠性，对配电系统可靠性问题重视不够。

事实上，配电系统与用户相连，配电系统可靠性与用户可靠性之间有着直接的关系。由于配电系统多采用辐射状运行，对一阶故障比较敏感，根据电力公司对用户停电事件统计数据的分析，配电系统对于用户的停电事件具有更大的影响。据统计[6]，用户的停电事件中有 80%～95%是由配电系统的故障引起的。由此可见，配电系统对电力用户的可靠性水平有着显著影响，对配电系统的可靠性进行分析也有着重要意义。

1. 配电系统可靠性分析是掌握电力用户可靠性水平的有效手段

在图 1-1 中的三层次电力系统可靠性分析架构中，第一、二层次的可靠性分析忽略了配电系统，将大量用户等效为一个负荷节点，所得到的可靠性指标更注重系统整体的可靠性水平，并不具体代表每个电力用户的可靠性。第三层次的配电系统可靠性分析中，真正考虑了配电系统中每个节点的用户数量和负荷需求，并可以详细分析故障隔离、处理和供电恢复过程，从而计算得到每个电力用户的年停电次数、停电时间和停电量。随着电力市场环境的开放，电力用户的可靠性水平成为考核电力公司的重要指标，作为电力商品特性之一的供电可靠性也将成为用户选择供应商的主要参考因素[7]。因此，配电系统的可靠性分析就成为掌握电力用户可靠性水平，并依此开展配电系统可靠性提升工程的基础。

2. 配电系统可靠性分析是剖析配电系统薄弱环节的重要基础

随着社会的发展，电力用户对可靠性的要求不断提高。因此，精准定位影响配电系统可靠性的薄弱环节，进而采取有针对性的可靠性提升措施也就成了配电系统管理中的一项重要工作。例如，通过一年的历史故障事件来统计各类停电事件对可靠性指标的贡献度，分析系统主要停电原因，采取有针对性的解决措施；通过检查设备历年故障记录判断该设备是否需要更换和检修等，这些分析工作都是以配电系统的可靠性分析为前提的。由于配电系统的设备种类繁杂，故障事件多样，故障处理过程各异，只有通过对配电系统进行可靠性分析，并在分析过程中清晰明了地掌握各种设备故障对不同用户影响的严重程度，才能从中筛选出对用户可靠性影响最严重的故障事件。因此，配电系统的可靠性分析是进行可靠性薄弱环节研判的重要基础。

3. 配电系统可靠性分析可为配电系统的可靠性管理提供指导

配电系统的可靠性管理主要包括对系统的升级改造和运行维护两方面的任务。系统升级改造重点针对配电系统网架结构，通过新增开关、改善网络分段、更替老旧设备等措施提升系统可靠性。系统运行维护重点针对设备的定期巡视与状态检修，通过对设备的定制化维护管理，保障系统运行可靠性。对系统的升级改造和运行维护，都需要在配电系统可靠性和投资经济性之间进行最佳权衡[8,9]，因此配电系统的可靠性分析工作不可或缺，它可为配电系统可靠性管理方案的优化提供可靠性指标的参考和指导。

1.5 配电系统可靠性分析的挑战

当前已经有很多关于配电系统可靠性的分析方法以及应用可靠性指标来指导配电系统的规划、运行、维护管理工作的相关研究。然而，配电系统可靠性指标的显式解析计算、配电系统可靠性薄弱环节分析以及可靠性分析方法在可靠性提升措施优化中的应用这三个方面仍有若干难题需要解决。

1. 配电系统可靠性指标的显式解析计算

当前计算配电系统可靠性指标的方法主要分为模拟法和解析法两大类。应用模拟法计算可靠性指标时，需要模拟设备状态以及系统运行状态，在模拟过程中记录故障事件，分析每个故障事件对系统和用户停电的影响，在达到一定的模拟时长后，统计用户的停电情况，计算系统的可靠性指标。模拟法无法实现可靠性指标的显式解析表达，各个故障事件的分析过程彼此独立，无法直接对比各个故障对可靠性指标的影响程度大小，也就不便于后续的可靠性薄弱环节分析和可靠性提升措施优化等相关工作的开展。

经典的解析方法是故障模式影响分析法，通过枚举所有元件故障事件，分析每个故障对负荷的影响，形成系统故障模式集合，最终得到负荷节点及系统的可靠性指标。但随着配电系统规模增大，对各个元件进行故障影响分析相当烦琐，显式解析关系的表达也变得困难。除了故障模式影响分析法，学者还提出了若干个配电系统可靠性的解析计算方法。例如，网络等值法[10]将分支馈线等效为主馈线的串联元件，从而简化了系统主馈线的可靠性分析过程。但当配电系统具有多级分支馈线，且分支馈线开关较多时，其向上等效和向下等效会变得复杂。又如，最小路法[11]将配电设备分为最小路上设备和非最小路上设备，通过搜索每个负荷节点的最小路，并将非最小路上设备的故障影响折算到相应的最小路节点上，计算单个负荷节点的可靠性指标。随着配电系统规模的扩大，各个负荷节点最小路的求取会更困难，非最小路设备故障对负荷停电的折算效率会降低。再如，基于分区分块的故障扩散法[12]，其基本思想是首先按照开关的位置将配电系统分区，同一区域的设备具有相同的可靠性指标，这样大大减少了需要分析的设备数量。然后枚举故障事件，利用搜索算法判断故障影响范围和类型。基于分区分块的故障扩散法虽然能减小计算规模，并精确搜索各个故障对负荷节点的影响，但仍需要枚举故障，无法避免重复性的故障搜索过程。

以上这些配电系统可靠性的解析计算方法均可以在一定程度上表达若干故障事件参数与可靠性指标之间的显式关系。例如，网络等值法、最小路法可以实现一条馈线或一条供电路径上的故障设备参数与可靠性指标的显式解析计算；基于分区分块的故障扩散法可以实现一个故障事件与可靠性指标的解析计算。但面对规模庞大、设备种类多样的配电系统，这些解析方法的计算过程将变得烦琐，计算效率也受到影响。如何将所有设备的故障参数与系统/用户可靠性指标之间的关系进行显式解析表达还未见报道，这也是制约可靠性计算应用于可靠性薄弱环节分析和可靠性措施优化工作的关键所在，也是本书力求解决的问题之一。

2. 配电系统可靠性薄弱环节分析

薄弱环节分析是配电系统可靠性分析的重要应用之一，也称为灵敏度计算[13]，即量化配电系统内各类故障设备的不同参数对可靠性指标的影响程度，如设备故障率、故障处理时长、开关操作时间等。最简洁方便的灵敏度计算方法是求导法，即根据可靠性指标计算公式，对某一参数进行求导，从而得到这个参数对指标的灵敏度。然而，对于配电系统，目前还没有简明统一的可靠性指标解析表达方式，这就给配电系统的可靠性灵敏度分析带来了一定的困难，无法应用简单的求导法对配电系统可靠性指标的灵敏度进行计算。

当前配电系统的可靠性灵敏度计算主要集中在有限差分法，也称为摄动法[14,15]，其基本思想是给所研究的参数附加微小摄动，用差分的格式来计算该参数的变动对可靠性指标的影响，即每次对设备故障率和修复时间参数进行微量调整，同时进行一次可靠性指标计算，从而得到可靠性指标对不同参数的灵敏度。有限差分法适合可靠性指标无法显式解析表达的场景，如结合蒙特卡罗模拟，多次改变设备故障参数，进而模拟配电系统运行，重复计算几组可靠性指标，然后分析可靠性指标的变化情况，以识别系统薄弱环节。但该方法只能分析局部参数变化引起的可靠性指标变化大小，且分析不同参数的灵敏度时需要进行大量重复计算，效率较低。

应用求导法计算可靠性灵敏度目前主要集中于大电网的可靠性分析中[16-18]。配电网与大电网结构和运行方式不同，可靠性指标的计算要计及各类保护的动作次序和倒闸转供操作时间，由于目前还没有简明统一的可靠性指标解析表达方式，这就给配电系统的可靠性灵敏度计算带来了一定的困难。传统的最小路法、最小割集法、网络等值法虽然能在一定程度上显式计算可靠性指标，但随着网络规模的扩大，求取割集、路集的过程以及不交化操作会变得复杂，网络等值的过程也会使等值前的原始设备对可靠性指标的影响变得模糊，难以计算。基于分区分块的故障扩散法虽然提高了可靠性指标的计算效率，但也无法得到可靠性指标的显式表达式，无法进行求导操作。尤其是一些网络结构类的影响因素，如分段开关位置灵敏度、联络位置灵敏度、配电自动化改造工程灵敏度等，这些不可量化的参数也无法应用求导的方法得到可靠性灵敏度。综上所述，系统性地总结影响配电系统可靠性的因素，并进行灵敏度计算是当前配电系统可靠性分析相关研究的另一个挑战。

3. 可靠性分析方法在可靠性提升措施优化中的应用

配电系统可靠性分析最终需要服务配电系统的可靠性提升工作，主要包括网架的升级改造以及设备的日常运行维护。不管是系统改造还是日常的运维，都涉及资金的投入，因此常常需要在提升系统可靠性指标和确保投资经济性之间进行权衡，即建立优化模型，寻找最优的可靠性提升方案。若配电系统的可靠性指标本身无法用完全显式解析的形式表达，就会导致可靠性提升优化模型是一个非线性、不可微、混合整数问题，难以应用数学优化算法求得全局最优解，这就给系统可靠性优化提升工作造成了一定的困难。

以配电系统分段开关与联络开关的优化配置为例，对线路的分段开关与联络开关进行合理的优化可以显著缩小故障停电范围，加快停电负荷的转供恢复，是提升配电系统可靠性的重要措施之一。但分段开关与联络开关的优化设计问题是典型的非线性、不可微的组合优化问题，难以寻找最优解。当前对配电系统分段开关与联络开关的优化方法主要有三类。第一类方法为启发式方法[19-22]，即首先制定出分段开关或联络开关最优配置规则，根据此规则，逐步增加开关，直到违反相关约束，输出配置方案。启发式方法均为逐步寻优，而单一步骤最优解的累积并不意味着它就是全局最优解。第二类方法为智能算法[23-26]，如建立遗传基因、粒子群、蜂群、蚁群等个体模型描述分段开关与联络开关的位置信息，并在大量个体中选择相对优良的个体后代通过反复的交叉、变异、遗传等过程，迭代优化，得到最优解。然而，智能算法仍然无法保证每次优化均能找到全局最优解。第三类方法为 0-1 数学规划方法[27-29]，将各段线路有无分段开关作为 0-1 决策变量进行优化，但同时优化分段开关和联络开关的研究还很少。这些难题均是可靠性指标无法显式解析表达所造成的，如果实现了可靠性指标的高效显式解析计算，这些可靠性提升优化问题的建模和求解将会变得简单。

除了配电系统规划设计改造外，配电设备的检修工作也是保证配电系统安全可靠运行的重要措施。传统配电设备的检修工作重点关注的是设备本身的健康度，根据设备的劣化状态制定适宜的检修或更换计划。但这种检修模式忽略了设备故障对配电系统可靠性的影响，有可能导致系统中不重要位置上设备的过度维护或者系统中关键位置上设备的维护欠缺，不仅会造成检修人力、资金等资源的浪费，也不利于最大限度地提升配电系统可靠性水平。以可靠性为中心的检修策略可以兼顾设备的状态和设备的重要程度，对不同设备设定不同的巡检周期，并根据设备在系统中的重要程度，设定最优的检修时机以及检修方式，但这需要检修人员掌握每一台设备的健康状况。配电系统的供电面广，设备种类、型式和接入方式复杂多样，运行操作、检修、更换频繁，对故障及设备缺陷往往采取就地处理与更换设备后集中进行检修相结合的方式，大量设备的运行状态通常无法实时感知和掌握，因此，如何依据有限的设备状态信息实施以可靠性为中心的检修，具有一定的挑战。

　　综上，可靠性分析作为配电系统在规划运行中的一项基本任务，在可靠性指标的显式解析计算、薄弱环节的精准快速研判以及可靠性提升措施优化方面仍有很多需要解决的实际问题。本书针对这些问题，围绕配电系统可靠性分析理论进行深入分析，将介绍一种基于故障关联矩阵的配电系统可靠性分析方法，并将其应用于配电系统薄弱环节分析以及可靠性提升措施优化等方面。

参 考 文 献

[1] 张天宇. 基于故障关联矩阵的配电系统可靠性评估方法. 天津: 天津大学, 2019.

[2] 陈文高. 配电系统可靠性实用基础. 北京: 中国电力出版社, 1998.

[3] 杨蒨百, 戴景宸, 孙启宏. 电力系统可靠性分析基础及应用. 北京: 水利电力出版社, 1986.

[4] Billinton R, Allan R N. Reliability Evaluation of Power Systems. New York: Plenum Press, 1994.

[5] 谢莹华. 配电系统可靠性评估. 天津: 天津大学, 2005.

[6] Allan R N, Billinton R. Probabilistic assessment of power systems. Proceedings of the IEEE, 2000, 88(2): 140-162.

[7] 赵徽, 康重庆, 夏清, 等. 电力市场中可靠性问题的研究现状与发展前景. 电力系统自动化, 2004, 28(5): 6-10.

[8] Billinton R, Wang P. Distribution system reliability cost/worth analysis using analytical and sequential simulation techniques. IEEE Transactions on Power Systems, 1998, 13(4): 1245-1250.

[9] 田洪旭. 中压配电网可靠性评估应用指南. 北京: 中国电力出版社, 2018.

[10] Billinton R, Li W. A system state transition sampling method for composite system reliability evaluation. IEEE Transactions on Power Systems, 1993, 8(3): 761-770.

[11] 别朝红, 王锡凡. 配电系统的可靠性分析. 中国电力, 1997, 30(5): 10-13.

[12] 谢开贵, 周平, 周家启, 等. 基于故障扩散的复杂中压配电系统可靠性评估算法. 电力系统自动化, 2001, 25(4): 45-48.

[13] 韩林山, 李向阳, 严大考. 浅析灵敏度分析的几种数学方法. 中国水运, 2008, 8(4): 177-178.

[14] Li F, Brown R E, Freeman L A A. A linear contribution factor model of distribution reliability indices and its applications in Monte Carlo simulation and sensitivity analysis. IEEE Transactions on Power Systems, 2003, 18(3): 1213-1215.

[15] Wang C, Zhang T, Luo F, et al. Impacts of cyber system on microgrid operational reliability. IEEE Transactions on Smart Grid, 2019, 10(1): 105-115.

[16] 赵渊, 周念成, 谢开贵, 等. 大电力系统可靠性评估的灵敏度分析. 电网技术, 2005, 29(24): 25-30.

[17] 周家启, 陈炜骏, 谢开贵, 等. 高压直流输电系统可靠性灵敏度分析模型. 电网技术, 2007, 31(19): 18-23.

[18] 肖雅元, 张磊, 罗毅, 等. 基于回路可靠性贡献指标的电网薄弱点分析. 电力系统保护与控制, 2015(15): 54-59.

[19] Mao Y, Miu K N. Switch placement to improve system reliability for radial distribution systems with distributed generation. IEEE Transactions on Power Systems, 2003, 18(4): 1346-1352.

[20] 廖一茜, 张静, 王主丁, 等. 中压架空线开关配置三阶段优化算法. 电网技术, 2018, 42(10): 3413-3419.

[21] Wang P, Billinton R. Demand-side optimal selection of switching devices in radial distribution system planning. IEE Proceedings-Generation, Transmission and Distribution, 1998, 145(4): 409-414.

[22] Xu Y, Liu C C, Schneider K P, et al. Placement of remote-controlled switches to enhance distribution system restoration capability. IEEE Transactions on Power Systems, 2016, 31(2): 1139-1150.

[23] Pregelj A, Begovic M, Rohatgi A. Recloser allocation for improved reliability of DG-enhanced distribution networks. IEEE Transactions on Power Systems, 2006, 21(3): 1442-1449.

[24] Aman M M, Jasmon G B, Mokhlis H, et al. Optimum tie switches allocation and DG placement based on maximisation of system loadability using discrete artificial bee colony algorithm. IET Generation Transmission & Distribution, 2016, 10(10): 2277-2284.

[25] Tippachon W, Rerkpreedapong D. Multiobjective optimal placement of switches and protective devices in electric power distribution systems using ant colony optimization. Electric Power Systems Research, 2009, 79(7): 1171-1178.

[26] Assis L S D, Usberti F L, Lyra C, et al. Switch allocation problems in power distribution systems. IEEE Transactions on Power Systems, 2014, 30(1): 246-253.

[27] Jahromi A A, Firuzabad M F, Parvania M, et al. Optimized sectionalizing switch placement strategy in distribution systems. IEEE Transactions on Power Delivery, 2011, 27(1): 362-370.

[28] Siirto O K, Safdarian A, Lehtonen M, et al. Optimal distribution network automation considering earth fault events. IEEE Transactions on Smart Grid, 2017, 6(2): 1010-1018.

[29] Sun L, You S, Hu J, et al. Optimal allocation of smart substations in a distribution system considering interruption costs of customers. IEEE Transactions on Smart Grid, 2018, 9(4): 3773-3782.

第2章 配电系统设备可靠性模型

2.1 配电系统设备及其故障类型

配电系统是由母线、配电线路、开关等不同类型的设备按照一定的规则、结构相互连接而成，系统可靠性分析需要以设备状态分析和网络结构分析为基础。本章将重点针对设备本身的状态介绍设备可靠性的相关模型。配电设备本身又是由多个元件组成，例如，开关设备就是由开关本体和相关控制机构的许多元件构成，但在研究配电系统设备可靠性时，通常把配电设备看作一个不可分割的整体，不再对其内部元件的可靠性进行分析，这也符合实际日常统计配电设备故障数据的习惯。

根据中国电力企业联合会发布的《电力可靠性管理代码》[1]，配电设备分为架空线路、电缆线路、柱上设备、户外配电变压器台、箱式配电站、土建配电站、开关站、用户设备以及其他设备共九大类，每个大类又细分为若干小类。去除一些对配电系统网络拓扑无影响、不会造成系统停电的相关设施，如箱式配电站的箱(墙)体等土建基础设施，配电系统中的设备可靠性模型中一般包括母线、配电线路、配电变压器、断路器、隔离开关、熔断器等。这些设备所构成的配电系统网络如图 2-1 所示。

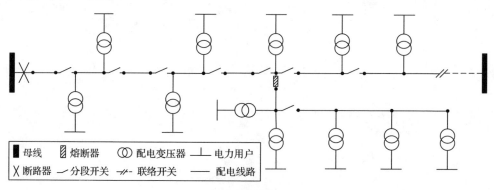

图 2-1　配电设备连接关系示意图

图 2-1 展示了配电系统的基本结构。配电系统网架由主馈线和分支馈线构成，主馈线首端配有断路器，分支馈线首端配有熔断器。断路器与熔断器能在故障发生时瞬间切断上级电源供应，防止人身事故发生和设备损坏。主馈线和分支馈线

上装有隔离开关，分为分段开关(常闭)和联络开关(常开)。分段开关将馈线分为若干段，联络开关位于馈线末端与其他馈线联络。在发生故障时，通过操作分段开关与联络开关，可隔离故障和倒负荷，达到缩小停电范围、恢复负荷供电的目的。电力用户通过配电变压器和配电柜接入配电系统，用户与配电馈线之间装有负荷开关，用于正常负荷电流的开断和故障隔离。

　　尽管配电设备类型各异，故障原因多样，但可以将配电设备的故障类型归纳为两类，一类是不可修复故障，另一类是可修复故障[2]，如图 2-2 所示。

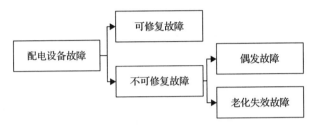

图 2-2　配电设备故障类型划分

　　发生不可修复故障的设备无法被修理到未发生故障之前的状态，必要时需要对设备进行更换。不可修复故障又可以进一步分为偶发故障和老化失效故障。例如，由雷击导致的绝缘子被破坏性击穿，绝缘子的绝缘强度下降，无法被修复，需要被替换。由于雷电击穿是偶发性的事件，这种故障类型属于偶发故障。又如，地下电缆到达了运行年限，绝缘层老化严重，导致线路短路，在隔离故障后需要进行更换，这种故障就属于老化失效故障。

　　发生可修复故障的设备可以被 100%修复完好，达到它未发生故障之前的状态，从而 100%发挥其原有的功能。例如，跌落的树枝导致架空线上相邻两相线路的短路，当断路器跳闸隔离故障后，清除线路上的树枝后即可恢复正常的供电，此类故障就是可修复故障。

　　设备故障导致的系统故障事件也可以分为两类，一类为永久性故障事件，另一类为暂时性故障事件。永久性故障事件通常是配电设备发生了不可修复故障所导致的，例如，绝缘子的击穿损坏、配电线路断线等，地下设备所引发的系统故障事件大部分是永久性故障事件。系统的永久性故障通常造成用户长时间停电。暂时性故障事件往往是由设备的可修复故障引起的，例如，线路在发生故障后，断路器跳闸，线路断开，如果重合器在一定延时后重合成功，系统正常工作，此类故障事件则称为暂时性故障事件。在含架空线路的配电系统中，暂时性故障占总故障的 50%~90%。暂时性故障事件产生的原因包括：雷电、风力作用导致的导线相互接触，污秽造成的绝缘子闪络等。由于暂时性故障事件在架空线发生频率较高，因此，架空线很多采用重合闸措施。

对各类设备故障类型建立可靠性模型是配电系统可靠性分析的基础,在可靠性历史分析中,需要对所记录的设备故障数据进行分析,对设备的可靠性进行建模,分析设备的健康度,进而为可靠性预测分析提供设备故障率参数,本章后续章节将详细阐述配电设备的可靠性模型。

2.2　不可修复设备可靠性模型

2.2.1　设备可靠度

虽然设备故障的发生是随机的,但通过观察记录大量同类型设备的同类故障事件可以发现,这些故障事件的发生通常符合一些统计规律,可以应用概率论相关方法来为设备的可靠性进行建模。

对于发生不可修复故障的设备,应用"可靠度"这一概念。"可靠度"指设备在规定时间内,完成规定功能的概率[3,4]。这里的规定时间也就是设备的寿命,配电设备的寿命 T 是一个随机变量,则可靠度 $R(t)$ 为

$$R(t) = P(T > t) \tag{2-1}$$

式中,t 为配电设备正常运行的规定时长;$P(T > t)$ 为设备运行 t 时长后仍然能保持正常状态的概率。设备在规定时长 t 的不可靠度 $F(t)$ 为

$$F(t) = P(T \leqslant t) = 1 - R(t) \tag{2-2}$$

在实际配电设备运行时,需要通过设备运行历史数据来统计出设备的可靠度。设共有 N 个同类型的配电设备出厂,在这批设备运行到 t 时刻时,有 $n(t)$ 个设备已经发生故障退出了运行,则该类设备的可靠度和不可靠度可按式(2-3)估算:

$$\begin{cases} R(t) = \dfrac{N - n(t)}{N} \\ F(t) = \dfrac{n(t)}{N} \end{cases} \tag{2-3}$$

显然,可靠度 $R(t)$ 和不可靠度 $F(t)$ 是一个以 t 为变量的累积分布函数,当 $t=0$ 时,$R(t)=1$,$F(t)=0$,代表设备出厂时的可靠度为 100%,不可靠度为 0。而当 t 趋近于无穷大时,发生不可修复故障的设备一定会全部退出运行,此时 $R(t)=0$,$F(t)=1$。对于累积分布函数 $F(t)$,与之对应的故障概率密度函数 $f(t)$ 按式(2-4)计算:

$$f(t) = \frac{\mathrm{d}F(t)}{\mathrm{d}t} = \frac{\mathrm{d}\big[1 - R(t)\big]}{\mathrm{d}t} = -\frac{\mathrm{d}R(t)}{\mathrm{d}t} \tag{2-4}$$

故障概率密度函数 $f(t)$ 可以理解为出厂时设备的总数量为 N 的设备,在运行到 t 时刻已经有 $n(t)$ 个设备发生故障退出运行,经过了 Δt 时间段,故障退出运行的设备达到了 $n(t+\Delta t)$ 个,则 $f(t)$ 可以按照式(2-5)计算:

$$f(t) = \frac{n(t+\Delta t) - n(t)}{N\Delta t} \tag{2-5}$$

式(2-5)的实际意义是当设备已经运行到 t 时刻时,单位时间内发生故障的设备数量占总设备数量的比例。

基于可靠度 $R(t)$ 和故障概率密度函数 $f(t)$ 还可以计算得到设备的平均寿命。不可修复设备的寿命是指从设备出厂开始,直到其发生不可修复故障退出运行为止的时长,通常用平均失效时间(mean time to fail,MTTF)来表示,可按照式(2-6)计算:

$$\begin{aligned}
\text{MTTF} &= \int_0^\infty tf(t)\mathrm{d}t = \int_0^\infty t\left[-\frac{R(t)}{\mathrm{d}t}\right]\mathrm{d}t \\
&= -\left[tR(t)\right]_0^\infty + \int_0^\infty R(t)\mathrm{d}t = \int_0^\infty R(t)\mathrm{d}t
\end{aligned} \tag{2-6}$$

2.2.2　设备故障率

设备的故障累积分布函数和故障概率密度函数并不能方便地应用到实际配电设备的故障参数估计中,因为这两个函数均与设备总量 N 有关,而由于配电系统中设备的出厂时间千差万别,可靠性统计人员并不能精确地掌握某一批次设备的出厂总量。为此,统计人员需要掌握在当前时刻 t,设备发生不可修复故障的概率。因此,在配电系统可靠性分析中,定义了故障率这一概念:在任意时刻 t,尚未发生故障的产品中,在单位时间内发生故障的概率,通常用 $\lambda(t)$ 表示,按照式(2-7)计算:

$$\lambda(t) = \frac{n(t+\Delta t) - n(t)}{[N - n(t)]\Delta t} \tag{2-7}$$

对比式(2-5)和式(2-7)的分母项可知,故障率 $\lambda(t)$ 真正代表了在当前正常运行状态下的设备在将来可能发生故障的概率。

对式(2-7)的分子分母项进行一些变换:

$$\lambda(t) = \frac{n(t+\Delta t) - n(t)}{[N - n(t)]\Delta t} = \frac{\dfrac{n(t+\Delta t) - n(t)}{N\Delta t}}{\dfrac{N - n(t)}{N}} = \frac{f(t)}{R(t)} \tag{2-8}$$

由式(2-4)和式(2-8)可知，当 $R(t)$、$f(t)$ 和 $\lambda(t)$ 中任何一个已知时，另外两个函数就可以通过推导得到。已知 $\lambda(t)$，推导 $R(t)$ 和 $f(t)$ 的过程如下。

首先对式(2-8)两边积分得

$$\int_0^t \lambda(t)\mathrm{d}t = \int_0^t \frac{1}{R(t)}\left[-\frac{R(t)}{\mathrm{d}t}\right]\mathrm{d}t = -\int_0^t \mathrm{d}\left[\ln R(t)\right] \tag{2-9}$$
$$= -\ln R(t) + \ln R(0)$$

当 $t=0$ 时，$R(0)=1$，得

$$\begin{cases} R(t) = \mathrm{e}^{-\int_0^t \lambda(t)\mathrm{d}t} \\ f(t) = \lambda(t)\mathrm{e}^{-\int_0^t \lambda(t)\mathrm{d}t} \end{cases} \tag{2-10}$$

2.2.3　设备寿命的概率分布

根据设备样品的试验或者长期的配电系统运行记录可以得到配电设备样品的寿命数据，并确定设备寿命的经验分布类型，进而计算得到设备的故障率参数，以进行配电系统可靠性预测分析。本节将给出可靠性分析中常用的几种配电设备寿命的概率分布函数。

1. 负指数分布

负指数分布是可靠性分析中最常用的一种分布类型，可用于模拟不可修复设备的偶发故障。设备寿命服从负指数分布的故障概率密度函数为

$$f(t) = \lambda \mathrm{e}^{-\lambda t} \tag{2-11}$$

式中，λ 为负指数分布的故障率。

相应地，由式(2-4)和式(2-8)可得到设备的可靠度函数 $R(t)$、故障率 $\lambda(t)$ 和 MTTF 为

$$\begin{cases} R(t) = \mathrm{e}^{-\lambda t} \\ \lambda(t) = \lambda \\ \mathrm{MTTF} = \dfrac{1}{\lambda} \end{cases} \tag{2-12}$$

$R(t)$、$f(t)$ 和 $\lambda(t)$ 的图形如图 2-3 所示。

图 2-3 所示的负指数分布具有一个重要的特性是无记忆性。这个无记忆性可以表述成设备在运行一段时间后，如果其保持正常的运行状态，则它如同新出厂

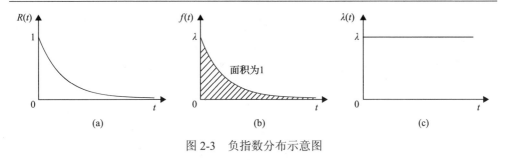

图 2-3 负指数分布示意图

的产品一样，即设备运行的历史不影响它未来的工作寿命。下面用一个例子说明负指数分布的无记忆性。

假设一个设备已经运行了 t_0 时长，且没有发生故障，则它能再运行 t 时长的概率为 $P(T > t_0 + t \mid T > t_0)$，这是一个条件概率，应用贝叶斯判据可得

$$P(T > t_0 + t \mid T > t_0) = \frac{P(T > t_0 + t)}{P(T > t_0)} = \frac{\mathrm{e}^{-\lambda(t_0 + t)}}{\mathrm{e}^{-\lambda t_0}} = \mathrm{e}^{-\lambda t} \qquad (2\text{-}13)$$

由式(2-13)可知，这个概率值恰好等于设备刚出厂能正常运行 t 时长的概率，这就是负指数分布的无记忆性特征。

负指数分布的另一个显著特征就是故障率在整个设备寿命周期内是一个定值 λ，在配电系统中通常假设设备的寿命服从负指数分布，从而设备的故障率为定值。做出这种假设的原因是，对于大规模的区域配电系统，设备分布广、类型众多，如果不对设备的可靠性模型进行简化，很难应用解析法计算配电系统的可靠性指标。而且，用于可靠性分析的数据有限，不足以检验所用分布的正确性，将故障率假设为定值也符合设备在运行稳定期的故障特性。图 2-4 显示了设备在出厂到淘汰退出运行期间故障率的变化情况[5]。

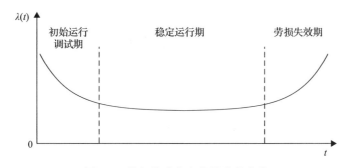

图 2-4 设备故障率变化的浴盆曲线

图 2-4 描述了设备在整个寿命期间的故障率变化曲线，通常称为设备故障率变化的浴盆曲线，根据设备的故障率变化特征可将设备运行期分为三个阶段。

（1）初始运行调试期：设备在投入使用的早期，制造、安装等缺陷会很快暴露出来，因此故障率会比较高。经过一段时间的维修和磨合，故障率会逐渐下降，进入稳定运行期。在配电系统可靠性分析中通常忽略这部分设备的故障，因为这一段时期很短，相比长时间的设备寿命，并不会严重影响配电系统的可靠性指标。

（2）稳定运行期：这段时期的设备故障率趋于稳定，近似为一个常数。故障类型为偶发故障，因此，用负指数分布模拟这段时期设备的偶发故障事件是合理的。

（3）劳损失效期：在这段时期的设备由于老化、疲劳和磨损，故障率会随着运行时间的延长而显著上升，这种由于老化而发生的故障并不能应用负指数分布来模拟，需要其他的分布函数来模拟。

设备稳定运行期占据设备运行寿命的绝大部分，这期间所发生的偶发故障对配电系统的可靠性影响也最大，因此，配电系统可靠性分析中常常默认设备故障率为定值。

对于如何通过设备运行的日常记录数据来计算故障率，通常的做法是统计一段时间内设备故障的次数，则故障率 λ 按式（2-14）计算：

$$\lambda = \frac{\text{设备故障次数}}{\text{设备运行时长}} \tag{2-14}$$

按照式（2-14）所计算出来的故障率的单位通常为次/年，表示一段时间内设备的平均故障次数。相比 2.2.2 节中对故障率 $\lambda(t)$ 的定义，配电系统可靠性分析中更常用的是"次/年"这一单位制，因为通过设备日常记录很容易得到设备的平均故障次数。下面的泊松分布函数可以解释对故障率的这两种定义其实是等价的。

2. 泊松分布

泊松分布描述当事件发生率一定时，在给定的时间区间内该事件发生次数的分布情况。生活中有很多事件的发生可以用泊松分布描述，如一段时期内的电话来电次数、办事窗口一段时间内的排队人数以及系统一段时期内发生故障的次数等。

泊松分布需要定义事件发生率 λ，表示单位时间内该事件平均发生的次数。若该事件是设备发生故障，则令 $\mathrm{d}t$ 为一个足够小的时间区间，认为该区间内发生多次故障的情况可忽略不计，则 $\lambda\mathrm{d}t$ 可以表示在区间 $\mathrm{d}t$ 内发生故障的概率。

令 $P_x(t)$ 表示在时间区间 $(0,t)$ 内发生 x 次故障的概率，$P_0(t)$ 则表示时间区间 $(0,t)$ 内不发生故障的概率，对于 $P_0(t+\mathrm{d}t)$ 有式（2-15）成立：

$$P_0(t + \mathrm{d}t) = P_0(t)(1 - \lambda\mathrm{d}t) \tag{2-15}$$

变换等式两边可得

$$\frac{P_0(t+\mathrm{d}t)-P_0(t)}{\mathrm{d}t}=-\lambda P_0(t) \tag{2-16}$$

当 $\mathrm{d}t$ 趋近于 0 时有

$$\frac{\mathrm{d}P_0(t)}{\mathrm{d}t}=-\lambda P_0(t) \tag{2-17}$$

对式(2-17)的等式两边求积分可得

$$\ln P_0(t)=-\lambda t+C \tag{2-18}$$

式中，C 为常数项。当 $t=0$ 时，$P_0(t)$ 显然为 1，代入(2-18)可得

$$P_0(t)=\mathrm{e}^{-\lambda t} \tag{2-19}$$

对比式(2-19)中的 $P_0(t)$ 与负指数分布中式(2-12)的可靠度函数 $R(t)$，两者的表达方式一致。可见，对于泊松分布，在设备运行一段时长 t 内，故障发生 0 次也就是无故障的概率 $P_0(t)$，与故障服从负指数分布的设备可靠度是等价的，也说明负指数分布和泊松分布的概率分布函数中的 λ 也是等价的。

3. 韦布尔分布

由图 2-4 可以看到，仅仅应用负指数分布概括设备整个运行寿命期间的故障特征是过于乐观的，当设备进入劳损失效期时，其故障率会显著增长。为了描述这一段运行期间设备的故障特征，常常用到韦布尔分布函数。韦布尔分布的故障概率密度函数定义为

$$f(t)=\frac{\beta t^{\beta-1}}{\alpha^{\beta}}\mathrm{e}^{-\left(\frac{t}{\alpha}\right)^{\beta}} \tag{2-20}$$

式中，α 为尺度参数；β 为形状参数。寿命符合韦布尔分布的设备可靠度函数 $R(t)$ 按式(2-21)计算：

$$R(t)=\int_t^{\infty}f(t)=\mathrm{e}^{-\left(\frac{t}{\alpha}\right)^{\beta}} \tag{2-21}$$

故障率 $\lambda(t)$ 按式(2-22)计算：

$$\lambda(t)=\frac{f(t)}{R(t)}=\frac{\beta t^{\beta-1}}{\alpha^{\beta}} \tag{2-22}$$

β 取不同的值，会改变韦布尔分布曲线的形状，从而可以灵活模拟设备故障率的变化。图 2-5 显示了当 β 的数值小于 1、等于 1 和大于 1 时的 $\lambda(t)$ 曲线形状。

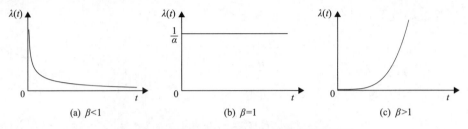

$$\text{(a) } \beta<1 \qquad\qquad \text{(b) } \beta=1 \qquad\qquad \text{(c) } \beta>1$$

图 2-5　$\lambda(t)$ 随韦布尔分布形状参数的变化情况

由图 2-5 可知，当形状参数 $\beta<1$ 时，设备故障率随时间 t 减小，可以模拟设备出厂时的早期运行故障率变化情况。当 $\beta=1$ 时，韦布尔分布函数变成了负指数分布，故障率为定值 $1/\alpha$，可以模拟设备在稳定运行期间的故障率。当 $\beta>1$ 时，设备故障率随时间 t 逐渐增大，可以模拟设备在劳损失效期运行时的故障率变化情况。可见，韦布尔分布的应用比较灵活，可以模拟设备在任意时间段内的故障特征。但仍有问题存在，就是如何根据设备故障记录数据判断设备故障特征属于哪种分布，而这种分布函数的参数具体取值又如何确定。本节第 4 部分将简要介绍如何根据设备的寿命数据，确定设备的故障概率密度分布。

4. 基于样本数据的设备故障特征分析

确定一种配电设备的故障特征，包括故障率、可靠度、平均寿命、故障概率密度函数等是以设备长期的历史运行数据为基础的。对于不可修复的设备，需要记录设备运行时长，通过长期大量的运行数据积累，即可进行设备故障特征的提取。

首先需要根据历史运行数据划分寿命区间。设对某一种配电设备积累了 n 个使用寿命的数据，记为 $x_1, x_2, x_3, \cdots, x_n$。找出这些数据的最小值 a 和最大值 b：

$$a = \min_{1\leqslant i\leqslant n}\{x_i\}, \qquad b = \max_{1\leqslant i\leqslant n}\{x_i\} \tag{2-23}$$

把区间 $[a, b]$ 进行 k 等分，每一个区间表示为

$$\left[a_{j-1}, \ a_j\right], \qquad j=1,2,\cdots,k \tag{2-24}$$

式中，a_{j-1} 和 a_j 为第 j 个区间的边界值，有 $a=a_0<a_1<a_2<\cdots<a_k=b$。这些区间把设备的历史运行数据分为了 k 组。用每一组数据的中间值 $m_j=(a_{j-1}+a_j)/2$ 代表这组数据的取值，也就代表了不可修复设备的寿命。

设第 j 组数据的频数为 d_j，表示落在该组的数据的量，则所有数组的频数和为 n：

$$\sum_{j=1}^{k} d_j = n \tag{2-25}$$

有了频数值，即可求得第 j 组数据占所有样本数据的比例，也就是设备寿命为 m_j 的概率 $P(m_j)$，按式(2-26)计算：

$$P(m_j) = \frac{d_j}{n} \tag{2-26}$$

第 j 组设备的故障概率密度为

$$f(m_j) = \frac{P(m_j)}{a_j - a_{j-1}} \tag{2-27}$$

设备寿命大于 m_j 的概率，即设备可靠度 $R(m_j)$ 可按照式(2-28)计算：

$$R(m_i) = \sum_{i=j+1}^{k} \left[P(m_j) \right] \tag{2-28}$$

式(2-28)的实际意义是设备寿命大于 m_j 的概率就是第 j 组之后的所有数据量之和占总数量的比例。在得到了设备故障概率密度 $f(m_j)$ 以及设备可靠度 $R(m_j)$ 后，即可根据式(2-29)计算设备故障率 $\lambda(m_j)$：

$$\lambda(m_j) = \frac{f(m_j)}{R(m_j)} \tag{2-29}$$

以上是估计设备在不同的运行时长下的可靠度、故障率以及故障概率密度函数的方法。可画出样本数据直方图，观察校验设备的故障特征所符合的故障概率密度函数类型，并用某一种分布函数拟合。若应用正态分布拟合设备的故障概率密度函数，则只需要求取设备寿命的平均值 μ 与标准差 σ：

$$\begin{cases} \mu = \dfrac{\sum_{i=1}^{N} x_i}{n} \\ \sigma = \sqrt{\dfrac{\sum_{i=1}^{N} (\mu - x_i)^2}{n}} \end{cases} \tag{2-30}$$

若应用两参数韦布尔分布拟合故障概率密度函数，则需要求取尺度参数 α 和形状参数 β，可以按照式(2-31)进行估算：

$$\begin{cases} \alpha = \dfrac{\mu}{\Gamma\left(1 + \dfrac{1}{\beta}\right)} \\[2em] \beta = \left(\dfrac{\sigma}{\mu}\right)^{-1.086} \end{cases} \tag{2-31}$$

式中，$\Gamma(*)$ 为伽马函数，可查表求得。

在求得了拟合分布函数的相关参数后，还需要对拟合程度进行校验，如卡方校验、KS（Kolmogorov-Smirnov）检验等，数据量越大，拟合越精确。此外，分组 k 的个数也会影响对设备故障特征的分析。分组的跨度，也就是设备寿命分区的跨度要合适。过大的分组跨度会使得数据统计结果变得没有意义，所有特征都被大跨度地平均，无法抽取设备不同运行时长下的故障特征。过小的跨度可能会导致某些分组中没有统计数据，影响频率分布直方图的形状，不利于分布函数的拟合。可以用 Sturges 公式[3]来确定分组 k 的取值，通过式（2-32）求得 k' 后，再对其取整，得到合适的分组值 k。

$$k' = 1 + \frac{\lg n}{\lg 2} \approx 1 + 3.32 \lg n \tag{2-32}$$

2.3　可修复设备可靠性模型

2.3.1　设备可用度

配电系统中的设备经常会发生一些可修复的故障，例如，动物活动、树枝跌落等导致的架空线路短路，当维修人员将线路上的残留物清除后，线路又可以恢复运行。这种会被 100%修复完好并且设备重新投入运行的故障称为可修复故障，相应地就需要对这些可修复设备进行可靠性建模。

可修复设备的性能不能用可靠度或者寿命来表征，因为它在整个寿命期间不断地经历着运行—故障—运行这样一个重复性的过程，如图 2-6 所示。

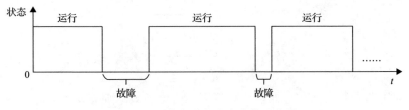

图 2-6　可修复设备状态变化示意图

为了表征可修复设备的可靠性，定义"可用度"，即设备正常可用的时间占设备总寿命时间的比例，按照式(2-33)计算：

$$A = \frac{T_{正常}}{T_{正常} + T_{故障}} \tag{2-33}$$

式中，$T_{正常}$ 为设备处于正常运行状态的时长；$T_{故障}$ 为设备处于故障状态的时长。

2.3.2　设备故障率与修复率

为了求得可修复设备的可用度 A，需要知道该设备的每一次正常运行时长和故障维修时长。在配电系统中，常常用负指数分布描述设备从开始运行到故障发生之间的时长以及设备从开始维修到维修结束重新恢复运行之间的时长。与此相对应，可以定义可修复设备的"故障率"和"修复率"。可修复设备故障率的概念与不可修复设备故障率的概念相同，仍用 $\lambda(t)$ 表示。下面简要说明维修率的相关概念和推导过程。

设每次设备故障后，被维修完好的时长 T 是一个随机变量，产品的维修度 $D(t)$ 定义为

$$D(t) = P(T \leqslant t) \tag{2-34}$$

式中，$D(t)$ 为在时间 t 之前就可以修好设备的概率，显然 $D(0) = 0$，而 $D(\infty) = 1$。假设共有 M 个故障设备等待维修，当经过 t 时间后，有 $m(t)$ 个修复完好，则 $D(t)$ 按式(2-35)计算：

$$D(t) = \frac{m(t)}{M} \tag{2-35}$$

维修概率密度函数 $d(t)$ 表示在 t 时刻单位时间设备被修复的概率，按照式(2-36)计算：

$$d(t) = \lim_{\substack{\Delta t \to 0 \\ M \to \infty}} \frac{m(t + \Delta t) - m(t)}{M \Delta t} = \frac{\mathrm{d}D(t)}{\mathrm{d}t} \tag{2-36}$$

维修率表示在尚未修复完成的产品中，设备在单位时间内被修复的概率，用 $\mu(t)$ 表示：

$$\mu(t) = \lim_{\substack{\Delta t \to 0 \\ M \to \infty}} \frac{m(t + \Delta t) - m(t)}{[M - m(t)] \Delta t} \tag{2-37}$$

式(2-37)右边的分子分母同时除以设备总数 M 可得

$$\mu(t) = \lim_{\substack{\Delta t \to 0 \\ M \to \infty}} \frac{m(t + \Delta t) - m(t)}{[M - m(t)]\Delta t} = \lim_{\substack{\Delta t \to 0 \\ M \to \infty}} \frac{\dfrac{m(t + \Delta t) - m(t)}{M \Delta t}}{\dfrac{M - m(t)}{M}} = \frac{d(t)}{1 - D(t)} \tag{2-38}$$

式(2-38)给出了维修度、维修概率密度函数与维修率之间的关系。对式(2-38)两边积分得

$$\int_0^t \mu(t)\mathrm{d}t = \int_0^t \frac{\mathrm{d}D(t)}{1 - D(t)} = -\int_0^t \frac{1}{1 - D(t)} \mathrm{d}[1 - D(t)]$$
$$= \ln[1 - D(0)] - \ln[1 - D(t)] = -\ln[1 - D(t)] \tag{2-39}$$

整理可得

$$\begin{cases} D(t) = 1 - \mathrm{e}^{-\int_0^t \mu(t)\mathrm{d}t} \\ d(t) = \mu(t)\mathrm{e}^{-\int_0^t \mu(t)\mathrm{d}t} \end{cases} \tag{2-40}$$

与 MTTF 的概念类似，设备的平均修复时间(mean time to repair，MTTR)计算如下：

$$\mathrm{MTTR} = \int_0^\infty t d(t)\mathrm{d}t = \int_0^\infty t \frac{D(t)}{\mathrm{d}t} \mathrm{d}t$$
$$= [tD(t)]_0^\infty - \int_0^\infty D(t)\mathrm{d}t \tag{2-41}$$

在配电系统可靠性分析中，通常假设维修时长符合负指数分布，即维修率为定值 μ，则维修度 $D(t)$、维修概率密度函数 $d(t)$ 及 MTTR 为

$$\begin{cases} D(t) = 1 - \mathrm{e}^{-\mu t} \\ d(t) = \mu \mathrm{e}^{-\mu t} \\ \mathrm{MTTR} = \dfrac{1}{\mu} \end{cases} \tag{2-42}$$

以上内容介绍了可修复设备的故障率和修复率的概念，并假设故障和修复行为都满足负指数分布，给出了设备在正常或故障状态下的可靠性模型，但可修复设备的状态是在正常/故障两状态之间循环往复的，如何得到任意时刻该设备的可用率还需要进一步计算。

2.4 设备状态的马尔可夫过程

2.4.1 单一可修复设备的马尔可夫过程

可修复设备在运行中，其状态的变化是一种典型的随机过程，这类随机过程在时间上是连续的，在空间上是离散的。设在已经过去的时段内任意 t_i 时刻设备的状态为 X_i，当前时刻为 t_n，状态为 X_n，则下一时刻 t_{n+1} 设备状态变为 X_{n+1} 的概率 $P_{X_{n+1}}$ 可按如下方式表达：

$$P_{X_{n+1}} = P\left(X_{n+1} \mid X_1, X_2, \cdots, X_i, \cdots, X_n\right) \tag{2-43}$$

式 (2-43) 是一个条件概率表达式，它表示设备在 t_{n+1} 时刻的状态变化取决于该设备之前的状态。对于可修复设备来说，要考虑设备自运行以来所有状态变化情况才能计算下一时刻设备的状态显然是不切实际的。因此需要对这一条件概率的形式进行一定程度的简化。通常假设下一时刻的设备状态仅仅和前一时刻设备的状态有关，式 (2-43) 也退化为

$$P_{X_{n+1}} = P\left(X_{n+1} \mid X_n\right) \tag{2-44}$$

相比式 (2-43)，对式 (2-44) 所表达的条件概率形式进行求解将变得简单，将符合这个性质的随机过程称为马尔可夫过程[5]。马尔可夫过程表现出了无记忆性的特征，即设备将来的状态除了与前一个状态有关外，与所有过去的状态都无关。因此，设备将来的随机状态只取决于设备现在的状态，与设备过去是如何到达现在的过程无关。

根据式 (2-13) 可知，由于负指数分布下的设备状态也具有无记忆性特性，因此，如果设备寿命符合负指数分布，则可以应用马尔可夫过程对设备状态变化的过程进行模拟。此外，由于设备的故障率和修复率是恒定的，因此，在任何时刻设备正常和故障两个状态之间的转移率一定，此时的设备故障率和修复率可以统称为转移率，这种状态转移率一定的马尔可夫过程又称为齐次马尔可夫过程。需要指出的是，不符合负指数分布的设备，其状态转移的过程为非马尔可夫过程，无法应用马尔可夫过程求解其可用度，但可以将非马尔可夫过程分解为几个马尔可夫过程的组合，从而求解可用度，这将在后续章节介绍。

根据齐次马尔可夫过程的无记忆性和恒定转移率的特性，可以得到任意时刻可修复设备的可用度，方法如下。

设当前时刻为 t，考虑一个很小的时间增量 Δt，在这个时间增量内发生两次

以上状态变化的概率可以忽略不计。则在 t 至 $t+\Delta t$ 这一时间段内的设备齐次马尔可夫过程可用图 2-7 表示。

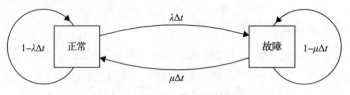

图 2-7　设备状态转移示意图

图 2-7 中的箭头指向表示了马尔可夫过程的一次状态转移。对于一个可修复设备来说，共有两个状态，正常状态和故障状态。马尔可夫过程就描述了在 t 时刻后的一个很小的时间增量 Δt 内，状态转移的所有可能。

设 t 时刻设备处于正常状态的概率为 $P_0(t)$，故障状态的概率为 $P_1(t)$，$P_{ij}(t)$ 表示从状态 i 转移到状态 j 的概率，则各个箭头所表示的转移概率为

$$\begin{cases} P_{00}(\Delta t) = 1 - \lambda \Delta t \\ P_{01}(\Delta t) = \lambda \Delta t \\ P_{11}(\Delta t) = 1 - \mu \Delta t \\ P_{10}(\Delta t) = \mu \Delta t \end{cases} \tag{2-45}$$

基于 t 时刻的各个状态转移概率，经过 Δt 时间，$t+\Delta t$ 时刻的设备正常和故障状态的概率 $P_0(t+\Delta t)$ 和 $P_1(t+\Delta t)$ 按照式 (2-46) 计算：

$$\begin{cases} P_0(t + \Delta t) = P_0(t)P_{00}(\Delta t) + P_1(t)P_{10}(\Delta t) \\ \qquad\qquad = (1 - \lambda \Delta t)P_0(t) + \mu \Delta t P_1(t) \\ P_1(t + \Delta t) = P_1(t)P_{11}(\Delta t) + P_0(t)P_{01}(\Delta t) \\ \qquad\qquad = (1 - \mu \Delta t)P_1(t) + \lambda \Delta t P_0(t) \end{cases} \tag{2-46}$$

整理式 (2-46) 等式两边可得

$$\begin{cases} \dfrac{P_0(t + \Delta t) - P_0(t)}{\Delta t} = -\lambda P_0(t) + \mu P_1(t) \\[2mm] \dfrac{P_1(t + \Delta t) - P_1(t)}{\Delta t} = \lambda P_0(t) - \mu P_1(t) \end{cases} \tag{2-47}$$

当 Δt 趋近于 0 时，式 (2-47) 等式左边就变成了 $P_0(t)$ 和 $P_1(t)$ 的导数形式，则式 (2-47) 变为一阶线性微分方程组：

$$\begin{bmatrix} -\lambda & \mu \\ \lambda & -\mu \end{bmatrix}\begin{bmatrix} P_0(t) \\ P_1(t) \end{bmatrix} = \begin{bmatrix} P_0'(t) \\ P_1'(t) \end{bmatrix} \tag{2-48}$$

应用拉普拉斯变换进行求解,对式(2-48)进行拉普拉斯变换得

$$\begin{cases} -\lambda P_0(s) + \mu P_1(s) = sP_0(s) - P_0(0) \\ \lambda P_0(s) - \mu P_1(s) = sP_1(s) - P_1(0) \end{cases} \tag{2-49}$$

式(2-49)中的 $P_0(0)$ 和 $P_1(0)$ 表示设备在初始时刻的状态概率,求解该线性方程组得

$$\begin{cases} P_0(s) = \dfrac{\mu}{\lambda+\mu}\dfrac{1}{s} + \left[P_0(0) - \dfrac{\mu}{\lambda+\mu}\right]\dfrac{1}{s+\lambda+\mu} \\[3mm] P_1(s) = \dfrac{\lambda}{\lambda+\mu}\dfrac{1}{s} + \left[P_1(0) - \dfrac{\lambda}{\lambda+\mu}\right]\dfrac{1}{s+\lambda+\mu} \end{cases} \tag{2-50}$$

如果设备在初始时刻的状态为正常,则 $P_0(0)=1$,$P_1(0)=0$。代入式(2-50),并对其进行拉普拉斯逆变换,可得到任意时刻 t 设备处于正常/故障状态的概率为

$$\begin{cases} P_0(t) = \dfrac{\mu}{\lambda+\mu} + \dfrac{\lambda}{\lambda+\mu}\mathrm{e}^{-(\lambda+\mu)t} \\[3mm] P_1(t) = \dfrac{\lambda}{\lambda+\mu} - \dfrac{\lambda}{\lambda+\mu}\mathrm{e}^{-(\lambda+\mu)t} \end{cases} \tag{2-51}$$

式(2-51)给出了任意时刻设备的状态概率,$P_0(t)$ 代表了设备在任意时刻的可用度,这显然与不可修复设备的可靠度概念不同。同样是假设设备的故障特征符合负指数分布,不可修复设备的可靠度 $R(t)$ 和可修复设备的可用度 $A(t)$ 随时间 t 的变化曲线如图 2-8 所示。

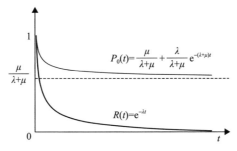

图 2-8 可修复设备的可用度与不可修复设备的可靠度变化趋势对比

两种设备的初始正常概率都为 1，但不可修复设备的可靠度随着时间下降，当 t 趋近于无穷大时最终可靠度为 0。而对于可修复设备，其可用度会逐渐趋于稳定值，当 t 趋近于无穷大时有

$$\begin{cases} P_0(t) = \dfrac{\mu}{\lambda + \mu} + \dfrac{\lambda}{\lambda + \mu}\mathrm{e}^{-(\lambda+\mu)t} = \dfrac{\mu}{\lambda + \mu} \\ {}_{t\to\infty} \\ P_1(t) = \dfrac{\lambda}{\lambda + \mu} - \dfrac{\lambda}{\lambda + \mu}\mathrm{e}^{-(\lambda+\mu)t} = \dfrac{\lambda}{\lambda + \mu} \\ {}_{t\to\infty} \end{cases} \tag{2-52}$$

在配电系统可靠性分析中，重点关注设备的稳定状态变化，因此有时不必按照上述方法详细求取设备或系统的瞬态可用度，并求取极限值。由图 2-8 可知，设备的可用度会最终趋向于稳定值。利用这个性质可以应用简化方法求取设备可用度。

当设备达到稳态时刻 t 时，设备正常和故障的概率为 $P_0(t)$ 和 $P_1(t)$，再经过 Δt 时刻，设备正常和故障的概率为 $P_0(t+\Delta t)$ 和 $P_1(t+\Delta t)$，由于设备已经进入稳态，则认为设备正常和故障的概率不变，有

$$\begin{cases} P_0(t) = P_0(t + \Delta t) = P_0 \\ P_1(t) = P_1(t + \Delta t) = P_1 \end{cases} \tag{2-53}$$

式中，P_0 和 P_1 分别为设备稳态时正常和故障的概率，则式(2-46)变为

$$\begin{cases} P_0 = (1 - \lambda\Delta t)P_0 + \mu\Delta t P_1 \\ P_1 = (1 - \mu\Delta t)P_1 + \lambda\Delta t P_0 \end{cases} \tag{2-54}$$

进一步消去 Δt 得到

$$-\lambda P_0 + \mu P_1 = 0 \tag{2-55}$$

又因为 P_0 和 P_1 之和为 1，可求解线性方程组得到设备稳态时正常和故障的概率分别为

$$\begin{cases} P_0 = \dfrac{\mu}{\lambda + \mu} \\ P_1 = \dfrac{\lambda}{\lambda + \mu} \end{cases} \tag{2-56}$$

通常可将设备所有状态的稳态概率组成设备的状态概率列向量 $\boldsymbol{X}=[P_0 P_1]^{\mathrm{T}}$，而将方程组的系数定义为转移概率矩阵 $\boldsymbol{K}$，则求取设备稳态概率的标准形式可写成

$$K \times X = 0 \tag{2-57}$$

求解上述方程即可求得设备所有状态的稳态概率值。这种求设备稳态概率的方法的关键是构建转移概率矩阵 K。确定转移概率矩阵中的元素的方法如下。

首先列举设备稳定状态的数量，确定各个状态之间的转移关系，画出马尔可夫过程图。

然后确定转移概率矩阵中的元素值。对于具有 n 个状态的设备，其转移概率矩阵的规模就是 $n \times n$。对角线上的元素值 K_{ii} 为从这个状态 i 转移出去的所有转移率之和的相反数。例如，对于可修复设备，对角线 K_{11} 的值就是从正常状态转移出去的所有转移率之和 λ 的相反数 $-\lambda$。同理，$K_{22} = -\mu$。非对角元素的值 K_{ij}，为状态 j 到状态 i 的转移率。确定好转移概率矩阵后，即可建立方程组求解各个状态的概率值。单一可修复设备的状态转移概率方程组如下：

$$\begin{bmatrix} -\lambda & \mu \\ \lambda & -\mu \end{bmatrix} \begin{bmatrix} P_0 \\ P_1 \end{bmatrix} = \begin{bmatrix} 0 \\ 0 \end{bmatrix} \tag{2-58}$$

式 (2-58) 的实际意义是对于一个稳态的状态，转移出这个状态的概率和转移到这个状态的概率是相等的。由于式 (2-58) 中的方程组线性相关，因此加上所有状态概率之和为 1 的方程，即可求出各个状态的稳态概率值。

此外，还可以应用 MTTF 和 MTTR 计算设备稳态可用度 A：

$$A = \frac{\text{MTTF}}{\text{MTTF+MTTR}} = \frac{\dfrac{1}{\lambda}}{\dfrac{1}{\lambda} + \dfrac{1}{\mu}} = \frac{\mu}{\lambda + \mu} \tag{2-59}$$

式 (2-59) 的实际意义是，对于可修复设备，可将它的 MTTF 和 MTTR 作为一个设备状态循环周期。因此，可用度就是在这个周期内可用时间所占的比例。

由设备状态循环周期又可以引出"状态频率"这一概念，其定义为遇到一个设备状态 i 的频率，用 f_i 表示。对于单个可修复设备，设备正常的频率 f_0 与设备故障的频率 f_1 相同，按式 (2-60) 计算：

$$f_0 = f_1 = \frac{1}{\text{MTTR+MTTF}} = \frac{\lambda \mu}{\lambda + \mu} \tag{2-60}$$

与可用度一样，状态频率这一概念对配电系统可靠性分析来说也很重要，它表征了设备进入故障的快慢。例如，一个设备的故障率和修复率是 λ 和 μ，另一个设备的故障率和修复率是 2λ 和 2μ。两个设备的可用度 A 是一样的，都是 $\mu/(\lambda + \mu)$，但是显然第二个设备的状态频率更高，是第一个设备的 2 倍，对这个设备的检修工作也更频繁。因此，两个设备对配电系统的运行经济性的影响也不同。由此可见，计算一个设备或系统的状态频率也相当重要。

马尔可夫过程中某一状态 i 的频率 f_i 按式 (2-61) 计算：

$$f_i = \begin{cases} x_i \sum_{j=1}^{n} \lambda_{ij} \\ \sum_{j=1}^{n} (x_j \mu_{ji}) \end{cases} \tag{2-61}$$

式中，x_i 为状态 i 的稳态概率；λ_{ij} 为从状态 i 转移到状态 j 的转移率，也可以称为状态 i 的脱离率；μ_{ji} 为从状态 j 转移回状态 i 的转移率，也可以称为状态 i 的进入率。式 (2-61) 表明一个状态的频率有两种计算方法，第一种方法是该状态的稳态概率乘以该状态的所有脱离率之和；第二种方式是非该状态的稳态概率乘以其相应的进入该状态的转移率后做加和。对于单一可修复设备来说，由于设备只有两个互斥状态，因此，正常状态频率和故障状态频率相等，都等于状态循环周期的倒数。

一般配电设备故障率极小，如 1 次/年。而维修的时间相对较短，一般在几个小时左右，MTTR 为 2 小时，则 $\mu = 1/\text{MTTR} = 4380$ 次/年。显然 λ 远小于 μ。因此，对于式 (2-60) 可进行如下近似：

$$f_0 = f_1 = \frac{\lambda \mu}{\lambda + \mu} \approx \frac{\lambda \mu}{\mu} = \lambda \tag{2-62}$$

在进行配电系统可靠性分析时，设备的失效频率 f 通常用 λ 作为近似值替代。

基于状态频率 f_i 还可以计算停留在该状态的平均时长 d_i：

$$d_i = \frac{x_i}{f_i} \tag{2-63}$$

仍以单个可修复设备为例，设备停留在正常状态的平均时长 d_0 与故障状态的平均时长 d_1 分别为

$$\begin{cases} d_0 = \dfrac{x_0}{f_0} = \dfrac{\dfrac{\mu}{\lambda + \mu}}{\dfrac{\lambda \mu}{\lambda + \mu}} = \dfrac{1}{\lambda} = \text{MTTF} \\[6mm] d_1 = \dfrac{x_1}{f_1} = \dfrac{\dfrac{\lambda}{\lambda + \mu}}{\dfrac{\lambda \mu}{\lambda + \mu}} = \dfrac{1}{\mu} = \text{MTTR} \end{cases} \tag{2-64}$$

2.4.2　简单系统的马尔可夫过程

2.4.1 节简要介绍了单一可修复设备的马尔可夫模型，本节对两种最常用的设备组合情况进行马尔可夫建模，包括串联系统和并联系统的马尔可夫建模。

串联系统的定义为：组成系统的所有设备都保持正常，系统功能才保持正常。只要其中一个设备故障，系统就要失效。

并联系统的定义为：组成系统的所有设备，只要有一个设备正常运行，系统的功能就保持正常。只有所有设备都故障，系统才会失效。

串并联是配电系统中最常见的设备连接关系，如图 2-9 所示。

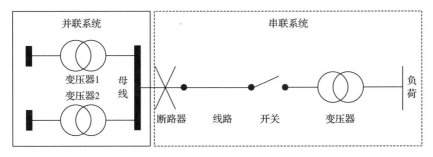

图 2-9　配电设备串并联关系示意图

图 2-9 左侧实线框内就是一个简单的并联系统，在不考虑容量约束的前提下，只有系统中的变压器 1 和变压器 2 都发生故障，母线才会失电。图 2-9 右侧虚线框内是一个串联系统，只要断路器、线路、开关或者变压器其中任何一个设备故障，负荷就会停电，即系统失效。计算简单串并联系统的可靠性是配电系统可靠性分析的基础，下面应用马尔可夫模型分别计算串联和并联系统的可靠性指标。

1. 串联系统

首先以两个可修复设备组成的串联系统为例，两个设备编号为 1 和 2，故障率分别为 λ_1 和 λ_2，修复率分别为 μ_1 和 μ_2，建立马尔可夫模型，其马尔可夫状态转移过程如图 2-10 所示。

图 2-10 中的状态 0 为系统正常状态，状态 1 和 2 为设备 1 和设备 2 故障导致的系统失效状态。设 x_0 为系统正常状态概率，x_1 为设备 1 故障导致的系统失效概率，x_2 为设备 2 故障导致的系统失效概率。根据状态转移图可得到转移概率矩阵 K，并列写稳态的状态转移概率方程组：

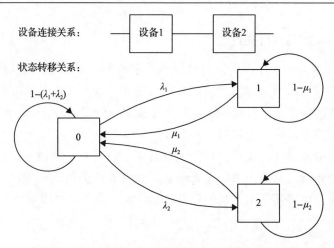

图 2-10　两设备串联系统马尔可夫状态转移图

$$\begin{bmatrix} -(\lambda_1 + \lambda_2) & \mu_1 & \mu_2 \\ \lambda_1 & -\mu_1 & 0 \\ \lambda_2 & 0 & -\mu_2 \end{bmatrix} \begin{bmatrix} x_0 \\ x_1 \\ x_2 \end{bmatrix} = \begin{bmatrix} 0 \\ 0 \\ 0 \end{bmatrix} \tag{2-65}$$

补充一个方程：$x_0 + x_1 + x_2 = 1$，联合求解，得到串联系统三个状态的概率为

$$\begin{cases} x_0 = \left(1 + \dfrac{\lambda_1}{\mu_1} + \dfrac{\lambda_2}{\mu_2}\right)^{-1} \\[3mm] x_1 = \dfrac{\lambda_1}{\mu_1}\left(1 + \dfrac{\lambda_1}{\mu_1} + \dfrac{\lambda_2}{\mu_2}\right)^{-1} \\[3mm] x_2 = \dfrac{\lambda_2}{\mu_2}\left(1 + \dfrac{\lambda_1}{\mu_1} + \dfrac{\lambda_2}{\mu_2}\right)^{-1} \end{cases} \tag{2-66}$$

失效频率 f 为

$$f = (\lambda_1 + \lambda_2)x_0 = \mu_1 x_1 + \mu_2 x_2 = (\lambda_1 + \lambda_2)\left(1 + \frac{\lambda_1}{\mu_1} + \frac{\lambda_2}{\mu_2}\right)^{-1} \tag{2-67}$$

对于 n 个设备串联形成的系统，共有 $0 \sim n$ 个状态，状态 0 为设备正常运行状态，状态 $1 \sim n$ 代表了对应编号设备故障所导致的系统失效状态，则根据马尔可夫状态转移图建立转移概率矩阵，并列写方程组，可得到系统的稳态可用度和系统失效频率：

$$
\begin{cases}
A = \left(1 + \sum_{i=1}^{n} \dfrac{\lambda_i}{\mu_i}\right)^{-1} \\[2mm]
f = \left(\sum_{i=1}^{n} \lambda_i\right) \times \left(1 + \sum_{i=1}^{n} \dfrac{\lambda_i}{\mu_i}\right)^{-1}
\end{cases}
\tag{2-68}
$$

2. 并联系统

以两个设备组成的并联系统为例，先假设只有 1 个维修工，当两个设备都故障而导致系统失效时，由于维修资源有限，选择第 1 个故障的设备进行维修，其马尔可夫状态转移关系如图 2-11 所示。

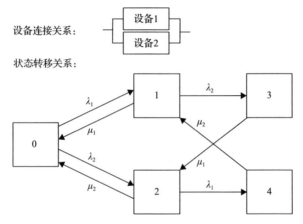

图 2-11　两设备并联系统马尔可夫状态转移图

根据马尔可夫转移过程建立的状态转移概率方程组如下：

$$
\begin{bmatrix}
-(\lambda_1 + \lambda_2) & \mu_1 & \mu_2 & 0 & 0 \\
\lambda_1 & -(\lambda_2 + \mu_1) & 0 & 0 & \mu_2 \\
\lambda_2 & 0 & -(\lambda_1 + \mu_2) & \mu_1 & 0 \\
0 & \lambda_2 & 0 & -\mu_1 & 0 \\
0 & 0 & \lambda_1 & 0 & -\mu_2 \\
1 & 1 & 1 & 1 & 1
\end{bmatrix}
\begin{bmatrix}
x_0 \\ x_1 \\ x_2 \\ x_3 \\ x_4
\end{bmatrix}
=
\begin{bmatrix}
0 \\ 0 \\ 0 \\ 0 \\ 0 \\ 1
\end{bmatrix}
\tag{2-69}
$$

求解式 (2-69) 可得到各个状态概率：

$$
\begin{cases}
x_0 = \dfrac{\mu_1\mu_2(\lambda_1\mu_1 + \lambda_2\mu_2 + \mu_1\mu_2)}{D} \\[2mm]
x_1 = \dfrac{\lambda_1(\lambda_1 + \lambda_2 + \mu_2)}{\lambda_1\mu_1 + \lambda_2\mu_2 + \mu_1\mu_2}x_0 \\[2mm]
x_2 = \dfrac{\lambda_2(\lambda_1 + \lambda_2 + \mu_1)}{\lambda_1\mu_1 + \lambda_2\mu_2 + \mu_1\mu_2}x_0 \\[2mm]
x_3 = \dfrac{\lambda_1\lambda_2(\lambda_1 + \lambda_2 + \mu_2)}{\mu_1(\lambda_1\mu_1 + \lambda_2\mu_2 + \mu_1\mu_2)}x_0 \\[2mm]
x_4 = \dfrac{\lambda_1\lambda_2(\lambda_1 + \lambda_2 + \mu_1)}{\mu_2(\lambda_1\mu_1 + \lambda_2\mu_2 + \mu_1\mu_2)}x_0 \\[2mm]
D = \mu_1\mu_2(\lambda_1\mu_1 + \lambda_2\mu_2 + \mu_1\mu_2) \\
\quad\ \ + \lambda_1\mu_2(\lambda_2 + \mu_1)(\lambda_1 + \lambda_2 + \mu_2) \\
\quad\ \ + \lambda_2\mu_1(\lambda_1 + \mu_2)(\lambda_1 + \lambda_2 + \mu_1)
\end{cases}
\tag{2-70}
$$

若两个设备的故障参数相同，即 $\lambda_1 = \lambda_2 = \lambda$，$\mu_1 = \mu_2 = \mu$，则可得到两个设备并联系统的可用度 A 和故障维修频率 f' 为

$$
\begin{cases}
A = x_0 + x_1 + x_2 = \dfrac{\mu^2 + 2\lambda\mu}{\mu^2 + 2\lambda\mu + 2\lambda^2} \\[2mm]
f' = x_3\mu_1 + x_4\mu_2 = \dfrac{2\mu\lambda^2}{\mu^2 + 2\lambda\mu + 2\lambda^2}
\end{cases}
\tag{2-71}
$$

图 2-11 中的状态转移关系是在维修资源有限、只有 1 个维修工的前提下画出的。当维修资源不受限制，即两个故障设备可以同时维修时，马尔可夫状态转移图将发生改变，如图 2-12 所示。

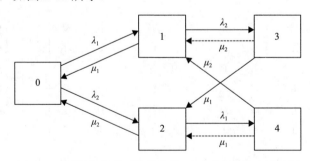

图 2-12　两设备并联系统维修资源不受限的状态转移图

在维修资源不受限制的条件下，当系统失效时两个故障设备可以同时维修，对比图 2-11，图 2-12 中多出了虚线箭头所示的状态转移关系。

建立状态转移概率方程组，并假设两个设备的故障参数相同，可得到系统可用度和故障维修频率为

$$
\begin{cases}
A = x_0 + x_1 + x_2 = \dfrac{\mu^2 + 2\lambda\mu}{\mu^2 + 2\lambda\mu + \lambda^2} \\[3mm]
f' = x_3(\mu_1 + \mu_2) + x_4(\mu_1 + \mu_2) = \dfrac{2\mu\lambda^2}{\mu^2 + 2\lambda\mu + \lambda^2}
\end{cases}
\tag{2-72}
$$

对比式(2-71)和式(2-72)中的可用度可知，当维修资源不受限制时，设备故障不会出现等待维修的空闲情况，使得并联系统的可用度提高，维修的频率也更高。

通过对比不同维修资源条件下的并联系统可靠性可以看出，尽管系统的状态个数和设备的故障参数都相同，但外界条件或环境的变化也可能导致系统马尔可夫过程的变化。如果两个设备的故障参数一致，则考虑和不考虑维修资源限制的马尔可夫过程可以简化为图 2-13。

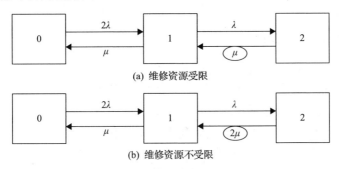

图 2-13　两设备并联系统的状态转移关系简化图

从图 2-13 可以看出，在维修资源受限的条件下，从故障状态 2 通过维修行为转移到状态 1 的概率为 μ，而在维修资源不受限的条件下，转移概率增大为 2μ。可见，外界条件的变化将影响马尔可夫状态转移概率的取值，从而使系统的可用度发生变化。在实际计算配电系统可靠性时，尤其在考虑检修行为对系统可靠性的影响时，需要先确定好外部的限定条件，这对精确计算系统的可靠性指标尤为重要。

2.5　设备状态的蒙特卡罗模拟

配电系统可靠性分析方法可以分为解析法和模拟法两种。解析法需要对配电设备、系统结构等进行较为严格的数学建模，并解析计算出系统可靠性指标。2.4 节中介绍的马尔可夫过程就是一种系统可靠性的解析计算方法。模拟法是基于独

立随机试验思想，由于设备的故障看似随机，但都符合某种统计特征，因此可根据所掌握的设备故障参数和故障行为的概率分布，应用计算机模拟设备的状态改变过程，进而分析设备故障下的系统状态，计算系统可靠性指标。

由于模拟法是通过独立随机试验模拟设备故障行为的，为了取得尽可能精确的系统可靠性指标，往往需要很长的模拟计算时间，分析大量的设备随机故障行为。计算时间越长，所计算出的系统可靠性指标越精确。因此，为了使所得到的可靠性指标更具有参考价值，模拟法耗时较长。

模拟法也有其自身的优势。对于解析法，需要对设备或系统的相关可靠性模型进行一定程度的简化和假设，如设备的状态变化规律符合负指数分布就是解析法中常用的假设条件。而模拟法可以应对更加复杂的设备可靠性模型，如非指数分布的设备老化失效情况、恶劣天气下配电设备的共因故障情况等。此外，模拟法可以得到可靠性指标的分布情况，而不仅仅是一个指标的平均值，这会给工程人员进行可靠性分析提供更多有价值的信息。本节将针对配电设备介绍两种常用的模拟法，分别为非序贯蒙特卡罗模拟和序贯蒙特卡罗模拟。

2.5.1　非序贯蒙特卡罗模拟

应用非序贯蒙特卡罗法模拟设备或系统的状态，类似于对设备进行多次抽样，每一次抽样试验决定着该设备是否故障，因此又称为状态抽样法，由于每一次试验之间时间不连续，因此具有非序贯的特征。

假设一个系统中共有 N 个设备，每个设备具有故障和正常两个状态，且各个设备故障是相互独立的。令 s_i 代表设备的状态，其取值为 0 或 1，0 代表设备正常，而 1 代表设备故障。用 r_i 代表其可用度，则在每一次抽样设备 i 的状态时，首先生成一个随机数 n_i，随机数符合[0, 1]区间上的均匀分布，则一次抽样设备状态为

$$s_i = \begin{cases} 0, & n_i \leqslant r_i \\ 1, & n_i > r_i \end{cases} \tag{2-73}$$

对系统中所有设备抽样一次，形成此次模拟的系统中所有设备的状态集合 $S(s_1, s_2, \cdots, s_N)$，进而可判断此次模拟系统是否正常。在模拟结束时，假设共模拟了 M 次系统状态，其中系统失效的次数为 m。若抽样的数量足够大，系统失效状态的抽样频率可作为其概率的无偏估计，则系统的不可用度 Q 为

$$Q = \frac{m}{M} \tag{2-74}$$

在得到了系统的不可用度后，如果假设设备的故障符合负指数分布，则可根据式(2-61)和式(2-63)计算系统的失效频率和失效平均时长。但由于非序贯蒙特

卡罗模拟法不能计及与时间相关事件的时序信息，因此得出的系统失效频率和失效平均时长是近似的估计。

2.5.2　序贯蒙特卡罗模拟

应用序贯蒙特卡罗法可以模拟设备在一定时间跨度上的状态连续变化过程，与非序贯蒙特卡罗法不同，序贯蒙特卡罗模拟记录了设备状态变化的时序信息，重点关注的是设备在一个状态所停留的时间长短，把一个状态的持续时间作为随机变量进行抽样，最终形成设备的状态变化历程。下面说明序贯蒙特卡罗模拟的过程。

假设初始时刻设备处于正常运行状态。若设备的故障和维修行为都服从负指数分布，则设备正常/故障状态的持续时长为 t_{up}/t_{down} 的概率 $P_{up}(t_{up})/P_{down}(t_{down})$ 计算如下：

$$P_{up}(t_{up}) = e^{-\lambda t_{up}} \tag{2-75}$$

$$P_{down}(t_{down}) = e^{-\mu t_{down}} \tag{2-76}$$

产生一个随机数 n，随机数符合[0, 1]区间上的均匀分布，用这个随机数 n 表示设备处于正常状态的概率，则有

$$n = e^{-\lambda t_{up}} \tag{2-77}$$

则设备从初始运行开始，保持正常状态的时间 t_{up} 按照式(2-78)计算：

$$t_{up} = -\frac{\ln n}{\lambda} \tag{2-78}$$

此次模拟，设备正常运行了 t_{up} 时长后故障。下一次模拟则需要模拟设备在这次故障持续的时长 t_{down}。同样产生随机数 q，按照式(2-79)计算故障持续时长 t_{down}：

$$t_{down} = -\frac{\ln q}{\mu} \tag{2-79}$$

重复应用式(2-78)和式(2-79)，即可得到设备在模拟运行期间的状态变化过程。由所有设备的模拟情况可以得到系统的状态变化过程，以两设备串联系统为例，模拟期间的系统状态变化历程如图 2-14 所示。

图 2-14 为串联系统及其设备在模拟过程中的状态变化示意。设备 1 和设备 2 的状态变化决定了系统的状态变化。当其中一个设备故障时，系统的状态设为失效。经过足够长时间的模拟，记录统计出系统的失效次数 N_{down}、失效时长 T_{down} 和正常运行时长 T_{up}，即可求得系统的可用度 A、失效频率 f、失效平均时长 T_{ave}：

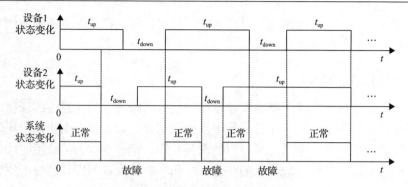

图 2-14　两设备串联系统的状态变化过程示意图

$$
\begin{cases}
A = \dfrac{T_{\text{up}}}{T_{\text{up}} + T_{\text{down}}} \\[2ex]
f = \dfrac{N_{\text{down}}}{T_{\text{up}} + T_{\text{down}}} \\[2ex]
T_{\text{ave}} = \dfrac{T_{\text{down}}}{N_{\text{down}}}
\end{cases}
\tag{2-80}
$$

序贯蒙特卡罗模拟能精确地分析频率和时长相关的指标，但在应用计算机模拟时，需要存储设备在整个模拟运行期间的状态变化序列，因此，相比非序贯蒙特卡罗模拟，计算速率较慢。

以上分析都是在设备故障和修复行为符合负指数分布的前提下进行的，下面将介绍设备的故障和维修行为是其他分布，即状态变化过程是非齐次马尔可夫过程时，模拟法的应用情况。

2.5.3　时变故障率和维修率的设备状态模拟

在恶劣环境或设备老化等条件下，设备的故障行为并不符合负指数分布情况，故障率是时时变化的。在恶劣环境中，设备的故障率会比平稳环境中高，但当设备度过短暂的恶劣环境后，故障率又会下降。当设备老化时，设备故障率会随服役时间的延长而逐渐升高[6-8]。齐次马尔可夫模型无法对拥有时变故障率的设备进行精确建模，需要对时变故障率做一定的简化，将时变故障率分段假设为固定值。这种齐次马尔可夫过程并不能准确把握设备的随机行为，这时就需要应用模拟法对设备状态进行时时跟踪模拟，给设备在时变故障率条件下的故障行为提供数据参考。

1. 时变故障率模型

设备的时变故障率 $\lambda(t)$ 可以表示为[9]

$$\lambda(t) = \omega_{\mathrm{w}}(t)\lambda_{\mathrm{c}}(t) \tag{2-81}$$

式中，$\omega_{\mathrm{w}}(t)$ 为时变的气候影响系数，一般以小时为度量区间，表示气候因素对设备故障率的影响程度；考虑设备老化和维修的影响，$\lambda_{\mathrm{c}}(t)$ 为正常气候条件下随运行时间变化的设备故障率。

2. 气候影响系数

气候因素对设备的故障率，尤其是对配电系统中的架空线配电设备的故障率有较大影响。据统计，一年中恶劣气候持续时间仅占系统运行总时间的 1%，但引起的停电事件可能占全年停电事件的 50%以上[10, 11]。

将电力系统运行的气候条件按其对系统的影响程度分为正常气候、恶劣气候和灾害气候三类。气候影响系数表示为时间的函数，为简化计算，$\omega_{\mathrm{w}}(t)$ 可采用如图 2-15 所示的阶梯曲线模型。正常气候条件下，$\omega_{\mathrm{w}}(t)$ 较小，恶劣气候或灾害气候条件下，$\omega_{\mathrm{w}}(t)$ 较大。

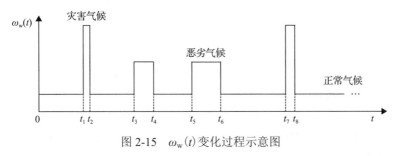

图 2-15　$\omega_{\mathrm{w}}(t)$ 变化过程示意图

3. 设备老化和维修影响

设备老化对设备故障率有较大影响，据统计，电力系统中工作 35～40 年的设备故障率为工作 5 年的设备故障率的 3 倍。设备的老化过程受设备类型、运行环境、运行时间、制造水平等条件的影响。由于电力系统设备的寿命较长、运行条件复杂，统计数据不足等，难以精确测定设备老化对故障率的影响，一般采用简化的数学模型进行描述，如韦布尔分布、阶梯函数等。

分两步建立 $\lambda_{\mathrm{c}}(t)$ 模型。

第一步：仅考虑设备自然老化对故障率的影响，用 K 重复合韦布尔分布模拟得到故障率 $\lambda_{\mathrm{c}}(t)$：

$$\lambda_{\mathrm{c}}(t) = \sum_{i=1}^{K}\alpha_i\beta_i t^{\beta_i-1} \tag{2-82}$$

式中，$\alpha_i>0$，$\beta_i>0$，分别为第 i 个韦布尔分布函数的尺度参数和形状参数。复合韦布尔分布函数模型中的每个子模型对应一个正常工作条件下受自然老化影响的设备故障模式。电力系统中设备的故障率一般可表示为 1～2 重的复合韦布尔分布。

若采用 2 重复合韦布尔分布，假定 $\beta_1=1$，则有

$$\lambda_c(t) = \alpha_1 + \alpha_2 \beta_2 t^{\beta_2-1} \tag{2-83}$$

式中，$\lambda_c(t)$ 可分解为固有故障率 α_1 和时变故障率 $\alpha_2\beta_2 t^{\beta_2-1}$ 两部分。

第二步：考虑维修对故障率的影响。设备维修活动包括计划检修和故障维修，故障维修为随机活动，计划检修的周期固定，设周期为 B。假定故障维修仅使设备恢复工作能力，但不改变故障率，而计划检修可以改变设备的故障率。不计维修时间，则从第 j 次计划检修 B_j 到第 $j+1$ 次计划检修 B_{j+1} 的时段中，故障率计算如下：

$$\lambda_c(t) = \gamma_j \alpha_1 + \eta_j \alpha_2 \beta_2 (t-B_j)^{\beta_2-1}, \quad t \in [B_j, B_{j+1}) \tag{2-84}$$

式中，$\gamma_j \geq 1$，为第 j 次计划检修后对设备固有故障率的影响系数，若 $\gamma_j=1$，说明计划检修完成时设备和新的一样好；$\eta_j \geq 1$，为第 j 次计划检修后对时变故障率的影响系数。一般来说 γ_j 和 η_j 也为变量，随着 j 的增大可能有所增加，与设备运行年数、耗损程度、检修效率等相关。为了简化计算，假定 $\gamma_j=\gamma$，$\eta_j=\eta$，其中 γ 和 η 为常数。

假定元件使用期为 30 年，计划检修周期为 2 年。图 2-16 给出了 $\lambda_c(t)$ 的两种曲线，参数如下。

曲线 1：$\alpha_1=0$，$\beta_1=1$，$\alpha_2=0.001$，$\beta_2=3$，$\gamma=1$，$\eta=1$。

曲线 2：$\alpha_1=0.001$，$\beta_1=1$，$\alpha_2=0.001$，$\beta_2=3$，$\gamma=1.1$，$\eta=1.1$。

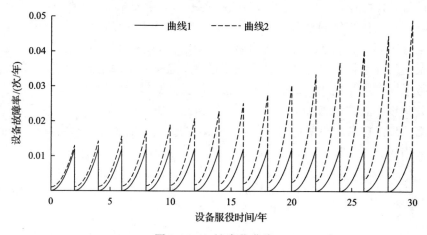

图 2-16　$\lambda_c(t)$ 变化曲线

4. 时变故障率设备状态的随机模拟

1)非齐次泊松过程

当故障率 λ 不为定值时,可以将设备的故障行为等效为非齐次的泊松过程。对于时变的 $\lambda(t)$,由于 $\omega_{\mathrm{w}}(t)$ 为左连续阶梯函数,$\lambda_{\mathrm{c}}(t)$ 为左连续阶跃函数,由式(2-81)可知 $\lambda(t)$ 也为左连续阶跃函数,仅有有限个第一类间断点。假定设备的寿命期为 T,故障率 $\lambda(t)$ 的有限个第一类间断点为 t_l ($l=1,2,\cdots,l_{\max}$,$l_{\max}$ 为第一类间断点的个数),则 t_l 将时间段 $(0,T]$ 划分为 $l_{\max}+1$ 个左开右闭区间。令 $t_0=0$,$t_{\max}=T$,这 $l_{\max}+1$ 个区间可以表示为 $I_i=(t_i,t_{i+1}]$ ($i=1,2,\cdots,l_{\max}+1$)。$\lambda(t)$ 在区间 $(t_i,t_{i+1}]$ 上为连续函数。

由于 $\lambda(t)$ 在时间区间 $(0,T]$ 上为有界函数,且 $\lambda(t)$ 的所有间断点的测度为 0,因此 $\lambda(t)$ 在 $(0,T]$ 上可积。定义函数 $\varLambda(t)$:

$$\varLambda(t)=\int_0^t \lambda(x)\mathrm{d}x,\quad 0<t\leqslant T \tag{2-85}$$

由 $\lambda(t)$ 为 $(0,T]$ 上的非负阶跃函数可知,$\varLambda(t)$ 是 $(0,T]$ 上的非负单调不减连续函数。

设有计数过程 $\{N_t\,|t\geqslant 0\}$,对任意时刻 $0<t\leqslant T$,N_t 表示在时间区间 $(0,t]$ 内设备的故障次数。对设备的故障过程有以下假定。

(1)忽略设备维修时间。

(2)假定设备在 $t=0$ 时刻处于正常状态,则有

$$P(N_0=0)=1 \tag{2-86}$$

(3)对任意时间 $t(0<t\leqslant T)$,在 t 之后的极小时间间隔 Δt 内设备发生两次或两次以上故障($N_{t,t+\Delta t}\geqslant 2$)的概率为 0,即

$$\begin{cases} P(N_{t,t+\Delta t}=1)=\lambda(t)\Delta t \\ P(N_{t,t+\Delta t}\geqslant 2)=0 \end{cases} \tag{2-87}$$

(4)设备各次故障间相互独立。

根据以上假设条件易知,若 $\lambda(t)$ 采用阶跃模型,则计数过程 $\{N_t\,|t\geqslant 0\}$ 为非齐次泊松过程。对任意实数 $t\geqslant 0$ 和 $s>0$ 并满足 $t+s\leqslant T$,用数学归纳法可以证明增量 $N_{t,t+s}$ 有参数为 $\varLambda(t+s)-\varLambda(t)$ 的泊松分布,$\varLambda(t)=E(N_t)$ 称为过程的均值函数(mean value function,MVF),$\lambda(t)$ 称为过程的时倚强度函数(time dependent intensity function,TDIF)。特别地,如果 $\lambda(t)=\lambda$,即 $\lambda(t)$ 取常值,则计数过程 $\{N_t|t\geqslant 0\}$ 为齐次泊松过程。可见,设备故障行为符合负荷负指数分布是非齐次泊松过程的特例。

2)随机稀疏的概念

设有计数过程 $\{M_t\,|t\geqslant 0\}$,若 $\{M_t\,|t\geqslant 0\}$ 中的每一个事件只能以概率 $p(t)$ 被记

录到($0 \leqslant p(t) \leqslant 1$)，用$\{N_t | t \geqslant 0\}$表示在区间$(0,t]$中记录到的事件数，则计数过程$\{N_t | t \geqslant 0\}$称作计数过程$\{M_t | t \geqslant 0\}$的一个随机稀疏(stochastic thinning)。

假定$\{M_t | t \geqslant 0\}$是强度为λ的齐次泊松过程，若把它的事件分为 I 型和 II 型两类。I 型事件发生的概率仅仅依赖于该事件的发生时刻，而其余的事件则属于 II 型的事件。那么对于这样一个齐次泊松过程，设有计数过程$\{N_t | t \geqslant 0\}$，N_t表示强度为λ的齐次泊松过程$\{M_t | t \geqslant 0\}$在时间区间$(0,t]$中发生的 I 型事件数，也就是$\{M_t | t \geqslant 0\}$的随机稀疏，则这个随机稀疏$\{N_t | t \geqslant 0\}$是非齐次泊松过程，时倚强度函数为

$$\lambda(t) = p(t) \times \lambda \tag{2-88}$$

由上述分析可知，可以用一个齐次泊松分布过程的一个随机稀疏来模拟时变故障率的设备故障行为，模拟过程如下。

应用序贯蒙特卡罗模拟法，需要模拟出设备故障所发生的时刻和故障维修的时间。设模拟中设备故障的时刻组成的序列为$\{S_i\}$($i = 1, 2, \cdots, n$)，其生成的步骤如下。

第 1 步：设定系统初始时刻$t = 0$，设备处于正常状态，置$i = 1$。

第 2 步：生成参数为λ的指数分布随机数X和$(0,1)$区间内均匀分布的随机数U。

第 3 步：置$t = t + X$。

第 4 步：如果$U \leqslant \lambda(t)/\lambda$，记录时刻$t$，置$i = i + 1$，$S_i = t$。如果$U > \lambda(t)/\lambda$，则不记录时刻$t$。

第 5 步：若$t < T$，转至第 2 步继续仿真过程，若$t \geqslant T$，停止。

序列$\{S_i\}$就是强度为$\lambda(t)$的非齐次泊松过程$\{N_t | t \geqslant 0\}$在$(0,T]$上的一次模拟。

如果考虑维修时间，则首先生成第一次故障到达时间S_1，转至故障修复过程，若修复时间为R_1，在修复完成的$S_1 + R_1$时刻开始，再进行设备状态变化过程的模拟。

为了使上述算法更有效，λ应取得尽量小，为此可采用分段抽样的方法。适当地选择阶跃函数$\lambda(t)$的若干个间断点$T_0 = 0 < T_1 < T_2 < \cdots < T_k < T_{k+1} = T$，把$(0,T]$分为$k+1$个子区间，$I_j = (t_j, t_{j+1}]$($j = 1, 2, \cdots, k+1$)，使每个子区间上$\lambda(t)$的差异较小。对每一个$j$，选取$\lambda_j$，使得

$$\lambda(s) = \lambda_j, \quad s \in I_j \tag{2-89}$$

模拟过程中，首先在区间I_1上用强度为λ_1的齐次泊松过程$\{M_{1t} | t \geqslant 0\}$的随机稀疏来模拟$\{N_t | t \geqslant 0\}$，设过程$\{M_{1t} | t \geqslant 0\}$的第$n_1$个事件发生时刻$S_{n1}$是首先超过$t_1$的事件发生时刻，当观察到该事件时停止在区间$I_1$上的模拟，并转到在区间$I_2$上对强度为$\lambda_2$的齐次泊松过程$\{M_{2t} | t \geqslant 0\}$做随机稀疏来模拟$\{N_t | t \geqslant 0\}$。由于在时间间隔$T_{n1} = S_{n1} - S_{n1-1}$内随机模拟时产生的是参数为$\lambda_1$的指数分布随机数，而转到区间$I_2$上模拟时，需要生成参数为$\lambda_2$的指数分布随机数。于是$T_{n1}\lambda_1/\lambda_2$就可以作为强度

为 λ_2 的齐次泊松过程 $\{M_{2t} \mid t \geqslant 0\}$ 在区间 I_2 上的第一个事件发生时刻。如此继续直到完成最后一个子区间 I_{k+1} 上的模拟，记录到的序列 $\{S_i\}$ 就是强度为 $\lambda(t)$ 的非齐次泊松过程在 $(0,T]$ 上的一次模拟。

5. 时变的故障维修时间模型

影响设备故障维修时间的期望值 $r(t)$ 的时变因素主要有气候条件、维修条件等。以下以 $r(t)$ 为例进行说明。与无故障工作时间相比，故障维修时间一般较短，为了简化计算，可以近似认为设备的维修时间只与设备开始维修的时刻 t 时的条件有关，则 t 时刻故障维修时间的期望值 $r(t)$ 可以表示为

$$r(t) = \tau_{\mathrm{w}}(t) \times \tau_{\mathrm{e}}(t) \times r_{\mathrm{c}} \tag{2-90}$$

式中，r_{c} 为常数，表示不考虑时变因素影响的设备维修时间期望值；$\tau_{\mathrm{w}}(t)$ 为时变的气候影响系数；$\tau_{\mathrm{e}}(t)$ 为正常气候条件下的故障维修时间系数，如果故障发生在用电高峰季节、周末或晚间时，维修时间较长。如式（2-91）所示，$\tau_{\mathrm{e}}(t)$ 可以进一步表示为周影响系数 $\tau_{\mathrm{week}}(t)$、日影响系数 $\tau_{\mathrm{day}}(t)$、时影响系数 $\tau_{\mathrm{hour}}(t)$ 的乘积，各系数取值如图 2-17 所示。

$$\tau_{\mathrm{e}}(t) = \tau_{\mathrm{week}}(t) \times \tau_{\mathrm{day}}(t) \times \tau_{\mathrm{hour}}(t) \tag{2-91}$$

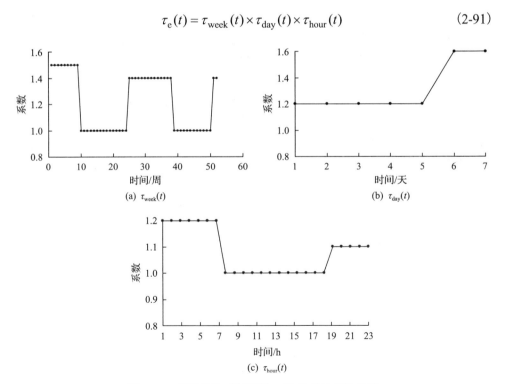

图 2-17　故障维修时间系数 $\tau_{\mathrm{e}}(t)$ 各项的变化曲线

　　如果设备在时刻 S_n 时发生故障，则故障维修时间 R_n 的模拟步骤如下。

　　第 1 步：确定故障维修开始时间 t。假定正常气候条件和恶劣气候条件下维修开始时间为设备故障时间，则 $t=S_n$，而灾害气候条件下一般不能立即开始修复，必须等待天气好转，则 $t=S_n+\Delta t$，Δt 为等待时间。

　　第 2 步：根据式 (2-90) 计算 t 时刻下故障维修时间期望值 $r(t)$。

　　第 3 步：由维修时间的分布计算 R_n。维修时间的分布由历史统计数据确定，一般可取近 3～5 年的数据进行分析。一般架空线路的维修时间较短，可以近似看成对数正态分布或指数分布。而地下电缆的维修时间较长，概率分布更接近于正态分布。

2.6　本章小结

　　设备可靠性建模是配电系统可靠性分析的基础。本章主要介绍了配电设备的可靠性建模方法。将设备的故障类型分为了不可修复故障和可修复故障。对于不可修复故障，介绍了几种常用的描述故障行为的概率分布函数以及相应的故障率求取方法，其中配电系统可靠性分析中最常用的是负指数分布。对于可修复故障，介绍了故障率和修复率的概念。对于故障率和修复率都恒定的情况，应用齐次马尔可夫过程描述了设备的运行-故障的循环过程，给出了基于转移概率矩阵建立状态转移概率方程的方法，同时计算了简单串联和并联系统的可靠性指标，包括可用度、失效频率、失效平均时长等。

　　针对设备故障行为不符合负指数分布时可靠性指标计算的需求，本章简要介绍了蒙特卡罗模拟法，包括序贯蒙特卡罗模拟和非序贯蒙特卡罗模拟的基本流程。本章最后给出了在设备具有时变故障率和维修率的情况下，应用序贯蒙特卡罗模拟设备运行状态的基本理论与方法。

参 考 文 献

[1] 中国电力企业联合会. 电力可靠性管理代码. 北京: 中国电力企业联合会可靠性管理中心, 2013.

[2] 别林登. 工程系统可靠性评估: 原理和方法. 周家启, 黄雯莹, 吴继伟, 等译. 重庆: 科学技术文献出版社重庆分社, 1988.

[3] 金星. 工程系统可靠性数值分析方法. 北京: 国防工业出版社, 2002.

[4] 金星, 洪延姬. 系统可靠性与可用性分析方法. 北京: 国防工业出版社, 2007.

[5] 李文沅. 电力系统风险评估——模型、方法和应用. 周家启, 卢继平, 胡小正, 等译. 北京: 科学出版社, 2006.

[6] Billinton R, Wu C. Predictive reliability assessment of distribution systems including extreme adverse weather. Conference on Electrical & Computer Engineering, Toronto, 2001: 714-724.

[7] Billinton R, Singh G D. Reliability assessment of transmission and distribution systems considering repair in adverse weather conditions. IEEE Canadian Conference on Electrical & Computer Engineering, Winnipeg, 2002: 88-93.

[8] Wang P, Billinton R. Reliability cost/worth assessment of distribution systems incorporating time varying weather conditions and restoration resources. IEEE Power Engineering Review, 2007, 21(11): 63.

[9] 谢莹华. 配电系统可靠性评估. 天津: 天津大学, 2005.

[10] Bae I S, Shin D J, Kim J. Optimal operating strategy of distributed generation considering hourly reliability worth. IEEE Transactions Power Systems, 2004, 19(1): 287-292.

[11] Willis H L. Panel session on: Aging T&D infrastructures and customer service reliability. Power Engineering Society Summer Meeting, Seattle, 2000: 1494-1496.

第3章 配电系统可靠性常用分析方法

3.1 引　　言

　　分析系统可靠性的一般标准步骤是把该系统分解成若干子系统或元件，估计每一个元件或子系统的可靠度，然后用一种或多种数值方法组合这些元件或子系统的可靠度，以估计整个系统的可靠性，并给出表征系统可靠性的相关指标。当前配电系统可靠性分析的方法可以分为解析法和模拟法。解析法根据配电设备之间的网络连接关系，解析计算系统的可靠性指标。其主要优点是可以采用较严格的数学模型和一些有效的算法对系统的可靠性进行快速计算。但解析法只能得到指标的稳态平均值，且对设备的可靠度参数要求严格。模拟法依靠计算机产生随机数对配电设备的失效事件进行抽样，进而构成系统失效事件集，再通过概率统计的方法计算系统的可靠性指标，其优点是可得到指标的概率分布情况，可应对非指数型分布或时变的设备可靠度参数，但为了获得较高的模拟精度，计算耗时往往较长。

　　对于配电系统可靠性分析来说，不管是解析法还是模拟法，其本质都是列举系统中配电设备的各类故障事件，分析这些故障事件对系统的停电影响，并应用若干可靠性指标量化这些影响的严重程度，从而分析配电系统的可靠性。可以说，故障的停电影响分析是配电系统可靠性分析的核心，而围绕这一关键问题，众多专家学者经过多年的探索也取得了丰富的研究成果。

3.2　配电系统可靠性指标

　　配电系统可靠性指标用于量化故障事件对系统停电的影响严重程度，以衡量系统的可靠性。在较长一段时间内，配电公司使用的可靠性指标繁多，因此需要制定统一的标准以方便比较不同公司管辖的配电系统的可靠性。下面介绍一些基本的可靠性指标，包括负荷节点可靠性指标和系统可靠性指标两部分[1]。

3.2.1　负荷节点可靠性指标

1) 负荷节点的年停电次数 λ^{LP}

负荷节点的年停电次数 λ^{LP} 表示该负荷节点在一年内的平均停电次数，单位为次/年。

2) 负荷节点的年停电时间 u^{LP}

负荷节点的年停电时间 u^{LP} 表示该负荷节点在一年内的停电时长，单位为 h/年或 min/年。

3) 负荷节点的单次平均停电时间 r^{LP}

负荷节点的单次平均停电时间 r^{LP} 表示该负荷节点每次停电的平均时长，单位为 h/次或 min/次。计算公式为

$$r^{LP} = \frac{u^{LP}}{\lambda^{LP}} \tag{3-1}$$

4) 负荷节点的缺供电量 ens^{LP}

负荷节点的缺供电量表示该负荷节点在一年内的停电量，单位为 kW·h/年或 MW·h/年。计算公式为

$$ens^{LP} = L \times u^{LP} \tag{3-2}$$

式中，L 为该负荷节点的负荷需求，单位为 kW 或 MW。

3.2.2　系统可靠性指标

系统可靠性指标列举如下。

1) 系统平均停电频率指标

系统平均停电频率指标(system average interrupt frequency index，SAIFI)表示系统一年内的平均停电次数，单位为次/年，计算公式如下：

$$\text{SAIFI} = \frac{\text{用户停电总次数}}{\text{用户总数}} = \frac{\sum \lambda_i^{LP} \times n_i}{N} \tag{3-3}$$

式中，λ_i^{LP} 为第 i 个负荷节点的年停电次数；n_i 为第 i 个负荷节点的用户数量；N 为系统的用户总数量。

2) 用户平均停电频率指标

用户平均停电频率指标(customer average interrupt frequency index，CAIFI)表示系统中受停电影响的用户一年内的平均停电次数，单位为次/年，计算公式如下：

$$\text{CAIFI} = \frac{\text{用户停电总次数}}{\text{停电用户总数}} = \frac{\sum \lambda_i^{LP} \times n_i}{M} \tag{3-4}$$

式中，M 为一年内受停电影响的用户总数。CAIFI 与 SAIFI 的区别只在于分母的

取值，CAIFI 分母为受停电影响的用户数量，不包含系统中没有停电的用户。

3) 系统平均持续停电时间指标

系统平均持续停电时间指标(system average interrupt duration index，SAIDI)表示系统一年内平均停电时长，单位为 h/年或 min/年，计算公式如下：

$$\text{SAIDI} = \frac{用户停电总时长}{用户总数} = \frac{\sum u_i^{\text{LP}} \times n_i}{N} \tag{3-5}$$

式中，u_i^{LP} 为第 i 个负荷节点的年停电时间。

4) 用户平均停电时间指标

用户平均停电时间指标(customer average interrupt duration index，CAIDI)表示一年内受停电影响的负荷用户一次停电的平均时长，单位为 h/次或 min/次，计算公式如下：

$$\text{CAIDI} = \frac{用户停电总时长}{用户停电总次数} = \frac{\sum u_i^{\text{LP}} \times n_i}{\sum \lambda_i^{\text{LP}} \times n_i} \tag{3-6}$$

CAIDI 表征了系统每停电一次，在恢复供电之前，用户需要等待的时长。

5) 系统期望缺供电量

系统缺供电量期望(expected energy not supplied，EENS)衡量了故障的发生导致系统一年内无法满足的负荷需求情况，单位为 kW·h/年或 MW·h/年，计算公式如下：

$$\text{EENS} = 系统总停电量 = \sum u_i^{\text{LP}} \times L_i \tag{3-7}$$

式中，L_i 为第 i 个负荷节点的负荷需求。

6) 用户平均缺供电量

用户平均缺供电量(average energy not supplied，AENS)衡量了系统中每个用户的年停电量，单位为 kW·h/(年·户)或 MW·h/(年·户)，计算公式如下：

$$\text{AENS} = \frac{系统缺供电量期望}{用户总数} = \frac{\text{EENS}}{N} \tag{3-8}$$

7) 平均供电可用度指标

平均供电可用度指标(average service availability index，ASAI)是一个概率性质的指标，表示配电系统的可用度，单位为%，计算公式如下：

$$\text{ASAI} = 1 - \frac{\text{SAIDI}}{8760} \tag{3-9}$$

以上可靠性指标的统计均针对永久性停电事件。永久性停电事件定义为配电系统在停电以后必须对造成停电的故障或缺陷进行检查、试验、检修或者器材更换等处理,才能恢复供电的较长时间(超过 3min)的停电事件。此外,由于电力系统设备故障或设备容量不足而对用户的拉闸限电以及因运行方式的需要,用电负荷由一回线路转移到另一回线路,操作过程时间超过 3min 的停电等,均应视为永久性停电。

除了永久性停电事件,系统中还会有瞬时性停电事件发生。瞬时性停电是指当配电系统线路由于故障或者进行回路检查而被断路器断开后,能够通过已被断开的断路器在极短暂的时间内重新投入的停电(不超过 3min)。比如,装有自动重合闸装置的回路,在自动重合闸动作的时间内断路器自动重合闸成功。这种瞬时性的停电,可应用瞬时平均停电频率指标(momentary average interruption frequency index,MAIFI)表征:

$$\text{MAIFI} = \frac{瞬时性停电总次数}{用户总数} = \frac{\sum \lambda_{Mi}^{LP} \times n_i}{N} \tag{3-10}$$

式中, λ_{Mi}^{LP} 为用户 i 在一年内经历的瞬时性停电事件总次数。这种瞬时性的停电往往是由非破坏性故障事件引起的,如雷击、大风或动物活动所导致的线路间瞬时短路故障。由于瞬时故障对系统、设备以及用户的影响极小,一般在考虑供电的连续性和可靠性时可以忽略不计,本书也将重点围绕永久性故障导致的永久性停电事件展开论述。

3.3　故障模式影响分析法

故障模式影响分析法是配电系统可靠性分析中最基本的方法。其基本流程是通过列举系统中各个设备的状态,枚举故障事件,确定系统状态,然后根据所给定的可靠性判据对所有系统状态进行检验分析,建立故障模式影响分析表,量化设备故障对系统的影响,最后统计输出系统的可靠性指标。

故障模式影响分析法是配电系统可靠性分析中最有效的方法之一,原因在于:①配电系统中设备类型和负荷节点都比较多,不同设备的故障影响可能不同,即使是同一设备故障,对不同位置的负荷节点也可能有着不同的影响,有必要对故障的影响进行详细分析;②对于辐射状网络一般只考虑单阶故障影响,故障模式影响分析表可能只是一个简单的矩阵或某一故障对可靠性指标的增量值,如果采用一些快速搜索技术进行分析，如故障遍历、故障扩散等，并不会增加太多计算量；③FMEA 法也是其他一些故障分析法的基础，如最小路法、网络等值法、故障扩散法等方法中都包含故障模式影响分析的过程。

确定故障事件对系统中每个负荷节点的影响类型，进而建立故障模式影响分析表是 FMEA 法的两个重要步骤。下面将以一个简单配电系统为例简要介绍故障影响类型的确定和故障模式影响分析表的建立方法[1,2]。

3.3.1　故障影响类型

配电系统故障对负荷节点的影响类型主要有 4 类。

a. 故障导致负荷停电，待故障修复后负荷恢复供电。

b. 故障导致负荷停电，待线路上的分段开关动作将故障隔离后，负荷即可恢复供电。

c. 故障导致负荷停电，待线路上的联络开关动作将负荷转移到其他馈线上，负荷即可恢复供电。

d. 故障对负荷无影响。

以图 3-1 中的配电系统为例说明故障对负荷节点的影响。

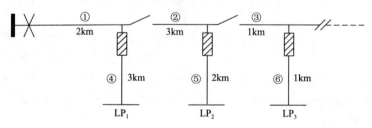

图 3-1　配电系统示意图

图 3-1 中的配电系统为简单的辐射状网络，负荷节点 LP₁、LP₂ 和 LP₃ 经干线①、②、③和装有熔断器的支线④、⑤、⑥供电。分段开关常闭，联络开关常开，开关的操作假定均为手动。现假设母线、断路器、熔断器以及开关设备完全可靠，考虑支路①～⑥可能发生短路故障，则每个支路故障对三个负荷节点的影响类型如表 3-1 所示。

表 3-1　故障事件对负荷节点的影响类型

负荷节点	①故障	②故障	③故障	④故障	⑤故障	⑥故障
LP₁	a	b	b	a	d	d
LP₂	c	a	b	d	a	d
LP₃	c	c	a	d	d	a

表 3-1 总结了所有支路故障事件对每个负荷节点的停电影响类型。以支路②故障为例，说明故障影响类型的分析过程。当支路②发生短路故障时，位于馈线首端的断路器会瞬间跳闸，负荷节点 LP_1、LP_2 和 LP_3 会全部停电。当维修人员到达故障现场，并断开位于支路②和支路③上的手动分段开关后，故障被隔离。故障隔离后，断路器可以合闸，负荷节点 LP_1 恢复供电。因此，负荷节点 LP_1 的故障类型为 b。同时，联络开关也可以闭合，将负荷节点 LP_3 转移到其他馈线上恢复供电，因此，负荷节点 LP_3 的故障类型为 c。而负荷节点 LP_2 只能等到故障修复后，故障两端的分段开关闭合才能恢复供电，因此，故障类型为 a。

以上就是每个故障事件对负荷节点的影响分析过程，在确定了故障事件的影响类型后，即可根据设备故障率、修复率、开关操作时长等相关可靠性参数列写故障模式影响分析表。

3.3.2　故障模式影响分析表

将所有故障事件对所有负荷节点的停电影响量化，并总结为一张故障模式影响分析表，可以清晰地展示每个故障对负荷节点的影响，系统的可靠性指标也可以根据表格中的数据统计出来。仍然以图 3-1 中的配电系统为例，列举它的故障模式影响分析表。

首先给出图 3-1 中的配电系统可靠性相关参数，如表 3-2 所示。

表 3-2　可靠性相关参数

设备类型	故障率/[次/(km·年)]	故障修复时间/h	开关操作时间/h	节点负荷需求/kW	节点用户数/户
干线	0.10	3	—	—	—
支线	0.25	1	—	—	—
分段开关	—	—	0.5	—	—
联络开关	—	—	2.0	—	—
LP_1	—	—	—	1000	250
LP_2	—	—	—	400	100
LP_3	—	—	—	100	50

基于表 3-1 中的故障影响类型分析结果，结合表 3-2 中的可靠性相关参数，分析每个故障事件对每个负荷节点的停电影响，总结出故障模式影响分析表，如表 3-3 所示。

表 3-3　故障模式影响分析表

	故障事件记录	干线①	干线②	干线③	支线④	支线⑤	支线⑥	总计
LP$_1$	λ_1^{LP}/(次/年)	0.20	0.30	0.10	0.75	0	0	1.35
	r_1^{LP}/(h/次)	3.0	0.5	0.5	1.0	0	0	—
	u_1^{LP}/(h/年)	0.60	0.15	0.05	0.75	0	0	1.55
	ens$_1^{LP}$/(kW·h/年)	600	150	50	750	0	0	1550
LP$_2$	λ_2^{LP}/(次/年)	0.20	0.30	0.10	0	0.50	0	1.10
	r_2^{LP}/(h/次)	2.0	3.0	0.5	0	1.0	0	—
	u_2^{LP}/(h/年)	0.40	0.90	0.05	0	0.50	0	1.85
	ens$_2^{LP}$/(kW·h/年)	160	360	20	0	200	0	740
LP$_3$	λ_3^{LP}/(次/年)	0.20	0.30	0.10	0	0	0.25	0.85
	r_3^{LP}/(h/次)	2.0	2.0	3.0	0	0	1.0	—
	u_3^{LP}/(h/年)	0.40	0.60	0.30	0	0	0.25	1.55
	ens$_3^{LP}$/(kW·h/年)	40	60	30	0	0	25	155

表 3-3 记录了所有故障事件对每个负荷节点的影响，以干线①故障为例，说明表中数据的计算过程。当干线①故障后，位于馈线出口的断路器跳闸，三个负荷节点都将停电。随后，位于干线②上的分段开关将断开，从而隔离故障干线①。然后，联络开关闭合，负荷 LP$_2$ 和负荷 LP$_3$ 被转供到其他馈线，因此，负荷 LP$_2$ 和负荷 LP$_3$ 的停电时长为联络开关的操作时间 2h，即 r_2^{LP}=2.0，r_3^{LP}=2.0。而负荷 LP$_1$ 只能等到故障被修复后才能恢复供电，因此，负荷 LP$_1$ 的停电时长为 3h，即 r_1^{LP}=3.0。

对负荷节点中用户的所有停电损失加和，即可得到用户的可靠性指标，如表 3-3 "总计"一列所示。

通过对故障模式影响分析表中结果的统计加和，即可得到整个配电系统的可靠性指标，应用式(3-3)～式(3-9)就可以计算图 3-1 配电系统的系统可靠性指标了，如表 3-4 所示。

表 3-4　系统可靠性指标

指标	SAIFI /(次/年)	CAIFI /(次/年)	SAIDI /(h/年)	CAIDI /(h/次)	EENS /(kW·h/年)	AENS /[kW·h/(年·户)]	ASAI /%
数值	1.225	1.225	1.625	1.327	2445	6.113	99.981

以 SAIFI 为例，说明可靠性指标的计算过程。由表 3-3 可知，负荷节点 LP$_1$、LP$_2$ 和 LP$_3$ 的年停电次数分别为 1.35 次/年、1.10 次/年和 0.85 次/年，而三个负荷节点的用户数分为 250 户、100 户和 50 户，则按照式(3-3)计算得到

$$SAIFI=(1.35\times250+1.10\times100+0.85\times50)/(250+100+50)=1.225（次/年）$$

以上就是 FMEA 法的完整流程。当系统规模较小时，尚可进行手动计算，通过列出故障模式影响分析表即可统计出用户和系统的可靠性指标。但当系统规模增大时，枚举故障事件并分析故障处理过程将变得烦琐，人工制作故障模式影响分析表也将变得不切实际。因此，实际配电系统的可靠性分析工作需要更加高效快速的计算机算法。本章后续章节将列举三种具有代表性的配电系统可靠性分析方法，并简单阐述其基本原理。

3.4　网络等值法

FMEA 法适用于对简单辐射状主馈线系统的可靠性分析。对于带有复杂分支馈线的配电系统，由于故障事件太多，繁杂的分支结构使得直接使用 FMEA 法有一定的困难。对此，Billinton 和 Wang[3]提出了网络等值法，以应对带有复杂分支馈线的配电系统可靠性分析。网络等值法的基本思想是利用一个等效元件来代替一部分配电分支网络，将复杂结构的配电系统逐步简化成简单的辐射状主馈线系统，进而应用 FMEA 法对等值系统进行可靠性指标计算。通过将网络等值，可极大地简化故障枚举事件的数量从而降低可靠性分析的计算负担。

3.4.1　等值主馈线的可靠性指标计算方法

网络等值法的基础仍然是 FMEA 法，只不过通过将网络等值，可靠性分析的对象简化成了结构简单、无分支馈线的主馈线配电系统。下面以图 3-2 为例说明主馈线配电系统中各个负荷的可靠性指标计算方法。

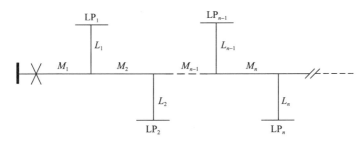

图 3-2　配电系统的等值主馈线示意图

在等值主馈线中存在 M_i、L_i 和 LP_i 三类元件，分别表示主馈线段、分支馈线段以及负荷节点。负荷节点 LP_i 的停电频率 λ_i^{LP} 按照式(3-11)计算：

$$\lambda_i^{LP} = \sum_{j=1}^{n} \lambda_j^{M} + \lambda_i^{L} + \sum_{k=1,k\neq i}^{m} p_k^{L} \lambda_k^{L} \tag{3-11}$$

式中，λ_j^M 和 λ_k^L 分别为主馈线段 M_j 和分支馈线段 L_k 的故障率；n 和 m 分别为主馈线和分支馈线的总段数。由于等值主馈线系统中的所有负荷均由单条馈线供电，因此，主馈线上任意一段发生故障都会触发主馈线出口断路器动作从而导致所有负荷停电一次，即式(3-11)等号右侧第一项。分支馈线段 L_i 故障一定会导致负荷 LP_i 停电，即式(3-11)等号右侧第二项。除分支馈线段 L_i，其他分支馈线段故障对负荷 LP_i 的影响将取决于各个分支馈线段上的熔断器。若分支馈线段 L_k 上无熔断器，则式(3-11)等号右侧第三项系数 p_k^L 取值为 1，表示分支馈线段故障会殃及负荷 LP_i。若分支馈线段 L_k 上安装了熔断器，且熔断器 100%可靠，则式(3-11)等号右侧第三项系数 p_k^L 取 0，表示分支馈线段故障会瞬间被熔断器切除，不影响负荷 LP_i 的供电。若熔断器并非 100%可靠，则系数 p_k^L 取值为熔断器的不可靠度。

同理，负荷 LP_i 的停电时间 u_i^{LP} 按照式(3-12)计算：

$$u_i^{LP} = \sum_{j=1}^{n} t_j^M \lambda_j^M + t_i^L \lambda_i^L + \sum_{k=1,k\neq i}^{m} t_k^L \lambda_k^L \tag{3-12}$$

式中，t_j^M 为主馈线段 M_j 故障导致的负荷 LP_i 停电时间，其数值为开关操作时间或主馈线段 M_j 的修复时间，具体取哪个数值则取决于主馈线段 M_j 和负荷 LP_i 之间的相对位置、两者之间是否有分段开关相隔以及是否有备用电源可以对负荷进行转供这三个条件。不同条件下的 t_j^M 取值情况如表 3-5 所示。

表 3-5　不同条件下的 t_j^M 取值情况

主馈线段 M_j 与负荷 LP_i 之间是否有开关	主馈线段 M_j 是否为负荷 LP_i 的供电路径	负荷 LP_i 是否有转供的备用电源	t_j^M 取值
否	—	—	r_j^M
是	是	否	r_j^M
是	是	是	t_{sw}
是	否	—	t_{sw}

表 3-5 中的 r_j^M 和 t_{sw} 分别为故障主馈线段 M_j 的修复时长和隔离故障后负荷恢复供电的开关操作总时长。

对于参数 t_i^L，由于负荷 LP_i 是由分支馈线段 L_i 供电的，因此，t_i^L 取值为分支馈线段 L_i 的故障修复时间。而参数 t_k^L 的取值将取决于分支馈线段 L_k 是否安装熔断器、熔断器是否 100%可靠以及分支馈线段 L_k 与负荷 LP_i 之间是否有开关相隔三个条件。不同条件下的 t_k^L 取值如表 3-6 所示。

表 3-6　不同条件下的 t_k^L 取值情况

分支馈线段 L_k 是否安装熔断器	熔断器是否100%可靠	分支馈线段 L_k 与负荷 LP_i 之间是否有开关相隔	t_k^L 取值
是	是	—	0
是	否	是	$p_k^L t_{sw}$
是	否	否	$p_k^L r_k^L$
否	—	是	t_{sw}
否	—	否	r_k^L

表 3-6 中的 r_k^L 表示分支馈线段 L_k 的故障修复时间。基于式(3-11)和式(3-12)可以求得等值主馈线上所有负荷节点的可靠性指标，在此基础上，应用式(3-3)～式(3-9)即可计算得到系统可靠性指标。

3.4.2　分支馈线的上行等值方法

3.4.1 节给出了等值主馈线的可靠性指标计算方法，实际配电系统中的主馈线常常接有若干分支馈线，如图 3-3 所示，这些分支馈线也会对主馈线上的负荷可靠性指标产生影响。在网络等值法中，需要对分支馈线进行上行等值，将分支馈线等值为主馈线上的分支元件，进而计算主馈线的负荷可靠性指标。本节以图 3-3 所示配电系统为例，说明分支馈线的上行等值方法。

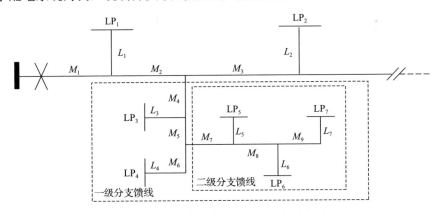

图 3-3　带有分支馈线的配电系统示意图

上行等值的过程就是将分支馈线上所有元件等效为分支馈线首端的一个串联元件的过程。分支馈线上所有元件的可靠性参数与该等效的串联元件可靠性参数相同，参数包括故障率 λ 和故障时间 r。图 3-3 中的配电系统有一条一级分支馈线，包括主馈线段 M_4、M_5 和 M_6，分支馈线段 L_3 和 L_4，负荷 LP_3 和 LP_4。二级分支馈线包含主馈线段 M_7、M_8 和 M_9，分支馈线段 L_5、L_6 和 L_7，负荷 LP_5、LP_6 和 LP_7。需要两次等效，第一次等效将二级分支馈线等效为串联元件 E_2，第二次等效将一级分支馈线等效为串联元件 E_1，等效过程如图 3-4 所示。

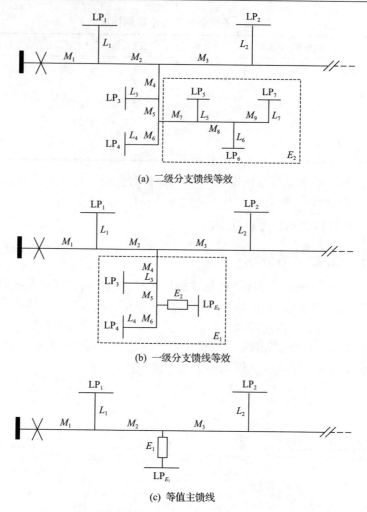

(a) 二级分支馈线等效

(b) 一级分支馈线等效

(c) 等值主馈线

图 3-4　带有分支馈线的配电系统等值过程示意图

若需要等值的分支馈线包含 n 个主馈线段和 m 个分支馈线段，第 i 个主馈线段的故障率和故障修复时间分别为 λ_i^M 和 r_i^M，第 j 个分支馈线段的故障率和故障时间为 λ_j^L 和 r_j^L，则经过等效后的分支馈线故障率 λ^{E_1} 和故障持续时间 r^{E_1} 按照式 (3-13) 计算：

$$\lambda^{E_1} = \sum_{i=1}^{n} \lambda_i^M + \sum_{j=1}^{m} p_j^L \lambda_j^L \tag{3-13}$$

$$r^{E_1} = \frac{\sum_{i=1}^{n} t_i^M \lambda_i^M + \sum_{j=1}^{m} t_j^L \lambda_j^L}{\lambda^{E_1}} \tag{3-14}$$

式中，p_j^L 的值取决于分支馈线段上熔断器的安装情况以及熔断器的动作可靠度。式 (3-14) 中的 t_i^M 和 t_j^L 的取值参照表 3-5 和表 3-6。

　　经过分支馈线的上行等效，配电系统最终会简化为等值主馈线的形式，基于等值主馈线中所有设备的可靠性参数，按照式 (3-11) 和式 (3-12) 即可得到主馈线上负荷节点的可靠性指标。图 3-4(c) 的主馈线结构，包括主馈线段 M_1、M_2 和 M_3，分支馈线段 L_1 和 L_2，等效串联元件 E_1，负荷节点 LP_1 和 LP_2 的可靠性指标就可以计算得到了。

3.4.3　分支馈线的可靠性指标计算方法

　　分支馈线的上行等效仅仅实现了主馈线上的负荷节点的可靠性指标计算，无法得到分支馈线上的负荷可靠性指标，因为上行等效过程将全部分支馈线上的负荷等效为没有实际意义的负荷 LP_{E_1}，如图 3-4(c) 所示。为了求得分支馈线上的负荷可靠性指标，还需要将等值主馈线进行下行还原，并逐级计算分支馈线上的负荷可靠性指标。下面以图 3-5 所示的一级分支馈线上的负荷节点 LP_3 为计算对象，说明分支馈线上的负荷节点可靠性指标计算方法。

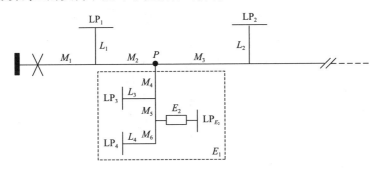

图 3-5　等效串联元件 E_1 的接入点 P 示意图

　　在完成了上行等效过程得到图 3-4(c) 的等值主馈线后，经过等值主馈线可靠性指标计算，已知的参数包括等效串联元件 E_1 的故障率 λ^{E_1} 和故障持续时间 r^{E_1}、等效负荷 LP_{E_1} 的停电频率 $\lambda^{\text{LP}_{E_1}}$ 和停电时间 $u^{\text{LP}_{E_1}}$。忽略等值主馈线，以点 P 以下的系统为对象，按照式 (3-11) 和式 (3-12) 可以计算一级分支馈线上的负荷 LP_3 的可靠性指标，包括停电频率 $\lambda_P^{\text{LP}_3}$ 和停电时间 $u_P^{\text{LP}_3}$。这两个指标没有考虑主馈线上的元件故障对 LP_3 的影响，因此，在 $\lambda_P^{\text{LP}_3}$ 和 $u_P^{\text{LP}_3}$ 的基础上增加主馈线故障影响即可得到 LP_3 的准确可靠性指标 λ^{LP_3} 和 u^{LP_3}，按照式 (3-15) 和式 (3-16) 计算：

$$\lambda^{\text{LP}_3} = \lambda_P^{\text{LP}_3} + (\lambda^{\text{LP}_{E_1}} - \lambda^{E_1}) \tag{3-15}$$

$$u^{\text{LP}_3} = u_P^{\text{LP}_3} + (u^{\text{LP}_{E_1}} - \lambda^{E_1} r^{E_1}) \tag{3-16}$$

式(3-15)和式(3-16)中等号右侧括号中的计算项代表了接入点 P 以上的所有元件，即等值主馈线上所有元件对负荷节点 LP_3 的影响。再加上分支馈线上的元件故障对 LP_3 的影响，即等式右边的第一项，即可得到 LP_3 的可靠性指标。在得到一级分支馈线所有负荷节点的可靠性指标后，即可继续逐级进行下行计算，最终得到所有分支馈线负荷节点的可靠性指标。

3.4.4　算例

本节以图 3-6 中的配电系统为例，说明应用网络等值法进行可靠性计算的全过程。设主馈线段 $M_1 \sim M_3$ 的故障率为 0.2 次/年，故障修复时间 r^M 为 5h。分支馈线段 $M_4 \sim M_6$、$L_1 \sim L_5$ 的故障率为 0.1 次/年，故障修复时间 r^L 为 2h。所有分支馈线首端均安装熔断器，熔断可靠度为 100%。所有馈线段的首端均安装有手动分段开关，操作时间 t_{sw} 为 1h。

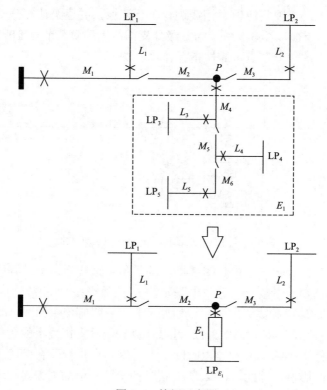

图 3-6　算例示意图

首先进行上行等效，得到系统的等值主馈线，等效串联元件 E_1 的故障率 λ^{E_1} 和故障持续时间 r^{E_1} 按照式(3-13)和式(3-14)计算，具体数值如下：

$$\lambda^{E_1}=\lambda^{M_4}+\lambda^{M_5}+\lambda^{M_6}=0.1+0.1+0.1=0.3（次/年）$$

$$r^{E_1}=(\lambda^{M_4}\times r^{M_4}+\lambda^{M_5}\times r^{M_5}+\lambda^{M_6}\times r^{M_6})\,/\,\lambda^{E_1}=(0.1\times2+0.1\times2+0.1\times2)/0.3=2\,(\text{h})$$

然后，基于等效串联元件 E_1 的可靠性参数，按照式 (3-11) 和式 (3-12) 计算 LP_1、LP_2 和 LP_{E_1} 的可靠性指标，包括停电频率和停电时间，具体数值如下。

负荷 LP_1：

$$\lambda^{\text{LP}_1}=\lambda^{M_1}+\lambda^{M_2}+\lambda^{M_3}+\lambda^{L_1}=0.2+0.2+0.2+0.1=0.7\,(\text{次}/\text{年})$$

$$u^{\text{LP}_1}=\lambda^{M_1}\times r^{M_1}+\lambda^{M_2}\times t_{\text{sw}}+\lambda^{M_3}\times t_{\text{sw}}+\lambda^{L_1}\times r^{L_1}=0.2\times5+0.2\times1+0.2\times1+0.1\times2=1.6\,(\text{h}/\text{年})$$

负荷 LP_2：

$$\lambda^{\text{LP}_2}=\lambda^{M_1}+\lambda^{M_2}+\lambda^{M_3}+\lambda^{L_2}=0.2+0.2+0.2+0.1=0.7\,(\text{次}/\text{年})$$

$$u^{\text{LP}_2}=\lambda^{M_1}\times r^{M_1}+\lambda^{M_2}\times r^{M_2}+\lambda^{M_3}\times r^{M_3}+\lambda^{L_2}\times r^{L_2}=0.2\times5+0.2\times5+0.2\times5+0.1\times2=3.2\,(\text{h}/\text{年})$$

负荷 LP_{E_1}：

$$\lambda^{\text{LP}_{E_1}}=\lambda^{M_1}+\lambda^{M_2}+\lambda^{M_3}+\lambda^{E}=0.2+0.2+0.2+0.3=0.9\,(\text{次}/\text{年})$$

$$u^{\text{LP}_{E_1}}=\lambda^{M_1}\times r^{M_1}+\lambda^{M_2}\times r^{M_2}+\lambda^{M_3}\times t_{\text{sw}}+\lambda^{E_1}\times r^{E_1}=0.2\times5+0.2\times5+0.2\times1+0.3\times2=2.8\,(\text{h}/\text{年})$$

在得到主馈线负荷 LP_1 和 LP_2 的可靠性指标后，再计算分支馈线负荷 LP_3、LP_4 和 LP_5 的可靠性指标。首先以图 3-6 中 P 点以下的分支馈线为计算对象，按照式 (3-11) 和式 (3-12) 计算分支馈线的负荷节点可靠性指标，包括停电频率和停电时间。

负荷 LP_3：

$$\lambda_P^{\text{LP}_3}=\lambda^{M_4}+\lambda^{M_5}+\lambda^{M_6}+\lambda^{L_3}=0.1+0.1+0.1+0.1=0.4\,(\text{次}/\text{年})$$

$$u_P^{\text{LP}_3}=\lambda^{M_4}\times r^{M_4}+\lambda^{M_5}\times t_{\text{sw}}+\lambda^{M_6}\times t_{\text{sw}}+\lambda^{L_3}\times r^{L_3}=0.1\times2+0.1\times1+0.1\times1+0.1\times2=0.6\,(\text{h}/\text{年})$$

负荷 LP_4：

$$\lambda_P^{\text{LP}_4}=\lambda^{M_4}+\lambda^{M_5}+\lambda^{M_6}+\lambda^{L_4}=0.1+0.1+0.1+0.1=0.4\,(\text{次}/\text{年})$$

$$u_P^{\text{LP}_4}=\lambda^{M_4}\times r^{M_4}+\lambda^{M_5}\times r^{M_5}+\lambda^{M_6}\times t_{\text{sw}}+\lambda^{L_4}\times r^{L_4}=0.1\times2+0.1\times2+0.1\times1+0.1\times2=0.7\,(\text{h}/\text{年})$$

负荷 LP_5：

$$\lambda_P^{\text{LP}_5}=\lambda^{M_4}+\lambda^{M_5}+\lambda^{M_6}+\lambda^{L_4}=0.1+0.1+0.1+0.1=0.4\,(\text{次}/\text{年})$$

$$u_P^{\text{LP}_5}=\lambda^{M_4}\times r^{M_4}+\lambda^{M_5}\times r^{M_5}+\lambda^{M_6}\times r^{M_6}+\lambda^{L_5}\times r^{L_5}=0.1\times2+0.1\times2+0.1\times2+0.1\times2=0.8\,(\text{h}/\text{年})$$

最后，按照式 (3-15) 和式 (3-16)，在分支馈线负荷 LP_3～LP_5 的可靠性指标基础上增加主馈线故障对分支馈线负荷节点的影响，即可得到分支馈线各个负荷节点的准确可靠性指标。

负荷 LP_3：

$$\lambda^{\text{LP}_3}=\lambda_P^{\text{LP}_3}+\lambda^{\text{LP}_{E_1}}-\lambda^{E_1}=0.4+0.9-0.3=1\,(\text{次}/\text{年})$$

$$u^{\text{LP}_3}=u_P^{\text{LP}_3}+u^{\text{LP}_{E_1}}-\lambda^{E_1}r^{E_1}=0.6+2.8-0.3\times2=2.8\,(\text{h}/\text{年})$$

负荷 LP$_4$:

$\lambda^{LP_4}=\lambda_P^{LP_4}+\lambda^{LP_{E_1}}-\lambda^{E_1}=0.4+0.9-0.3=1$（次/年）

$u^{LP_4}=u_P^{LP_4}+u^{LP_{E_1}}-\lambda^{E_1}r^{E_1}=0.7+2.8-0.3\times2=2.9$（h/年）

负荷 LP$_5$:

$\lambda^{LP_5}=\lambda_P^{LP_5}+\lambda^{LP_{E_1}}-\lambda^{E_1}=0.4+0.9-0.3=1$（次/年）

$u^{LP_5}=u_P^{LP_5}+u^{LP_{E_1}}-\lambda^{E_1}r^{E_1}=0.8+2.8-0.3\times2=3.0$（h/年）

相比故障模式影响分析法，应用网络等值法计算负荷的可靠性指标可以减少部分计算量。若应用故障模式影响分析法计算图 3-6 中的负荷可靠性指标，分析 11 个元件故障事件对 5 个负荷的影响共需要 5×11=55 次计算。而应用网络等值法，将分支馈线等值为一个故障元件，则等值主馈线的 3 个负荷指标的计算需要 3×6=18 次计算。分支馈线上的 3 个负荷指标计算需要 3×6=18 次计算，再加上等值的 1 次计算，共需要 18+18+1=37 次计算。计算量节省了 32.7%。若系统更加复杂，具有多条多级分支馈线，则网络等值法的计算优势将更加明显。

尽管网络等值法节省了相当的计算量，但仍然需要人工分析和判断不同位置故障对各个负荷节点的影响，不适于大型配电系统可靠性分析的计算机算法的实现。

3.5　最　小　路　法

在故障事件的影响分析中，分析每个故障事件对负荷的停电影响类型是其中的关键环节，因为只要得到了如表 3-1 所示的故障影响类型，进而代入相关参数，即可计算得出系统的可靠性指标。简单的配电系统可以通过人工逐一判断所有故障事件的影响类型，但实际中的配电系统规模庞大，设备连接关系比较复杂，仅靠人工进行分析不切实际。最小路法就是一种可以高效判断故障事件影响类型的可编程计算机算法。它的基本原理是基于网络搜索，得到系统中电源到各个负荷节点的供电路径，进而针对每一个负荷节点，将系统中的元件划分为最小路上的元件与非最小路元件，进而实现最小路和非最小路元件的故障影响类型判断。

3.5.1　最小路定义及其求取方法

对于一个具有输入和输出的网络，如果输入和输出之间存在一条通路，且在该通路中没有重复多次经过同一个节点，则这个通路称为最小路。以图 3-7 中的简单网络为例，共有 A～E 五个支路，输入节点 1 和输出节点 4 之间有若干条通路，最小路包括[A, C]、[B, D]、[A, E, D]和[B, E, C]。

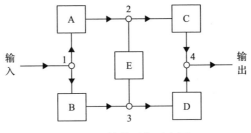

图 3-7　简单网络示意图

只要输入和输出之间存在一条最小路，且最小路上的设备均正常，则此系统功能正常。若用 S 表示系统正常状态，则

$$S=AC \cup BD \cup AED \cup BEC \tag{3-17}$$

若已知网络中各个支路处于正常状态的概率，则系统处于正常状态的概率就可以计算得到。实际生活中的许多系统均可以等效为图 3-7 所示的网络示意图，如通信网络、交通网络、配电系统等。对于配电系统，输入节点为上级变电站，而输出节点为负荷节点，负荷与变电站之间的配电线路、开关、断路器等设备均可以等效为网络中的通路。若这些中间设备的可靠度已知，则计算配电系统中某一负荷节点可靠性指标的关键就在于求取该负荷节点与电源点之间的最小路。下面将介绍两种求取网络最小路的方法，第一种为适用于简单手算的联络矩阵法，第二种为应对复杂系统的最小路遍历算法[4]。

1. 联络矩阵法

仍以图 3-7 为例，说明应用联络矩阵求取系统最小路的方法流程。首先建立该网络的联络矩阵 N，如式 (3-18) 所示：

$$N = \begin{bmatrix} 1 & A & B & 0 \\ 0 & 1 & E & C \\ 0 & E & 1 & D \\ 0 & 0 & 0 & 1 \end{bmatrix} \tag{3-18}$$

联络矩阵 N 中的元素 n_{ij} 代表了节点 i 到节点 j 的通路，元素取值为通路的名称。若节点之间无通路，则 n_{ij} 为 0，联络矩阵 N 对角线上的元素 n_{ii} 取 1。例如，节点 1 通过路径 A 可到达节点 2，则元素 n_{12} 取 A。但由于节点 1 与 2 之间的通路 A 为单方向，因此，元素 n_{21} 取 0。在得到了联络矩阵后，可应用节点消去法或矩阵乘法获得输入与输出节点之间的最小路。

节点消去法的基本思想是逐步地把联络矩阵中非输入输出的中间节点消去，直到获得只包含输入和输出节点的 2×2 的矩阵。对于图 3-7 中的网络，为了得到输入和输出节点之间的最小路，需要通过节点消去法得到只包含节点 1 和节点 4 的 2×2 的矩阵。

从联络矩阵中消去中间节点 k 的方法是将联络矩阵中的元素 n_{ij} 替换为 n'_{ij}，并消去联络矩阵中的第 k 行和第 k 列。n'_{ij} 的计算方法如下：

$$n'_{ij} = n_{ij} + n_{ik} \cdot n_{kj} \tag{3-19}$$

以图 3-7 中的网络为例，在消去节点 2 后，联络矩阵变为三阶矩阵，如图 3-8 所示。

$$
\begin{array}{c}
 \\
1 \\
3 \\
4
\end{array}
\begin{array}{ccc}
1 & 3 & 4 \\
\left[\begin{array}{ccc}
1+A\cdot 0 & B+A\cdot E & 0+A\cdot C \\
0+0\cdot E & 1+E\cdot E & D+E\cdot C \\
0+0\cdot 0 & 0+0\cdot E & 1+0\cdot C
\end{array}\right]
\end{array}
\Rightarrow
\begin{array}{c}
 \\
1 \\
3 \\
4
\end{array}
\begin{array}{ccc}
1 & 3 & 4 \\
\left[\begin{array}{ccc}
1 & B+AE & AC \\
0 & 1 & D+EC \\
0 & 0 & 1
\end{array}\right]
\end{array}
$$

图 3-8　消去节点 2 后的联络矩阵示意图

进一步消去节点 3，可最终得到只包含输入输出节点 1 和 4 的联络矩阵，如图 3-9 所示。

$$
\begin{array}{c}
 \\
1 \\
4
\end{array}
\begin{array}{cc}
1 & 4 \\
\left[\begin{array}{cc}
1 & AC+BD+AED+BEC \\
0 & 1
\end{array}\right]
\end{array}
$$

图 3-9　含有输入输出节点的联络矩阵示意图

图 3-9 中元素 n_{14} 就是输入节点 1 到输出节点 4 的最小路。

以上是节点消去法求取网络最小路的过程。此外，还可以应用矩阵乘法得到最小路，基本方法是将联络矩阵连续自乘，直到所乘出的矩阵中的所有元素不再发生改变，则所得到的矩阵中对应输入和输出节点的矩阵元素值就是网络中所有最小路的集合。仍以图 3-7 中的网络为例，将其联络矩阵连续自乘 3 次，得到的矩阵如式(3-20)所示：

$$
N^3 =
\begin{array}{c}
1 \\
2 \\
3 \\
4
\end{array}
\begin{array}{cccc}
1 & 2 & 3 & 4 \\
\left[\begin{array}{cccc}
1 & A+BE & B+AE & \boxed{AC+BD+AED+BEC} \\
0 & 1 & E & C+DE \\
0 & E & 1 & D+EC \\
0 & 0 & 0 & 1
\end{array}\right]
\end{array}
\tag{3-20}
$$

继续将联络矩阵自乘已经不改变矩阵中的任何元素，则矩阵 N^3 中对应输入输出节点的第 1 行第 4 列的元素为所有最小路的集合。

2. 最小路遍历算法

当网络系统很复杂、节点较多时，用联络矩阵法求最小路将很费时。下面介绍一种适合计算机编程的求取复杂网络最小路的方法：最小路遍历算法。

最小路遍历算法的基本思想是从输入节点开始，按照深度优先搜索的原则，沿着可选通路的方向逐个遍历下一个节点，并记录所走过的通路，直到搜索到输出节点，则完成一次最小路的搜寻。其算法流程如图 3-10 所示。

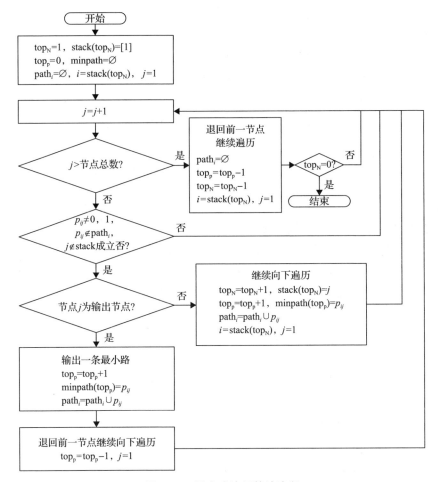

图 3-10　最小路遍历算法流程

图 3-10 所涉及的变量、集合的意义和用途解释如下。

i：节点编号。

p_{ij}：节点 i 和节点 j 之间的通路。

stack：集合，存储遍历算法已经遍历过的节点编号 i。

　　top_N：指针变量，用于标识 stack 中最新遍历的节点 i 的位置。

　　minpath：最小路集合，用于存储当前正在寻找的最小路，集合中的元素为通路 p_{ij}。

　　top_p：指针变量，用于标识 minpath 中最新遍历的通路 p_{ij} 的位置。

　　$path_i$：集合，用于存储节点 i 已经遍历过的所有通路，集合中的元素为通路 p_{ij}。

　　最小路遍历算法类似于深度优先搜索算法，从输入节点开始，逐级遍历节点。图 3-10 中的 stack 存储已经遍历过的节点，指针变量 top_N 标识当前遍历到的最新节点位置。最小路的基本特征是节点不能有交叉，通路不能重复，故用 $path_i$ 记录下以当前节点为起点且已经被遍历过的通路，防止支路被重复遍历。在遍历通路的过程中，集合 minpath 用来存储从输入节点开始所遍历的通路信息，直到遍历到输出节点，则算法输出一次 minpath 的信息，表示找到一条最小路。然后将 minpath 中的元素清除，用来存储下一条最小路的通路信息，重新进入遍历过程。

　　下面以图 3-7 中的系统为例，说明最小路遍历算法求取系统所有最小路的过程。

　　(1) 首先从输入节点开始遍历节点，设输入节点的编号为 1，则 $top_N=1$，stack=[1]。$i=1$，$j=1$。此时 $top_p=0$，minpath 为空集。$path_1$ 为空集。

　　(2) 基于系统的联络矩阵，j 从 1 逐渐增加，寻找与节点 1 之间存在通路的节点 j。当 $j=2$ 时，寻找到通路 $p_{12}=A$，即沿通路 A 可找到节点 2。$top_N=top_N+1$，top_N 更新为 2，进而更新 stack=[1, 2]。$top_p=top_p+1$，top_p 更新为 1，进而更新 minpath=[A]。由于与节点 1 相连的通路 A 已经被遍历，因此，更新 $path_1=[A]$。j 重新置 1，将以节点 2 为起点继续进行搜索。

　　(3) 从节点 2 继续遍历。当 $j=3$ 时，寻找到通路 $p_{23}=E$，可到达节点 3，top_N 更新为 3，进而更新 stack=[1, 2, 3]。top_p 更新为 2，进而更新 minpath=[A, E]。由于与节点 2 相连的通路 E 已经被遍历，更新 $path_2=[E]$。j 重新置 1，将以节点 3 为起点继续进行搜索。

　　(4) 从节点 3 继续进行遍历，当 $j=4$ 时，寻找到通路 $p_{34}=D$，可到达节点 4，也就是输出节点，即找到了一条最小路。top_p 更新为 3，进而更新 minpath=[A, E, D]。由于路径 D 已经被遍历，更新 $path_3=[D]$。

　　(5) 输出该条最小路 minpath=[A, E, D]。然后更新最小路集的指针 $top_p=top_p-1$，top_p 更新为 2，minpath=[A, E]，j 重新置 1。继续从节点 3 进行搜索。

　　(6) 从节点 3 所进行的搜索已无符合条件的通路，因此，需要退回到前一节点重新搜索。$top_N=top_N-1$，top_N 更新为 2，更新 stack=[1, 2]。$top_p=top_p-1$，top_p 更新为 1，进而更新 minpath=[A]。$path_3$ 清空，退回节点 2 重新搜索。

(7) 从节点 2 搜索，当 $j=4$ 时，寻找到通路 p_{24}=C，可到达节点 4，也就是输出节点，即又找到了一条最小路。top_p 更新为 2，进而更新 minpath=[A, C]。由于路径 C 已经被遍历，更新 path_2=[E, C]。

(8) 输出该条最小路 minpath=[A, C]。j 重新置 1。继续从节点 2 进行搜索。

(9) 由于从节点 2 搜索已经没有符合条件的通路，程序将更新相关集合和变量，并退回到节点 1 继续进行搜索，直到将所有最小路输出，程序结束。

3.5.2　最小路设备故障影响分析

在配电系统中，从变电站馈线出口节点到负荷节点的通路也可以看作一条最小路，最小路上包含了配电线路、分段开关、断路器、熔断器等若干设备。由于配电系统多为辐射状运行，每个负荷节点的最小路唯一。若最小路上的设备发生了故障，则负荷节点的供电路径被切断，负荷会因此而停电。由此可见，基于负荷节点的最小路信息即可进行故障过程分析和可靠性指标的计算。

最小路法计算系统可靠性指标的基本思想是：对于每一个负荷节点，求取其最小路，进而分析最小路上的元件故障对负荷节点的停电影响，并计算可靠性指标。对于非最小路的元件故障影响，需要将其折算到最小路上进行分析。

以图 3-11 为例，说明最小路上的设备故障对负荷节点的停电影响类型。

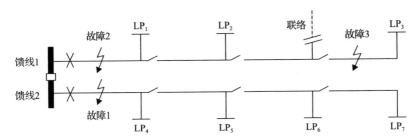

图 3-11　最小路设备故障对负荷节点停电影响示意图

最小路上的设备故障对负荷节点的停电影响可以分为四类[5,6]。

(1) 如果该负荷节点所在的馈线不具有联络，那么最小路上的设备发生故障，均会引起负荷点的停电，负荷停电时长为设备维修并恢复运行的时间。

图 3-11 中，对于馈线 2 所发生的故障 1，由于馈线 2 没有联络，负荷 LP_4、LP_5、LP_6 和 LP_7 的停电时间就是设备维修并恢复运行的时间。

(2) 如果该负荷节点所在的馈线具有联络，但故障设备在联络与该负荷节点之间，那么该设备故障所导致的负荷停电时长仍然为设备维修并恢复运行的时间。

图 3-11 中，对于馈线 1 所发生的故障 3，故障位于负荷 LP_3 与联络之间，因此，负荷 LP_3 的停电时间为设备维修并恢复运行的时间。

（3）如果该负荷节点所在的馈线具有联络，故障设备不在联络与该负荷节点之间，但故障设备与负荷节点之间或故障设备与联络之间没有隔离开关，那么该设备故障所导致的负荷停电时长仍然为设备维修并恢复运行的时间。

图 3-11 中，对于馈线 1 所发生的故障 2，故障不在负荷 LP_1 与联络之间，但故障设备与负荷 LP_1 之间没有隔离开关，导致负荷 LP_1 无法与故障隔离，其停电时间仍为设备维修并恢复运行的时间。

（4）如果该负荷节点所在的馈线具有联络，发生故障的设备不在联络与该负荷节点之间，且故障与负荷节点之间、故障与联络之间均有隔离开关，则该设备故障引起的负荷节点停电时长为隔离故障后负荷被转供到其他馈线上的时间。

图 3-11 中，对于馈线 1 所发生的故障 2，故障不在负荷 LP_2 与联络之间，且故障设备与负荷 LP_2 之间存在隔离开关，因此，负荷 LP_2 的停电时间为隔离故障后负荷被转供到联络馈线上的时间。

通过以上分析可见，为了计算负荷节点的可靠性指标，除了需要求得负荷节点的最小路设备信息外，还需要判断故障设备、负荷节点、联络以及开关隔离设备这四者之间的位置关系才能准确计算负荷的停电时长。这四者之间的位置关系仍然可以应用最小路法进行判断。以图 3-12 中的配电系统为例，说明判断故障、负荷、开关、联络这四者位置关系的方法。

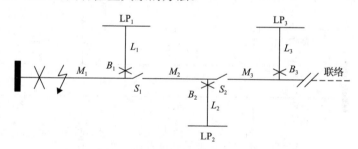

图 3-12　基于最小路法的故障影响分析示意图

图 3-12 中的 LP_1 最小路上的设备包括 $[M_1, B_1, L_1]$，LP_2 最小路上的设备包括 $[M_1, S_1, M_2, B_2, L_2]$，$LP_3$ 最小路上的设备包括 $[M_1, S_1, M_2, S_2, M_3, B_3, L_3]$。同样可以找到 LP_1～LP_3 与联络之间的最小路设备，LP_1 到联络的最小路设备包括 $[L_1, B_1, S_1, M_2, S_2, M_3]$。$LP_2$ 到联络的最小路设备包括 $[L_2, B_2, S_2, M_3]$。LP_3 到联络的最小路设备包括 $[L_3, B_3]$。假设主馈线段 M_1 的首端发生故障，首先找到三个负荷节点到故障发生点的最小路。故障发生位置到 LP_1 的最小路设备包括 $[M_1, B_1, L_1]$。故障发生位置到 LP_2 的最小路设备包括 $[M_1, S_1, M_2, B_2, L_2]$。故障发生位置到 LP_3 的最小路设备包括 $[M_1, S_1, M_2, S_2, M_3, B_3, L_3]$。故障点不在三个负荷节点与联络之间的最小路上，则三个负荷节点都有被转供的可能。但 M_1 与 LP_1 之间的最小路上

的开关设备 B_1 不在 LP_1 与故障点之间，因此，LP_1 的停电时长为 M_1 的修复时间。而 LP_2 和 LP_3 与 M_1 之间的最小路设备包含了分段开关 S_1 和 S_2，且在故障与负荷节点之间，可以隔离故障，因此，LP_2 和 LP_3 的停电时长为被转供到备用电源的时间。

3.5.3　非最小路设备故障影响分析

非最小路设备的故障有时也会造成负荷停电，为了分析非最小路设备对负荷节点的影响，首先求取非最小路设备与负荷节点之间的最小路。故障的影响类型分为以下三种情况。

(1) 如果故障设备与负荷节点之间的最小路上存在能够瞬时切断故障的断路器或熔断器，且不在负荷节点到电源节点的最小路上，则设备故障不会导致负荷停电。

(2) 如果故障设备与负荷节点之间的最小路不存在断路器，但存在隔离开关，且隔离开关不在负荷节点到电源节点的最小路上，则设备故障导致负荷停电的时长为隔离开关的操作时间。

(3) 如果故障设备与负荷节点之间的最小路没有任何隔离故障的装置，则设备故障导致负荷停电的时长为故障的修复时间。

以图 3-13 中的主馈线 M_3 故障为例，它对于负荷 LP_1 和 LP_2 是非最小路设备，且两个负荷节点与故障之间的最小路上存在分段开关 S_2，S_2 也不属于两个负荷节点到电源点的最小路设备，因此，M_3 故障导致 LP_1 和 LP_2 停电的时间为分段开关操作时间。

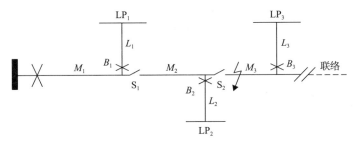

图 3-13　非最小路设备故障影响分析

3.5.4　算例

以图 3-13 中的配电系统为例说明应用最小路法计算配电系统可靠性指标的流程。故障设备包括主馈线段 $M_1 \sim M_3$、分支馈线 $L_1 \sim L_3$。主馈线段故障率 λ_i^M 为 0.2 次/年，故障修复时间 r_i^M 为 5h，分支馈线故障率 λ_i^L 为 0.1 次/年，故障修复时间 r_i^L

为 3h。分段开关操作时间 t_{sw} 为 1h，联络转供时间 t_{op} 为 2h。将配电系统的电源点等效为输入节点，负荷等效为输出节点，所有设备等效为通路，等效系统如图 3-14 所示。

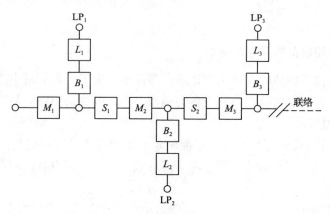

图 3-14　系统的节点支路等效示意图

应用 3.5.2 节和 3.5.3 节的方法分析最小路和非最小路上的设备对负荷节点的影响，总结如表 3-7 所示。

表 3-7　负荷停电频率与停电时长

负荷节点	停电频率和停电时长	最小路设备故障影响	非最小路设备故障影响	总计
LP$_1$	停电频率/(次/年)	$\lambda_1^M+\lambda_1^L=0.3$	$\lambda_2^M+\lambda_3^M=0.4$	0.7
	停电时长/(h/年)	$\lambda_1^M r_1^M+\lambda_1^L r_1^L=1.3$	$(\lambda_2^M+\lambda_3^M)\,t_{sw}=0.4$	1.7
LP$_2$	停电频率/(次/年)	$\lambda_1^M+\lambda_2^M+\lambda_2^L=0.5$	$\lambda_3^M=0.2$	0.7
	停电时长/(h/年)	$\lambda_1^M t_{op}+\lambda_2^M r_2^M+\lambda_2^L r_2^L=1.7$	$\lambda_3^M t_{sw}=0.2$	1.9
LP$_3$	停电频率/(次/年)	$\lambda_1^M+\lambda_2^M+\lambda_3^M+\lambda_3^L=0.7$	—	0.7
	停电时长/(h/年)	$\lambda_1^M t_{op}+\lambda_2^M t_{op}+\lambda_3^M r_3^M+\lambda_3^L r_3^L=2.1$	—	2.1

以上简要介绍了应用最小路法求取负荷节点可靠性指标的过程，并给出了求取最小路的计算机算法流程。最小路法可适应复杂配电系统的可靠性分析，避免了人工分析判断不同位置故障对负荷节点的影响，但应用最小路法计算负荷可靠性指标时，仍需要求取负荷节点与电源节点、联络、所有故障设备之间的多条最小路。当系统规模较大时，最小路的求取过程将变得非常烦琐。

3.6 故障扩散法

3.6.1 馈线分区

配电系统中的开关设备包括断路器、熔断器、分段开关、联络开关等，这些开关的重要功能之一就是隔离故障。一个故障事件的影响范围很大程度上取决于这些开关的位置。如果若干个设备之间没有任何开关相隔，那么这些设备中的任何一个故障都会导致这些设备全部停运，它们的可靠性指标也相同。为了减小系统可靠性分析规模，可以先进行馈线分区，将没有开关相隔的设备等效为一个整体来分析。下面以图 3-15 中的配电系统为例，说明馈线分区的过程。

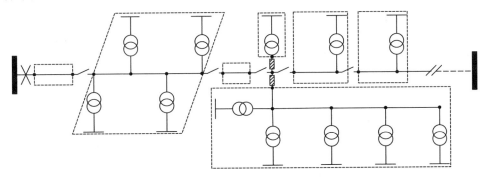

图 3-15 以开关设备为边界的馈线分区示意图

图 3-15 为一条配电馈线，以能隔离故障的开关为边界，边界内的所有设备可以等效为一个馈线分区，等效结果如图 3-16 所示。

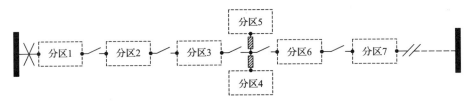

图 3-16 馈线分区结果示意图

由于馈线的分区中可能包含若干个设备和负荷节点，因此，在得到馈线分区结果后，需要更新各个分区的故障参数和负荷需求情况。分区的故障参数包括故障率 λ_{eq} 和故障修复时间 u_{eq}，由于没有开关相隔，分区中任意一个设备故障都会导致整个分区故障。因此，分区故障率和故障修复时间参数可以参照串联系统计算：

$$\begin{cases} \lambda_{eq} = \sum_{i=1}^{X} \lambda_i \\[2mm] u_{eq} = \dfrac{\sum\limits_{i=1}^{X}(\lambda_i u_i)}{\lambda_{eq}} \end{cases} \tag{3-21}$$

式中，λ_i 和 u_i 分别为在这个分区中设备 i 的故障率和故障修复时间；X 为分区中的设备总数。分区中的负荷需求 L_{eq} 按照式(3-22)计算：

$$L_{eq} = \sum_{i=1}^{Y} L_i \tag{3-22}$$

式中，L_i 为分区中负荷 i 的需求；Y 为分区中包含的负荷节点总数。

相比基于单个故障事件的可靠性分析，基于馈线分区的可靠性分析减少了需要分析的故障事件总数，提升了计算效率。

3.6.2　故障扩散法流程

故障扩散法的基本思想是每次枚举一个故障事件，并以该故障事件为起点，对故障所影响的馈线分区进行搜索，确定并记录不同馈线分区的停电类型。当所有故障事件枚举完毕时，统计所有分区的可靠性指标。

分区与分区之间的开关设备类型不同，不同位置的分区故障对相邻分区的影响类型也不同。为了得到一个故障事件下所有馈线分区的故障停电类型，需要应用故障影响范围搜索算法。该算法将馈线分区和开关设备定义为网络的节点，以故障发生节点、电源点或备用电源节点为根节点，对网络进行多次搜索并判断节点类型，从而对所有馈线分区的故障类型进行归纳，进而计算可靠性指标[7,8]。算法流程如图 3-17 所示。

图 3-17 所示的故障扩散法计算系统可靠性指标需要枚举故障事件，针对每一个分区故障事件，基于网络搜索判断系统中每个分区的停电类型。3.3.1 节总结的故障对负荷节点的 4 类停电影响类型，同样适用于分区故障事件对其他分区的停电影响。4 种停电类型分别为：①停电时长为故障修复时间；②停电时长为开关隔离故障时间；③停电时长为负荷被转供到联络的时间；④不停电。建立 A、B、C、D 四个集合，用于存储对应停电类型的分区。

（1）以故障分区为起点，以能瞬时切断故障的开关为边界，搜索网络，并将搜索到的分区从原始网络中除去。再以电源为起点，搜索网络，搜索到的分区不受故障影响，将这些分区存入集合 D 中。这一步骤所搜索到的分区，其主电源供电路径不受故障分区影响，且故障分区与这些分区之间有能瞬时断开故障电流的开关相隔，如断路器或熔断器，这些分区不会停电，属于④类。

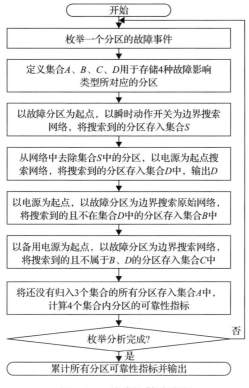

图 3-17　故障扩散法流程

(2)以电源为起点，以故障分区为边界搜索原始网络。在所搜索到的分区中，除去已经存入集合 D 中的分区，将所有剩余分区存入集合 B 中。这一步骤所搜索到的分区，其主电源供电路径不受故障分区影响。除了 D 中已有分区外，仍有一部分分区与故障点之间存在分段开关，但分段开关不能瞬时断开故障电流，因此，这些分区会受故障影响，但通过开关隔离故障，即可恢复供电，停电类型为②类。

(3)如果系统存在联络，则以联络所连接的备用电源为起点，以故障分区为边界搜索网络，除了已经存入 B、D 集合的分区，剩余分区全部存入集合 C。这些分区的主电源供电路径被故障切断，但与备用电源之间的路径完整，因此，可在隔离故障后进行转供，停电类型为③类。

(4)将还没有归类的分区全部存入集合 A 中，这些分区的主电源和备用电源供电路径都被故障所切断，因此，停电类型为①类。

(5)重复步骤(1)～(4)直到所有故障事件枚举分析完成，总结计算每个分区的可靠性指标，即可得到分区内负荷节点的可靠性指标。

3.6.3　算例

以图 3-15 中的配电系统为例，简要说明应用故障扩散法求取负荷节点的可靠性指标流程。假设所有主馈线段和分支馈线段的故障率为 0.1 次/年，故障修复时间为 5h，分段开关操作时间为 1h，联络开关操作时间为 2h。

进行馈线分区后的网络结构以及各个分区的故障率和故障修复时间参数如图 3-18 所示。

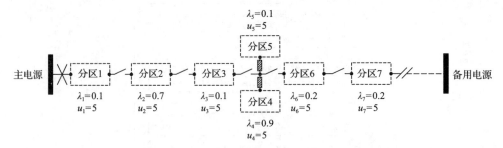

图 3-18　馈线分区示意图及其参数

以图 3-18 中的分区 3 故障为例，说明故障扩散法的可靠性指标计算流程。

(1)以故障分区 3 为起点，瞬时动作开关为边界搜索网络，得到集合 S[分区 1，分区 2，分区 3，分区 6，分区 7]。从原始网络去除 S 中的分区，再以主电源为起点搜索网络，得到集合 D，为空集，表示所有分区均会受到故障影响而停电。

(2)再以主电源为起点，故障分区 3 为边界搜索网络。搜索到分区 1 和分区 2，且分区 1 和分区 2 均不在集合 D 中，则将两个分区存入集合 B。

(3)以备用电源为起点，以故障分区 3 为边界，搜索网络。搜索到分区 4～分区 7。这些分区均不在集合 B、D 中，将它们存入集合 C。

(4)所有未归类到 B、C、D 集合中的分区存入集合 A 中。

至此，分区 3 的故障影响分析过程结束，集合 A 中的分区负荷停电时长记为 5h，集合 B 中的分区负荷停电时长记为 1h，集合 C 中的分区负荷停电时长记为 2h。枚举所有故障分区的影响，总结如表 3-8 所示。

表 3-8　故障事件影响分析结果

故障分区	集合 A	集合 B	集合 C	集合 D
分区 1	[1]	∅	[2,3,4,5,6,7]	∅
分区 2	[2]	[1]	[3,4,5,6,7]	∅
分区 3	[3]	[1,2]	[4,5,6,7]	∅
分区 4	[4]	∅	∅	[1,2,3,5,6,7]
分区 5	[5]	∅	∅	[1,2,3,4,6,7]
分区 6	[6]	[1,2,3,4,5]	[7]	∅
分区 7	[7]	[1,2,3,4,5,6]	∅	∅

基于表 3-8 中所总结的分区停电类型即可计算分区内负荷的可靠性指标。以分区 1 内的负荷节点为例，基于表 3-8 分区 1 所属集合情况，计算其可靠性指标，如表 3-9 所示。

表 3-9　各个分区的故障对分区 1 停电指标的影响

分区	分区 1	分区 2	分区 3	分区 4	分区 5	分区 6	分区 7
所属集合	A	B	B	D	D	B	B
停电频率/(次/年)	0.1	0.7	0.1	0	0	0.2	0.2
停电时长/(h/年)	5	1	1	0	0	1	1

基于表 3-9 中的分区 1 故障停电参数，计算分区 1 内所有负荷节点的可靠性指标：

停电频率：0.1+0.7+0.1+0.2+0.2=1.3（次/年）。

停电时长：0.1×5+0.7×1+0.1×1+0.2×1+0.2×1=1.7（h/年）。

3.7　本　章　小　结

本章介绍了衡量配电系统和负荷节点可靠性的相关指标，回顾了几种常用的配电系统可靠性分析方法原理和算法流程。故障模式影响分析法是所有配电系统可靠性分析方法的基础。网络等值法通过上行等效将带有多级分支馈线的复杂配电系统简化为等值主馈线系统，并给出了针对等值主馈线系统的可靠性指标标准化计算公式，但仍需要人工参与分析故障影响过程。面对大规模配电系统的可靠性计算，最小路法和故障扩散法具有良好的可编程性。最小路法是以负荷节点为分析对象的可靠性计算方法。它针对每个负荷节点，将所有设备分为最小路设备和非最小路设备，并计算设备故障对负荷节点的影响。故障扩散法是以故障事件为分析对象的可靠性计算方法。通过枚举故障，对故障影响范围进行若干次网络搜索，即可确定故障所影响负荷的停电类型。

参 考 文 献

[1] 陈文高. 配电系统可靠性实用基础. 北京: 中国电力出版社, 1998.

[2] 别林登. 工程系统可靠性评估: 原理和方法. 周家启, 黄雯莹, 吴继伟, 等译. 重庆: 科学技术文献出版社重庆分社, 1988.

[3] Billinton R, Wang P. Reliability network equivalent approach to distribution system reliability evaluation. IEE Proceedings-Generation, Transmission and Distribution, 1998, 145(2): 149-153.

[4] 金星. 工程系统可靠性数值分析方法. 北京: 国防工业出版社, 2002.

[5] 别朝红, 王秀丽, 王锡凡. 复杂配电系统的可靠性评估. 西安交通大学学报, 2000, 34(8): 9-13.

[6] 别朝红, 王锡凡. 配电系统的可靠性分析. 中国电力, 1997, 30(5): 10-13.

[7] 谢开贵, 周平, 周家启, 等. 基于故障扩散的复杂中压配电系统可靠性评估算法. 电力系统自动化, 2001, 25(4): 45-48.

[8] 刘柏私, 谢开贵, 马春雷, 等. 复杂中压配电网的可靠性评估分块算法. 中国电机工程学报, 2005, 25(4): 40-45.

第4章 基于故障关联矩阵的配电系统可靠性分析方法

4.1 引　言

第 3 章介绍了当前配电系统可靠性分析中的常用方法，这些方法均可以在一定程度上表达故障参数与可靠性指标的关系。例如，网络等值法、最小路法可以实现一条馈线或一条供电路径上的故障元件参数与可靠性指标的解析计算，故障扩散法可以实现一个故障事件与可靠性指标的解析计算。但面对规模庞大、设备种类多样的配电系统，这些方法的计算过程将变得烦琐，计算效率也受到影响。此外，由于这些算法中故障事件的分析过程彼此独立，无法实现所有故障参数与可靠性指标的完全显式解析计算，也就无法直接对比各个故障对可靠性指标的影响程度，不便于可靠性灵敏度分析以及可靠性提升相关工作的开展。本章将提出一种基于故障关联矩阵的可靠性分析方法，可实现可靠性指标的显式表达和快速解析计算。

4.2　配电系统的可靠性标准计算单元

为了满足算法的可编程适用性，本节首先介绍如何建立配电系统可靠性标准计算单元，以便适应不同配电系统结构的可靠性计算。

辐射状配电系统由于结构简单、短路电流小、保护参数整定方便等优点，被广泛应用于配电系统中。实际配电系统的结构多样，包括环形、手拉手、多联络等结构模式，但在正常运行状态下，一般联络开关通常处于断开状态，配电系统保持闭环建设辐射运行模式。为方便计算各类结构配电系统的可靠性指标，本书将配电系统的结构统一等效为 M 分段 N 联络可靠性标准计算单元，等效过程如图 4-1 所示。

图 4-1(a) 所示的配电系统被等效为 7 分段 1 联络的可靠性标准计算单元，即 $M=7$，$N=1$。M 分段 N 联络可靠性标准计算单元的形成过程如下。

(1) 找到装有开关的支路，将其作为边界。以图 4-1(a) 中的配电系统为例，其边界为支路 1、5、9、11、13、15 和 18。

(2) 将边界内的所有元件融合为一个等效节点。以图 4-1(a) 中虚线框区域为例，负荷 LP_1、LP_2 以及支路 2、3、4 将融合等效为一个等效节点。

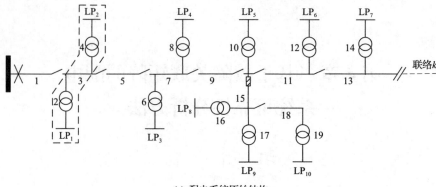

(a) 配电系统原始结构

(b) M分段N联络可靠性标准计算单元

图 4-1　配电系统 M 分段 N 联络等效过程

(3) 计算等效节点的故障率和故障修复时间。设在一个等效节点中有 X 个可能故障的元件和 Y 个负荷，则该等效节点的故障率 λ_{eq}、故障修复时间 u_{eq} 及负荷需求 L_{eq} 按照式(4-1)计算：

$$
\begin{cases}
\lambda_{eq} = \sum_{i=1}^{X} \lambda_i \\[2mm]
u_{eq} = \dfrac{\sum_{i=1}^{X}(\lambda_i \times u_i)}{\lambda_{eq}} \\[2mm]
L_{eq} = \sum_{j=1}^{Y} L_j
\end{cases}
\tag{4-1}
$$

式中，λ_i 和 u_i 分别为等效节点中的第 i 个元件的故障率和故障修复时间；L_j 为等效节点中第 j 个负荷的负荷需求大小。

式(4-1)的等效节点故障参数计算过程与串联元件故障参数计算方法一致。在得到所有等效节点的故障参数和负荷需求后，即可形成等效节点故障率向量 λ_{eq}、故障修复时间向量 u_{eq} 及负荷需求向量 L_{eq}，它们将作为可靠性计算的输入参数。

　　按照上述的网络等效方法，图 4-1(a) 的配电系统中包含 19 个支路设备和 10 个负荷。等效化简后，图 4-1(b) 的 7 分段 1 联络可靠性标准计算单元中仅包含 7 个支路设备和 7 个等效节点，减小了可靠性分析的规模。

　　在本章所建立的配电系统 M 分段 N 联络模型中，故障元件包括带有开关的支路(简称为支路故障)和经过网络等值后的等效节点(简称为等效节点故障)。

4.3　配电系统的故障关联矩阵

　　分析不同位置故障对每个负荷节点的停电影响是分析配电系统可靠性的重要环节。本书定义一种故障关联矩阵[1,2]，来概括描述故障对负荷节点的影响。FIM 内的元素为"0"或"1"，以表征所有故障事件对负荷的停电影响情况。以支路故障的 FIM 为例，FIM 中的行号对应支路编号，列号对应负荷节点编号。矩阵中的元素为"0"，表示对应编号的支路故障对负荷无影响；元素为"1"，表示支路故障会导致负荷停电。

　　对于配电系统的可靠性标准计算单元，支路故障对负荷节点的停电影响可归纳为三种类型。

　　(1) 影响类型 a：支路故障导致负荷的所有供电路径断开，只有等到故障修复后才能恢复供电。

　　(2) 影响类型 b：支路故障导致负荷的所有供电路径断开，待故障隔离后，负荷即可恢复由主电源供电。

　　(3) 影响类型 c：支路故障导致负荷的所有供电路径断开，待故障隔离后，负荷可转供到备用电源恢复供电。

　　对应这三种支路故障对负荷节点的停电影响类型，可构建三个 FIM，即 FIM A、FIM B 及 FIM C。以 FIM A 为例，$a_{ij}=1$，代表支路 i 故障对负荷节点 j 的影响类型为 a，否则 $a_{ij}=0$。对于图 4-1 中的配电系统，三个 FIM 如图 4-2 所示。

　　图 4-2 中的配电系统可靠性标准计算单元中，用①～⑦表示支路编号，用 1～7 表示等效节点编号。三个 FIM 概括了配电系统中的支路故障对所有负荷节点的影响。以支路④故障为例，FIM A 中第④行第 4 列元素为"1"，表示支路④故障导致节点 4 只能等到故障修复后才能恢复供电。FIM B 中第④行的 1、2、3、6、7 列元素为"1"，表示节点 1、2、3、6、7 在支路④故障隔离后即可恢复供电。FIM C 中第④行第 5 列元素为"1"，表示节点 5 可由备用电源转供恢复供电。

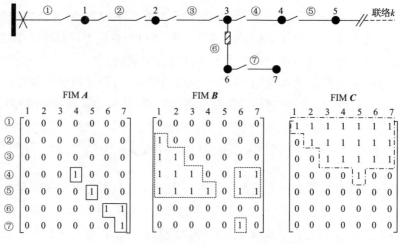

图 4-2　配电系统的三个 FIM 示意图

4.4　基于 FIM 的配电系统可靠性指标解析计算

针对可靠性标准计算单元所建立的 FIM 概括了故障是否会造成负荷停电以及负荷的停电类型，基于 FIM 所提供的信息，再结合支路和等效节点的若干故障参数向量，即可建立可靠性指标的显式解析计算模型。

在可靠性标准计算单元中存在支路故障和等效节点故障两种故障事件，4.4.1节将介绍计及支路故障的可靠性指标解析计算方法，4.4.2 节将介绍计及等效节点故障的可靠性指标解析计算方法。

4.4.1　计及支路故障的可靠性指标解析计算

在一个可靠性标准计算单元中，N_1 条支路的故障率参数可组成支路故障率行向量 $\lambda=[\lambda_1\ \lambda_2\ \lambda_3\ \cdots\ \lambda_M]$，所有支路的故障修复时间可组成故障修复时间行向量 $u=[u_1\ u_2\ u_3\ \cdots\ u_M]$。$N_b$ 个等效节点的负荷需求可组成负荷值行向量 $L=[L_1\ L_2\ L_3\ \cdots\ L_{Nb}]$。基于以上所定义的可靠性参数向量以及所建立的 FIM 即可计算各个负荷节点支路故障所导致的停电次数指标 $\lambda^{\mathrm{LP}}=[\lambda_1^{\mathrm{LP}}\ \lambda_2^{\mathrm{LP}}\ \lambda_3^{\mathrm{LP}}\ \cdots\ \lambda_{Nb}^{\mathrm{LP}}]$、节点停电时间指标 $u^{\mathrm{LP}}=[u_1^{\mathrm{LP}}\ u_2^{\mathrm{LP}}\ u_3^{\mathrm{LP}}\ \cdots\ u_{Nb}^{\mathrm{LP}}]$、节点失电量指标 $\mathbf{ens}^{\mathrm{LP}}=[\mathrm{ens}_1^{\mathrm{LP}}\ \mathrm{ens}_2^{\mathrm{LP}}\ \mathrm{ens}_3^{\mathrm{LP}}\ \cdots\ \mathrm{ens}_{Nb}^{\mathrm{LP}}]$，如式 (4-2) 所示：

$$\begin{cases}\lambda^{\mathrm{LP}}=\lambda\times(A+B+C)\\ u^{\mathrm{LP}}=\lambda\circ u\times A+\lambda\times t_{\mathrm{sw}}\times B+\lambda\times t_{\mathrm{op}}\times C\\ \mathbf{ens}^{\mathrm{LP}}=u^{\mathrm{LP}}\circ L\end{cases}\tag{4-2}$$

式中，t_{sw} 为分段开关隔离故障的操作时间；t_{op} 为联络开关倒负荷的操作时间；运算符号" $\circ$ "为 Hadamard 积，运算规则为矩阵或向量对应位置元素相乘。

一般情况下，假定分段开关隔离故障的操作时间以及联络开关倒负荷的操作时间为定值，t_{sw} 和 t_{op} 均为标量。若对于每个故障事件，分段开关和联络开关的操作时间不同，则 $\boldsymbol{t}_{sw}$ 和 $\boldsymbol{t}_{op}$ 为矢量，$\boldsymbol{t}_{sw}=[t_{sw1}\ t_{sw2}\ t_{sw3}\ \cdots\ t_{swN}]$ 表示每个故障事件的隔离故障操作时间。$\boldsymbol{t}_{op}=[t_{op1}\ t_{op2}\ t_{op3}\ \cdots\ t_{opN}]$ 表示每个故障事件的倒负荷操作时间。式 (4-2) 调整为如下形式：

$$\begin{cases} \boldsymbol{\lambda}^{\mathrm{LP}} = \boldsymbol{\lambda} \times (\boldsymbol{A}+\boldsymbol{B}+\boldsymbol{C}) \\ \boldsymbol{u}^{\mathrm{LP}} = \boldsymbol{\lambda}\circ\boldsymbol{u}\times\boldsymbol{A}+\boldsymbol{\lambda}\circ\boldsymbol{t}_{sw}\times\boldsymbol{B}+\boldsymbol{\lambda}\circ\boldsymbol{t}_{op}\times\boldsymbol{C} \\ \mathbf{ens}^{\mathrm{LP}} = \boldsymbol{u}^{\mathrm{LP}}\circ\boldsymbol{L} \end{cases} \quad (4\text{-}3)$$

同类型开关的操作时间通常假定相同，本章将假定 t_{sw} 和 t_{op} 均为标量形式。若配电系统中存在自动或远程控制的开关，与手动开关相比，操作时间将变得不同，本书将在第 5 章考虑开关操作时间不同的情况下可靠性指标的计算问题。

4.4.2　计及等效节点故障的可靠性指标解析计算

在建立配电系统 M 分段 N 联络可靠性标准计算单元时，相邻无开关相隔的设备应用网络等值法等效成了一个节点，该等效节点也具有故障率和故障修复时间。与考虑支路故障一样，只要推导出等效节点的三类故障关联矩阵 $\boldsymbol{A}_{eq}$、$\boldsymbol{B}_{eq}$、$\boldsymbol{C}_{eq}$，再基于式 (4-1) 得到等效节点的故障率向量 $\boldsymbol{\lambda}_{eq}$、故障修复时间向量 $\boldsymbol{u}_{eq}$，即可计算得到计及等效节点故障的负荷可靠性指标：

$$\begin{cases} \boldsymbol{\lambda}^{\mathrm{LP}} = \boldsymbol{\lambda}\times(\boldsymbol{A}+\boldsymbol{B}+\boldsymbol{C})+\boldsymbol{\lambda}_{eq}\times(\boldsymbol{A}_{eq}+\boldsymbol{B}_{eq}+\boldsymbol{C}_{eq}) \\ \boldsymbol{u}^{\mathrm{LP}} = \boldsymbol{\lambda}\circ\boldsymbol{u}\times\boldsymbol{A}+\boldsymbol{\lambda}_{eq}\circ\boldsymbol{u}_{eq}\times\boldsymbol{A}_{eq}+t_{sw}\times(\boldsymbol{\lambda}\times\boldsymbol{B}+\boldsymbol{\lambda}_{eq}\times\boldsymbol{B}_{eq})+t_{op}\times(\boldsymbol{\lambda}\times\boldsymbol{C}+\boldsymbol{\lambda}_{eq}\times\boldsymbol{C}_{eq}) \\ \mathbf{ens}^{\mathrm{LP}} = \boldsymbol{u}^{\mathrm{LP}}\circ\boldsymbol{L} \end{cases}$$

$$(4\text{-}4)$$

将所有负荷节点的可靠性指标加和，就可以计算得到整个系统的可靠性指标，本书以 SAIFI、SAIDI 和 EENS 为例，给出它们的解析计算公式：

$$\mathrm{SAIFI} = \left[\boldsymbol{\lambda}\times(\boldsymbol{A}+\boldsymbol{B}+\boldsymbol{C})+\boldsymbol{\lambda}_{eq}\times(\boldsymbol{A}_{eq}+\boldsymbol{B}_{eq}+\boldsymbol{C}_{eq})\right]\times\frac{\boldsymbol{n}^{\mathrm{T}}}{N} = \boldsymbol{\lambda}^{\mathrm{LP}}\times\frac{\boldsymbol{n}^{\mathrm{T}}}{N} \quad (4\text{-}5)$$

$$\text{SAIDI} = \begin{pmatrix} \boldsymbol{\lambda} \circ \boldsymbol{u} \times \boldsymbol{A} + \boldsymbol{\lambda}_{\text{eq}} \circ \boldsymbol{u}_{\text{eq}} \times \boldsymbol{A}_{\text{eq}} + \cdots \\ \cdots + t_{\text{sw}} \times (\boldsymbol{\lambda} \times \boldsymbol{B} + \boldsymbol{\lambda}_{\text{eq}} \times \boldsymbol{B}_{\text{eq}}) + t_{\text{op}} \times (\boldsymbol{\lambda} \times \boldsymbol{C} + \boldsymbol{\lambda}_{\text{eq}} \times \boldsymbol{C}_{\text{eq}}) \end{pmatrix} \times \frac{\boldsymbol{n}^{\text{T}}}{N} = \boldsymbol{u}^{\text{LP}} \times \frac{\boldsymbol{n}^{\text{T}}}{N}$$

$$(4\text{-}6)$$

$$\text{EENS} = \begin{pmatrix} \boldsymbol{\lambda} \circ \boldsymbol{u} \times \boldsymbol{A} + \boldsymbol{\lambda}_{\text{eq}} \circ \boldsymbol{u}_{\text{eq}} \times \boldsymbol{A}_{\text{eq}} + \cdots \\ \cdots + t_{\text{sw}} \times (\boldsymbol{\lambda} \times \boldsymbol{B} + \boldsymbol{\lambda}_{\text{eq}} \times \boldsymbol{B}_{\text{eq}}) + t_{\text{op}} \times (\boldsymbol{\lambda} \times \boldsymbol{C} + \boldsymbol{\lambda}_{\text{eq}} \times \boldsymbol{C}_{\text{eq}}) \end{pmatrix} \times \boldsymbol{L}^{\text{T}} = \sum \text{ens}_i^{\text{LP}}$$

$$(4\text{-}7)$$

式中，$\boldsymbol{n}$ 为每个负荷节点的用户数量按照编号由小到大的顺序排列组成的行向量；N 为总用户数；$i = 1,2,\cdots,N_{\text{b}}$。

以图 4-1 中的配电系统为例，说明基于 FIM 的负荷节点和系统可靠性指标计算全过程。

设所有支路的故障率为 0.1 次/年，故障修复时间为 5h，分段开关和联络开关的操作时间均为 1h，所有负荷节点的负荷需求均为 100kW，用户数为 10 户。在 7 分段 1 联络计算单元中，共有 7 条支路和 7 个等效节点。支路可靠性参数如表 4-1 所示，等效节点的可靠性参数及其负荷需求如表 4-2 所示。

表 4-1　支路可靠性参数

可靠性参数	①	②	③	④	⑤	⑥	⑦
故障率/(次/年)	0.1	0.1	0.1	0.1	0.1	0.1	0.1
故障修复时间/(h/次)	5	5	5	5	5	5	5

表 4-2　等效节点可靠性参数及其负荷需求

等效节点编号	1	2	3	4	5	6	7
等效节点包含的元件	2、3、4	6、7、8	10	12	14	16、17	19
等效节点包含的负荷	LP$_1$ LP$_2$	LP$_3$ LP$_4$	LP$_5$	LP$_6$	LP$_7$	LP$_8$ LP$_9$	LP$_{10}$
故障率/(次/年)	0.3	0.3	0.1	0.1	0.1	0.2	0.1
故障修复时间/(h/次)	5	5	5	5	5	5	5
负荷需求/kW	200	200	100	100	100	200	100
用户数/户	20	20	10	10	10	20	10

支路故障的三个 FIM 已在图 4-2 中示出，等效节点故障的三个 FIM 如图 4-3 所示。

支路的故障率行向量 $\boldsymbol{\lambda}=[0.1\ 0.1\ 0.1\ 0.1\ 0.1\ 0.1\ 0.1]$，支路的故障修复时间行向量 $\boldsymbol{u}=[5\ 5\ 5\ 5\ 5\ 5]$。等效节点的故障率行向量 $\boldsymbol{\lambda}_{\text{eq}}=[0.3\ 0.3\ 0.1\ 0.1\ 0.1\ 0.2\ 0.1]$，等效节点的故障修复时间行向量 $\boldsymbol{u}_{\text{eq}}=[5\ 5\ 5\ 5\ 5\ 5]$, 负荷需求行向量 $\boldsymbol{L}=[200\ 200\ 100$

FIM A_{eq}

$$\begin{array}{c|ccccccc} & 1 & 2 & 3 & 4 & 5 & 6 & 7 \\ \hline 1 & 1 & 0 & 0 & 0 & 0 & 0 & 0 \\ 2 & 0 & 1 & 0 & 0 & 0 & 0 & 0 \\ 3 & 0 & 0 & 1 & 0 & 0 & 1 & 1 \\ 4 & 0 & 0 & 0 & 1 & 0 & 0 & 0 \\ 5 & 0 & 0 & 0 & 0 & 1 & 0 & 0 \\ 6 & 0 & 0 & 0 & 0 & 0 & 1 & 1 \\ 7 & 0 & 0 & 0 & 0 & 0 & 0 & 1 \end{array}$$

FIM B_{eq}

$$\begin{array}{c|ccccccc} & 1 & 2 & 3 & 4 & 5 & 6 & 7 \\ \hline 1 & 0 & 0 & 0 & 0 & 0 & 0 & 0 \\ 2 & 1 & 0 & 0 & 0 & 0 & 0 & 0 \\ 3 & 1 & 1 & 0 & 0 & 0 & 0 & 0 \\ 4 & 1 & 1 & 1 & 0 & 0 & 1 & 0 \\ 5 & 1 & 1 & 1 & 1 & 0 & 1 & 0 \\ 6 & 0 & 0 & 0 & 0 & 0 & 0 & 0 \\ 7 & 0 & 0 & 0 & 0 & 1 & 0 \end{array}$$

FIM C_{eq}

$$\begin{array}{c|ccccccc} & 1 & 2 & 3 & 4 & 5 & 6 & 7 \\ \hline 1 & 0 & 1 & 1 & 1 & 1 & 1 & 1 \\ 2 & 0 & 0 & 1 & 1 & 1 & 1 & 1 \\ 3 & 0 & 0 & 0 & 1 & 1 & 0 & 0 \\ 4 & 0 & 0 & 0 & 0 & 1 & 0 & 0 \\ 5 & 0 & 0 & 0 & 0 & 0 & 0 & 0 \\ 6 & 0 & 0 & 0 & 0 & 0 & 0 & 0 \\ 7 & 0 & 0 & 0 & 0 & 0 & 0 & 0 \end{array}$$

图 4-3　等效节点的三个 FIM 示意图

100 100 200 100]，用户数行向量 $\boldsymbol{n}$=[20 20 10 10 10 20 10]。首先按照式(4-4)代入相关变量，可得到所有等效节点的可靠性指标，如表 4-3 所示。

表 4-3　等效节点可靠性指标计算结果

等效节点编号	1	2	3	4	5	6	7
停电频率/(次/年)	1.4	1.4	1.4	1.4	1.4	1.9	1.9
停电时间/(h/年)	2.6	2.6	1.8	2.2	2.2	3.5	4.3
停电负荷/kW	520	520	180	220	220	700	430
对应负荷节点编号	LP_1, LP_2	LP_3, LP_4	LP_5	LP_6	LP_7	LP_8, LP_9	LP_{10}

图 4-4 简单展示了应用式(4-4)计算负荷节点停电频率的过程。

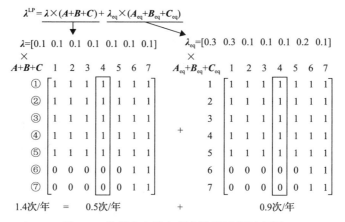

图 4-4　负荷节点停电频率计算过程示意图

图 4-4 展示了负荷节点 LP_4 的停电频率的计算过程。支路故障参数行向量 $\boldsymbol{\lambda}$ 乘以支路故障关联矩阵 $\boldsymbol{A}+\boldsymbol{B}+\boldsymbol{C}$ 的第 4 列,计算得到支路故障对 LP_4 的停电频率的贡献,为 0.5 次/年。等效节点故障参数行向量 $\boldsymbol{\lambda}_{eq}$ 乘以等效节点故障关联矩阵 $\boldsymbol{A}_{eq}+\boldsymbol{B}_{eq}+\boldsymbol{C}_{eq}$ 的第 4 列,计算得到等效节点故障对 LP_4 的停电频率的贡献,为 0.9

次/年。最后加和得到 LP$_4$ 的停电频率为 1.4 次/年。

从图 4-4 停电频率的计算过程可以看出，FIM 与故障参数之间矩阵乘法的意义就是计算每个故障对负荷节点停电频率的贡献值，进而加和得到负荷节点总的停电频率指标。式(4-4)中计算停电时间和停电量的矩阵乘法的意义相同，也是计算每个故障对负荷节点停电时间和停电量的贡献值。

应用式(4-5)～式(4-7)计算系统的可靠性指标，如表 4-4 所示。

表 4-4　系统可靠性指标

指标名称	SAIFI/(次/年)	SAIDI/(h/年)	EENS/(kW·h/年)
计算结果	1.55	2.79	2790

通过以上算例可见，式(4-4)～式(4-7)实现了负荷节点和系统可靠性指标的解析计算，通过简单的矩阵运算即可得到所有节点的可靠性指标，从而避免了对每个支路故障影响范围的搜索过程，简化了可靠性计算流程。基于 FIM 计算负荷和系统可靠性指标的关键在于故障关联矩阵的求取，即如何根据可靠性标准计算单元推导出故障支路的 FIM A、FIM B 和 FIM C，以及等效节点的 FIM A_{eq}、FIM B_{eq} 和 FIM C_{eq}。FIM 的推导计算过程将在 4.5 节详细阐述。

4.5　FIM 计算方法

由于带有开关的支路对故障隔离、负荷转供有着决定性作用，这也是可靠性分析的复杂之处，因此，本节将重点阐述支路故障的 FIM 计算方法。对于等效节点 FIM 中的元素，可以由支路故障的 FIM 推导得到，后续章节将简要介绍。

4.5.1　供电路径矩阵

一个故障事件导致负荷断电的根本原因在于该支路的故障造成了电源到该负荷节点的供电路径中断。最小路、最小割集等方法分析可靠性的基础就是找到电源到每个负荷节点的供电路径，分区分块故障扩散法的本质也是沿着供电路径进行搜索，从而确定故障影响范围。同样，在推导故障关联矩阵之前，首先需要掌握电源到所有负荷节点的供电路径信息，并以矩阵的形式表达，本章将其定义为供电路径矩阵(power supply path matrix，PSPM)。

PSPM 是一个 $n×n$ 的方阵，n 为负荷节点或支路的数量。PSPM 的行号与支路编号对应，列号与负荷节点编号对应。PSPM 中的元素为"1"或"0"。元素为"1"表示对应列编号的负荷节点的供电路径包含了对应行编号的支路。例如，图 4-5 给出了一个可靠性标准计算单元的 PSPM。

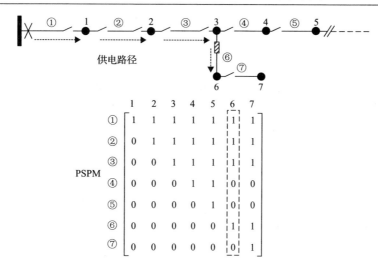

图 4-5　可靠性标准计算单元的 PSPM 示意图

观察图 4-5 的 PSPM 第 6 列虚线框中的元素，其中的第①、②、③、⑥行的元素为 "1"，其余元素为 "0"，代表了电源到负荷节点 6 的供电路径为支路①、②、③、⑥。

配电系统复杂的设备构成和网络结构给电源供电路径的搜索带来了一定的困难，为此，本节提出一种快速寻找所有负荷节点供电路径的方法，称为节点支路关联矩阵求逆法，其计算步骤如下。

(1) 首先为可靠性标准计算单元建立有向图模型。应用一次深度优先搜索算法遍历标准计算单元中的所有节点支路，确定有向图支路方向，并给节点(除电源节点)与支路编号，编号示例如图 4-6 所示。设节点数量为 N_b，支路数量为 N_l，依

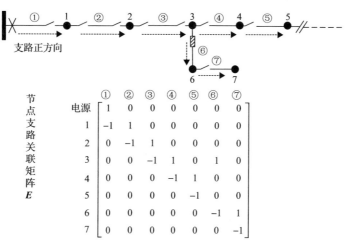

图 4-6　可靠性标准计算单元的有向图模型

据编号情况，建立计算单元的节点支路关联矩阵 E。E 中只包含三种元素，当节点 i 与支路 j 不相连时，$e_{ij}=0$，当节点 i 是支路 j 的起点时，$e_{ij}=1$，当节点 i 是支路 j 的终点时，$e_{ij}=-1$。

(2)基于节点支路关联矩阵 E，删除电源节点所对应的行，即第 1 行，得到矩阵 E_1，然后对 E_1 求逆，并对逆矩阵中所有元素取绝对值，即可得到该网络中电源节点到每个负荷节点的 PSPM R_1，如图 4-7 所示。

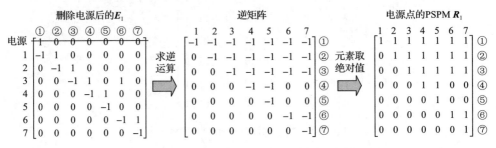

图 4-7　电源到每个负荷节点的供电路径矩阵推导过程

这种矩阵求逆法适合对任何节点的供电路径进行求取。只要在节点支路关联矩阵中删除对应行并求逆，即可得到对应行编号节点对网络中其他节点的路径。由于涉及矩阵求逆的过程，下面将说明可靠性标准计算单元的节点支路关联矩阵删除一行后恒有逆矩阵。

定理 4.1　对于树形图的节点支路关联矩阵，去掉一个节点对应的一行后，所得到的矩阵恒有逆矩阵[3]。

证明　设有一个树形图 G，包含 n 个节点 $V(G)=\{1, 2, \cdots, n\}$ 和 m 条支路 $E(G)=\{e_1, e_2, \cdots, e_m\}$。$m=n-1$。构建图 G 的节点支路关联矩阵 Q，对于图 G 中的根节点 N，在矩阵 Q 中删除节点 N 所对应的行，得到 Q_N。再构建节点 N 到所有节点的供电路径矩阵 P_N。

根据矩阵与其逆矩阵的乘积结果为单位阵这一定理，若要证明节点支路关联矩阵删除一行后恒有逆矩阵，且逆矩阵为供电路径矩阵，只需证明 $P_N \times Q_N$ 恒等于单位阵即可。

单位阵的定义为除对角线元素为 1 外，其余元素都为 0 的矩阵。下面证明 $P_N \times Q_N$ 所得到的矩阵中对角线元素恒为 1，非对角线元素恒为 0，过程如下。

首先，证明 $P_N \times Q_N$ 所得到的矩阵中非对角线元素恒为 0。设 $P_N \times Q_N$ 中的元素 $I_{ij}=\sum_{k=1}^{m} p_{ik}q_{kj}$，讨论 $i \neq j$ 时 I_{ij} 的取值。假设 e_i 是以 x 为起点、y 为终点的支路。e_j 是以 w 为起点、z 为终点的支路。则对于元素 q_{kj} 来说，只有当 $k=w$ 或 $k=z$ 时，q_{kj} 不等于 0，其余情况 q_{kj} 均为 0，因此，省略 $\sum_{k=1}^{m} p_{ik}q_{kj}$ 中的 0 项，I_{ij} 按式(4-8)计算：

$$I_{ij} = \sum_{k=1}^{m} p_{ik} q_{kj} = p_{iw} q_{wj} + p_{iz} q_{zj} \tag{4-8}$$

在树形图中，支路 e_j 的两个端点 w 和 z 到根节点的路径一定同时包含支路 e_i 或者都不包含支路 e_i。对于都不包含支路 e_i 的情况，因为 p_{iw} 和 p_{iz} 都为 0，所以 $I_{ij}=0$，对于都包含 e_i 的情况，$p_{iw}=p_{iz}$，又由于 $q_{wj}=-q_{zj}$，所以 $I_{ij}=0$。可见，对于 $i \neq j$ 的情况，I_{ij} 恒等于 0，即矩阵非对角元素恒为 0。

然后，证明 $\boldsymbol{P}_N \times \boldsymbol{Q}_N$ 所得到的矩阵中对角线元素恒为 1。在 $i=j$ 的情况下。由于 w 是 e_i 支路的起点，因此，根节点到 w 的路径不包含 e_i，$p_{iw}=0$。而 $p_{iz}=q_{zj}=-1$，因此 $p_{iz}q_{zj}=1$。可见，对于 $i=j$ 的情况下，I_{ij} 恒为 1。

综上可知，$\boldsymbol{P}_N \times \boldsymbol{Q}_N$ 的结果恒为一个单位矩阵，即证明了 $\boldsymbol{P}_N$ 和 $\boldsymbol{Q}_N$ 互为逆矩阵。也证明了所有树形图均可以应用节点支路关联矩阵删去一行并求逆的方法得到该节点的供电路径矩阵。而本章中的配电系统 M 分段 N 联络可靠性计算单元满足树形结构特点，也就恒有 PSPM 存在。

由于 PSPM 中包含了所有负荷节点的供电路径信息，因此通过 PSPM 就可以分析每条支路故障所影响的负荷节点范围，从而可避免每一次枚举故障后重复性的故障范围搜索。将 PSPM 分行观察 $[\mathbf{row}_1 \ \mathbf{row}_2 \cdots \mathbf{row}_M]^T$，则 PSPM 每个行向量 $\mathbf{row}_i$ 中的非零元素代表必须通过支路 i 供电的负荷节点。若支路 i 发生故障，那么向量 $\mathbf{row}_i$ 中元素为 1 的位置对应编号的负荷节点都会受到影响。

以图 4-8 为例，支路③故障，观察 PSPM 的第③行 $\mathbf{row}_3$，则元素为 1 对应的列编号，即负荷节点 3~7 会受支路③故障影响，因供电路径中断而停电。

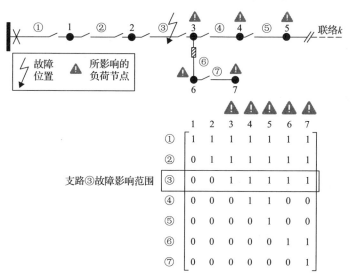

图 4-8　依据 PSPM 确定支路故障影响范围示意图

　　由以上分析可知，可将 PSPM 看作支路故障的影响标志位矩阵，PSPM 中的元素 r_{ij}=1 代表支路 i 故障对负荷节点 j 有影响，r_{ij}=0 表示支路 i 故障对负荷节点 j 无影响。

　　仅仅依靠 PSPM 并不能概括所有故障的影响范围、类型。例如，图 4-8 中，支路③故障，也会影响负荷节点 1 和 2 的供电。PSPM 中的元素"1"只计及了负荷节点供电路径上的支路故障事件对其的影响，并没有计及非供电路径上的支路故障事件影响。但 PSPM 是推导三类 FIM 的基础，下面将详细介绍基于 PSPM 推导三个 FIM 的方法流程。

4.5.2　支路 FIM 计算方法

　　本节给出支路故障的三个 FIM 的计算方法。根据配电系统结构的不同，本节将依次介绍辐射状配电系统、无联络容量约束的配电系统以及有联络容量约束的配电系统的 FIM 的计算方法。

　　1. 辐射状配电系统的 FIM 计算方法

　　首先介绍不含联络的情况下，辐射状配电系统支路的 FIM 计算方法。FIM A 为 PSPM，而 FIM C 不存在。因此，重点是 FIM B 的计算方法。

　　首先需要以瞬时动作开关为边界对配电系统的支路进行分区。瞬时动作开关定义为可瞬间切断短路故障电流的开关设备，如断路器、熔断器。其他类型的开关，如负荷开关、隔离开关等，不能切断短路电流，不在瞬时动作开关之列。设配电系统共有 N_S 个瞬时动作开关，以其为边界，可将该配电系统划分为 N_S 个分区。设每个分区内的支路集合为 Ω_S，集合 Ω_S 的求取方法如下。

　　建立瞬时动作开关位置列向量 S，若支路 i 配置了瞬时动作开关，则 s_i=1，否则 s_i=0。将 PSPM 按列表示为[column$_1$ column$_2$ ⋯ column$_{Nb}$]，每一列向量 column$_j$ 表示节点 j 的供电路径。计算 M=S ∘ [column$_1$ column$_2$ ⋯ column$_{Nb}$]，M 定义为以瞬时动作开关为边界的支路分区矩阵。在矩阵 M 中取相同列向量编号所对应的支路放入同一个支路集合 Ω_S 中，即可得到支路的分区结果。

　　以图 4-8 的配电系统为例说明上述分区方法：支路①与支路⑥的首端装有能瞬时切断短路故障电流的断路器或熔断器。其他线路有些虽然装有开关，但属于隔离开关或负荷开关，不能切断短路故障电流，因此，向量 S=$[1\ 0\ 0\ 0\ 0\ 1\ 0]^T$。计算 M=S ∘ [column$_1$ column$_2$ ⋯ column$_{Nb}$]，所得到的矩阵 M 如图 4-9 所示。实线框内的列向量相同，虚线框内的列向量相同，分别属于分区集合 Ω_1 和 Ω_2，支路分区集合可表示为 Ω_1={① ② ③ ④ ⑤}，Ω_2={⑥ ⑦}。

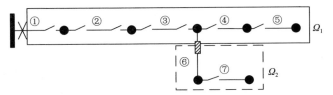

(a) 以瞬时动作开关为边界的配电系统支路分区示意图

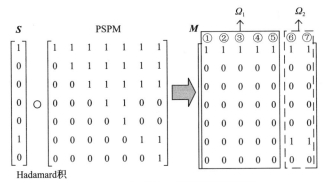

(b) 分区矩阵 M 的计算过程示意图

图 4-9　以瞬时动作开关为边界的支路分区过程示意图

将 PSPM 分行观察，即 $[\mathbf{row}_1\ \mathbf{row}_2\cdots\mathbf{row}_{Nl}]^{\mathrm{T}}$，PSPM 中的支路故障影响标志位没有计及非供电路径支路故障对负荷节点的影响。现根据分区情况修正 PSPM 中的支路故障影响标志位，修正后的 PSPM 中，支路 i 的故障影响标志位行向量为 $\mathbf{row}_i^{\mathrm{cor}}$，$\mathbf{row}_i^{\mathrm{cor}}$ 按照式 (4-9) 计算：

$$\mathbf{row}_i^{\mathrm{cor}} = \bigcup_{\mathbf{row}_i \in \varOmega_{\mathrm{S}}} \mathbf{row}_i \tag{4-9}$$

式中，布尔运算符 "∪" 定义为 $\varOmega_{\mathrm{S}}$ 集合中所有向量的按位 "或" 运算，向量 $\mathbf{row}_i^{\mathrm{cor}}$ 中的元素值通过集合 $\varOmega_{\mathrm{S}}$ 中所有行向量 $\mathbf{row}_i$ 对应位置的元素值进行 "或" 运算得到。

为便于理解，以图 4-9 中的可靠性计算单元为例，将 PSPM $\boldsymbol{R}_1$ 中的元素应用式 (4-9) 进行修正得到 $\boldsymbol{R}_1^{\mathrm{cor}}$，如图 4-10 所示。对于 $\varOmega_1$ 分区，共有①～⑤五条支路，则在修正后的 $\boldsymbol{R}_1^{\mathrm{cor}}$ 中，对①～⑤行的行向量进行按位 "或" 运算，从而得到向量 [1 1 1 1 1 1 1]。同理，对于 $\varOmega_2$ 分区，在修正后的 $\boldsymbol{R}_1^{\mathrm{cor}}$ 中，⑥、⑦的行向量修正为 [0 0 0 0 0 1 1]。

图 4-10 中 PSPM 的元素 "或" 运算可以这样理解：以瞬时动作开关为边界，将可能发生故障的支路进行了分区，在同一个分区的任一支路故障对每个负荷节点的影响理应是相同的，因为没有瞬时动作开关可以将彼此的故障隔离。PSPM 只存储了供电支路故障对负荷节点的影响，但无法表征非供电支路故障对负荷节

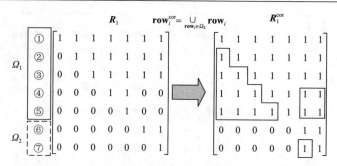

图 4-10　R_1 修正过程示意图

点的影响。处于同一个分区的所有支路，不管是供电支路还是非供电支路，它们对负荷的影响标志位都需要修正为相同值，即式(4-9)中对"0""1"元素的"或"运算。只要分区内有一个支路对负荷节点的影响为"1"，那么处于同一个分区的其他支路故障对负荷节点的影响也应该被修正为"1"。

图 4-10 中实线框内被修正的元素"1"表示非供电支路故障会对相对应列编号的负荷节点供电造成影响，这些元素"1"要存储在 FIM B 中。因此，根据 R_1^{cor}，即可得到 FIM B，按式(4-10)计算：

$$B = R_1^{cor} - R_1 \tag{4-10}$$

辐射状配电系统的 FIM 计算流程如图 4-11 所示。

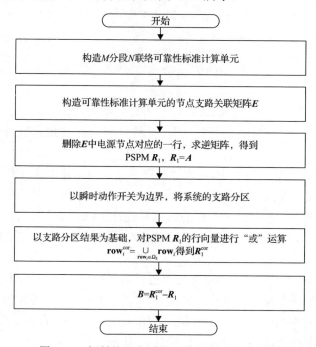

图 4-11　辐射状配电系统 FIM 计算过程示意图

图 4-11 概括了辐射状配电系统的 FIM A 和 FIM B 的计算过程。

(1) 构造 M 分段 N 联络可靠性标准计算单元。

(2) 构造可靠性标准计算单元的节点支路关联矩阵 E。

(3) 基于节点支路关联矩阵 E，构造 PSPM R_1，则 $R_1 = A$。

(4) 以能切断短路故障电流的瞬时动作开关为边界，将可靠性标准计算单元内的支路进行分区，形成分区集合 Ω_S。

(5) 以支路分区结果为基础，按照式 (4-9) 对 PSPM R_1 的行向量进行"或"运算，得到 R_1^{cor}。

(6) 按照式 (4-10) 计算得到 B。

2. 无联络容量约束的配电系统 FIM 计算方法

当配电系统带有联络时，需要推导 FIM A、FIM B 和 FIM C 三个 FIM，本部分不考虑联络的容量约束，即联络可以最大限度地转移因故障而停电的负荷。按照由简单到复杂的原则，首先介绍配电系统中仅存在单一联络时三个 FIM 的计算方法，然后再给出多联络情况下三个 FIM 的计算方法。

1) 单联络配电系统 FIM 计算方法

当联络容量没有限制时，联络可支撑全部可转供的负荷恢复供电。由于联络不影响故障隔离，因此，FIM B 仍按照本节第 1 部分的方法进行计算。FIM A 的计算过程则需调整。

按照 4.5.1 节的方法，基于网络的节点支路关联矩阵，删除联络 k 所对应的行，并求逆，得到各个负荷节点以联络 k 为电源点的 PSPM R_k，则 FIM A 计算如下：

$$A = R_1 \bigcap R_k \tag{4-11}$$

式中，运算符 "$\bigcap$" 的定义为矩阵元素的按位 "与" 运算，即若两个矩阵对应元素的值同时为 "1"，则新矩阵对应位置的元素值为 "1"，否则为 "0"。式 (4-11) 中两个矩阵 "与" 运算的实际意义是：当某一负荷节点的两条供电路径有重叠时，重叠部分的支路上发生故障，则该负荷节点所有的供电路径均断开，负荷停电，且无法转供，只能等到故障修复完成后才能恢复供电。

以图 4-12 中的可靠性计算单元为例，说明式 (4-11) 计算 FIM A 的过程。联络 k 的供电路径矩阵为 R_k，主电源与联络电源 k 的 PSPM 元素进行按位 "与" 运算后，只有实线框内的元素为 "1"。例如，当支路⑥故障时，位于支路⑥的熔断器动作，断开支路，负荷节点 6、7 到主电源和联络电源的供电路径均被断开，无法转供。因此，图 4-12 中 FIM A 第⑥行的第 6、7 列元素为 "1"。

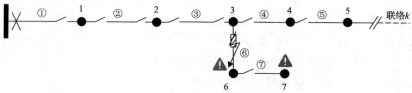

(a) 主电源与联络电源供电路径均被切断的负荷节点示意图

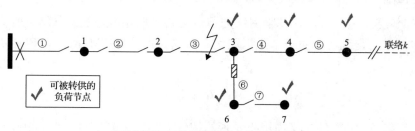

(b) 按照式(4-11)计算FIM **A** 的过程示意图

图 4-12　存在联络情况下 FIM **A** 计算过程示意图

　　若主电源供电路径与联络电源的供电路径不重叠的支路故障，则负荷节点可以通过倒闸操作由联络电源恢复供电。如图 4-13 所示，矩阵实线框中，支路③故障时，负荷节点 3～7 的主电源供电路径被切断，但这些负荷点与联络电源的供电路径保持完整，则可以通过倒闸操作由联络电源恢复供电。

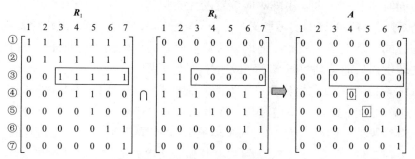

(b) 按照式(4-11)计算FIM **A** 的过程示意图

图 4-13　支路③故障下可被联络转供的负荷节点及其对应的 **A**

通过式(4-11)的矩阵元素"与"运算所得到的 FIM A 与图 4-2 所示的 FIM A 仍有差异,存在差异的元素在图 4-12(b)中用虚线框出,a_{44} 与 a_{55} 均为"0",但图 4-2 中的 a_{44} 与 a_{55} 均为"1"。产生差异的原因是支路④和⑤的末端无开关设备,导致当支路故障时,与其末端连接的负荷节点无法通过末端开关隔离故障进而转供。因此,利用式(4-11)得到 FIM A 后,还需要根据各个支路末端有无开关设备对 FIM A 的个别元素进行相应的修正。修正的方法如下。

(1)求取主电源点到联络电源点的路径 P_{1k}。

(2)对比 P_{1k} 与负荷节点 j 到主电源的供电路径 P_{1j},找出 P_{1k} 与 P_{1j} 包含的相同支路。

(3)观察这些相同支路的编号,取最大编号的支路 i,并判断该条支路末端是否有隔离开关,若该支路末端无隔离开关,则修正 $a_{ij}=1$。

以图 4-13 中的配电系统为例,说明对 FIM A 中元素的修正过程。求取主电源点到联络电源点 k 的路径 $P_{1k}=$[① ② ③ ④ ⑤],对于负荷节点 4,主电源到负荷节点 4 的供电路径 $P_{14}=$[① ② ③ ④]。P_{1k} 与 P_{14} 所含的相同支路集合为[① ② ③ ④]。取编号最大的支路,即支路④,判断支路④末端是否有隔离开关。支路④末端没有安装隔离开关,因此,支路④故障,负荷节点 4 无法被转供。需要对 FIM A 中元素 a_{44} 进行修正,由"0"修正为"1"。同理,对于负荷节点 5,应用同样的修正步骤,将 a_{55} 修正为"1"。

经过元素修正得到 FIM A 后,基于 FIM A 即可计算 FIM C。FIM C 按式(4-12)计算:

$$C = R_1 - A \tag{4-12}$$

式中,R_1 为可靠性标准计算单元中主电源的 PSPM。

应用式(4-12)求取 FIM C 的实际含义是:对于一个负荷节点,到主电源和联络电源的两条供电路径有重叠的支路在发生故障时,负荷节点的停电类型为 a,并被记入了 FIM A 中。除去两条供电路径有重叠的支路,其他支路故障时,负荷节点都会被联络转供,因此负荷节点的停电类型为 c,被记入 FIM C。

图 4-14 展示了 FIM C 的计算过程,将 R_1 中已经被记入 FIM A 中的元素"1"去除,剩余元素"1"都被存储在 FIM C 中。

含单一联络的配电系统 FIM 计算流程如图 4-15 所示。

图 4-15 概括了单联络配电系统 FIM 的计算过程。

(1)构造 M 分段 N 联络可靠性标准计算单元。

(2)构造可靠性标准计算单元的节点支路关联矩阵 E。

(3)基于节点支路关联矩阵 E,构造主电源 PSPM R_1。

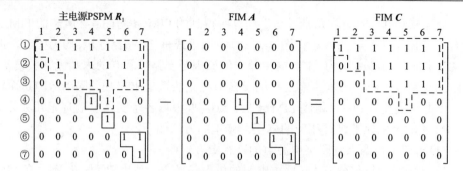

图 4-14　FIM C 计算过程示意图

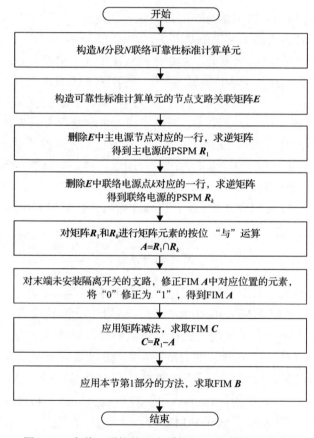

图 4-15　含单一联络的配电系统 FIM 计算流程示意图

(4)删除 E 中联络电源点 k 对应的一行，求逆矩阵，得到联络电源供电路径矩阵 R_k。

(5)按照式(4-11)，对矩阵 R_1 和 R_k 进行矩阵元素的按位"与"运算，得到 FIM A。

（6）对末端未安装隔离开关的支路，修正 FIM **A** 中对应位置的元素，将"0"修正为"1"。

（7）按照式(4-12)，应用矩阵减法，计算得到 FIM **C**。

（8）FIM **B** 的求取方法与本节第 1 部分相同。

2) 多联络配电系统 FIM 计算方法

对于存在多个联络的配电系统，三个 FIM 的计算方法与单一联络情况类似。对于 FIM **A** 的求取，仍需要通过主电源与联络电源 PSPM 元素的按位"与"运算得到，但区别在于存在多个联络电源时，两个矩阵之间的"与"运算变成了多个矩阵的按位"与"运算，如式(4-13)所示：

$$A = R_1 \bigcap_{i=1}^{N_k} R_{ki} \tag{4-13}$$

式中，R_{ki} 为第 i 个联络的 PSPM；N_k 为联络数量。式(4-13)的含义是主电源 PSPM 与所有联络电源的 PSPM 进行矩阵元素按位"与"运算。式(4-13)与单联络情况下式(4-11)中的"与"运算意义相同，只不过将两个矩阵之间的"与"运算拓展为多个矩阵之间的"与"运算。以图 4-16 为例，说明 FIM **A** 的计算过程。

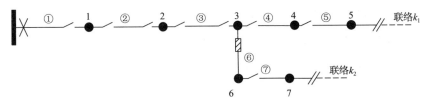

(a) 含多联络的配电系统结构示意图

(b) 按照式(4-13)计算 FIM **A** 的过程示意图

图 4-16　含多联络配电系统 FIM **A** 计算过程示意图

图 4-16 中的配电系统共有两个联络 k_1 和 k_2，对应的 PSPM 为 R_{k1} 和 R_{k2}。主电源 PSPM R_1 与两个联络的 PSPM 进行"与"运算，三个矩阵同一位置的元素都是"1"时，所得矩阵中对应位置的元素为"1"，否则为"0"。

按位"与"运算后，还需要基于支路末端是否安装隔离开关对 FIM *A* 中的元素进行修正。修正方法与单一联络配电系统 FIM *A* 的修正方法相同，将图 4-16 中虚线框中的元素"0"修正为"1"，即可得到 FIM *A*。

FIM *C* 仍按照式(4-12)计算，图 4-16 中配电系统的 FIM *C* 的计算过程如图 4-17 所示。

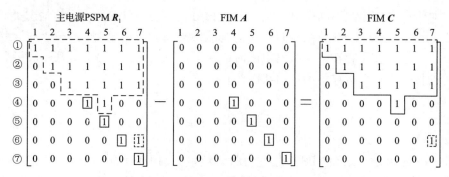

图 4-17　含多联络配电系统 FIM *C* 计算过程示意图

FIM *B* 的计算方法与本节第 1 部分相同。

3. 有联络容量约束的配电系统 FIM 计算方法

在实际配电系统中，由于联络馈线容量有限，故障负荷可能并不会全部被转供，有些负荷不得不等到故障修复后才能恢复供电。在设计配电系统多分段多联络结构时，通常会优化设计各个联络的位置和联络容量裕度，当发生故障时，多个联络可以共同分摊馈线上的所有停电负荷。假设共有 *K* 个联络，则需要为每个联络 *k* 建立一个 FIM C_k。由于不同位置的故障所导致的停电范围不同，且为了最大范围地恢复停电负荷，往往需要对联络的供电恢复范围进行优化，即针对 FIM C_k 中的元素取值问题建立优化模型。本部分首先介绍含单一联络的配电系统在联络容量存在约束时，FIM *C* 的计算方法。然后将计算方法推广到含多联络的配电系统。

1)有容量约束的单联络配电系统 FIM 计算方法

应用本节第 2 部分的方法，可以计算不考虑联络容量约束的 FIM *C*。考虑联络容量约束时，需要在 FIM *C* 的基础上，将部分元素"1"改为元素"0"，表示其中一部分负荷由于联络容量的约束无法被转供。下面以图 4-18 为例，说明在联络无法恢复全部停电负荷的情况下，需要将 FIM *C* 中部分元素"1"置"0"的情况。

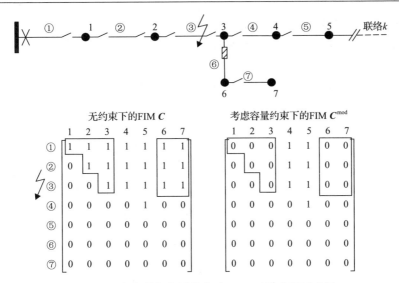

图 4-18　存在联络容量约束时 FIM $\boldsymbol{C}^{\mathrm{mod}}$ 求解示意图

不考虑联络容量约束情况下，图 4-18 中的配电系统所对应的 FIM $\boldsymbol{C}$ 为左侧矩阵。若考虑联络容量约束，当故障发生时，联络 k 不能转供全部停电负荷，FIM $\boldsymbol{C}$ 实线框中的元素 "1" 需要置 "0"。例如，支路③故障，在不考虑联络容量约束情况下，负荷节点 3～7 均可转供，对应位置的元素 c_{33}～c_{37} 均为 "1"。考虑联络容量约束时，只能恢复负荷节点 4 和 5，其余节点无法恢复，则 c_{33}、c_{36} 和 c_{37} 需要置 "0"，FIM $\boldsymbol{C}$ 变为 FIM $\boldsymbol{C}^{\mathrm{mod}}$。

为了最大限度地恢复故障线路上的负荷，即使恢复负荷量最大，需要决策不同位置的设备发生故障时，优先恢复哪些负荷，即决策 FIM $\boldsymbol{C}$ 中哪些元素需要置 "0"，哪些元素保持 "1" 不变。对此需要建立优化模型求解 FIM $\boldsymbol{C}^{\mathrm{mod}}$。优化目标是在支路 i 发生故障的情况下，联络恢复的负荷量或用户数最大。决策变量是 FIM $\boldsymbol{C}^{\mathrm{mod}}$ 中的元素 c_{ij}^{mod}，$c_{ij}^{\mathrm{mod}}=1$ 代表负荷可以被恢复供电，$c_{ij}^{\mathrm{mod}}=0$ 代表负荷无法被恢复供电。约束条件包括联络容量约束、恢复范围的辐射状约束等。优化模型如式 (4-14) 所示：

$$\max \sum_{j=1}^{N_{\mathrm{b}}} c_{ij}^{\mathrm{mod}} P_j$$

$$\text{s.t.} \begin{cases} c_{ij}^{\mathrm{mod}} \leqslant c_{ij} \\ \left(\displaystyle\sum_{j=1}^{N_{\mathrm{b}}} c_{ij}^{\mathrm{mod}} \times P_j \right)^2 + \left(\displaystyle\sum_{j=1}^{N_{\mathrm{b}}} c_{ij}^{\mathrm{mod}} \times Q_j \right)^2 \leqslant (S_{k,\max})^2 \\ c_{ij}^{\mathrm{mod}} (c_{iw}^{\mathrm{mod}} - c_{iz}^{\mathrm{mod}}) = 0, \quad \mathrm{branch}_{wz} \in \boldsymbol{R}_{kj} \end{cases} \tag{4-14}$$

式中，P_j 和 Q_j 分别为负荷节点 j 的有功负荷和无功负荷；$S_{k,\max}$ 为联络 k 的容量约束；branch$_{wz}$ 为以 w 为起点以 z 为终点的支路；R_{kj} 为联络 k 到负荷节点 j 的供电路径向量，向量中包含了从联络 k 到负荷节点 j 的所有支路。

式 (4-14) 是一个以 c_{ij}^{mod} 为决策变量的 0-1 整数优化模型。式 (4-14) 中，目标函数的意义是在支路 i 故障时，尽量使联络所恢复的负荷量最大。式 (4-14) 共有三个约束，第一个约束 $c_{ij}^{\mathrm{mod}} \leqslant c_{ij}$ 表示优化后的联络恢复范围不能超过没有容量约束下的联络恢复范围，用矩阵形式表示就是 FIM $\boldsymbol{C}^{\mathrm{mod}}$ 中的元素值不能超过 FIM $\boldsymbol{C}$ 中对应位置的元素值。第二个约束表示恢复的负荷需求量不超过联络 k 的容量约束 $S_{k,\max}$。第三个约束表示所优化的联络恢复范围需要满足辐射状约束。此约束保证所恢复的负荷节点是彼此相连的，不会出现中间断开的情况。以图 4-19 来说明第三个约束的意义。

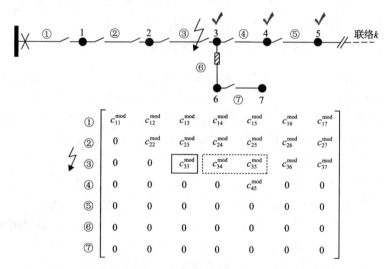

图 4-19　联络恢复范围的辐射状约束示意图

图 4-19 中，支路③发生故障，即 $i=3$，若联络无容量约束，则负荷节点 3～7 均在联络的恢复范围内，元素 c_{33}～c_{37} 均应为 "1"。但当联络容量存在约束时，需要优化决策元素 c_{33}～c_{37} 中哪些保持 "1" 不变，哪些需要置 "0"。下面说明式 (4-14) 第三个约束的意义。

若节点 3 能够被恢复供电，即优化变量 $c_{33}^{\mathrm{mod}}=1$（图 4-19 中实线框中的元素），那么节点 3 到联络 k 的供电路径上的负荷节点 4 和 5 也必须恢复供电，即 c_{34}^{mod} 和 c_{35}^{mod} 也必须为 1（图 4-19 中虚线框中的元素），因为节点 3 无法跳过节点 4 和 5 直接与联络建立联系，联络恢复范围的辐射状结构约束必须满足，这也是第三个约束的意义。这个约束的数学表达形式是：节点 3 到联络 k 的路径 $\boldsymbol{R}_{k3}$ 包含支路④和⑤，即 branch$_{34}\in\boldsymbol{R}_{k3}$，branch$_{45}\in\boldsymbol{R}_{k3}$。branch$_{34}$ 的首末端节点是 3 和 4，branch$_{45}$

的首末端节点是 4 和 5。则必须满足 $c_{33}^{\text{mod}} \times (c_{33}^{\text{mod}} - c_{34}^{\text{mod}}) = 0$ 和 $c_{33}^{\text{mod}} \times (c_{34}^{\text{mod}} - c_{35}^{\text{mod}}) = 0$。两个约束保证了只要 $c_{33}^{\text{mod}} = 1$，则 c_{34}^{mod} 和 c_{35}^{mod} 必为 1。

应用式(4-14)，联络 k 的转供范围优化问题转化为一个 0-1 整数二次规划模型，能够轻松求解。

在求解式(4-14)后，即可得矩阵元素经过修正后的 FIM $\boldsymbol{C}^{\text{mod}}$，并可按式(4-15)推导出 FIM $\boldsymbol{A}$：

$$A = R_1 - C^{\text{mod}} \tag{4-15}$$

式(4-15)的意义与式(4-12)相同。

在考虑联络容量约束时，FIM 的计算流程如图 4-20 所示。

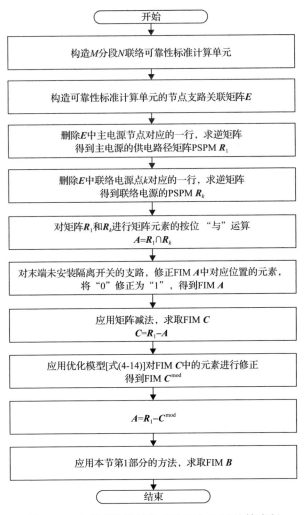

图 4-20   考虑联络容量约束的三个 FIM 计算流程

与图4-15中不考虑联络容量约束的FIM计算流程类似，考虑联络容量约束时，计算FIM只不过多了一个步骤，即在求得FIM C 后，需要应用优化模型对FIM C 中的元素进行一次修正。

2) 有容量约束的多联络配电系统FIM计算方法

配电系统中存在多个联络，设为 N_k 个，且当联络容量存在限制时，首先按照本节第 2 部分的内容计算 N_k 个 FIM C。然后需要考虑联络容量的约束，对每个FIM C_k 中的元素 $c_{k,ij}$ 进行修正，修正为 $c_{k,ij}^{\mathrm{mod}}$。依然应用优化模型[式(4-14)]，只不过需要将单一 FIM C 的元素优化模型拓展为多个矩阵 FIM C_k 的元素优化，优化模型如式(4-16)所示：

$$\max \sum_{k=1}^{N_k} \sum_{j=1}^{N_b} c_{k,ij}^{\mathrm{mod}} P_j$$

$$\mathrm{s.t.} \begin{cases} c_{k,ij}^{\mathrm{mod}} \leqslant c_{k,ij} \\ \left(\sum_{j=1}^{N_b} c_{k,ij}^{\mathrm{mod}} \times P_j\right)^2 + \left(\sum_{j=1}^{N_b} c_{k,ij}^{\mathrm{mod}} \times Q_j\right)^2 \leqslant (S_{k,\max})^2 \\ c_{k,ij}^{\mathrm{mod}}(c_{k,iw}^{\mathrm{mod}} - c_{k,iz}^{\mathrm{mod}}) = 0, \quad \mathrm{branch}_{wz} \in \boldsymbol{R}_{kj} \\ \sum_{k=1}^{N_k} c_{k,ij}^{\mathrm{mod}} \leqslant 1 \end{cases} \tag{4-16}$$

式(4-16)的目标函数是所有联络所恢复的总负荷量最大。前三个约束是单一FIM C 元素 c_{ij} 的优化到多个 FIM C_k 元素 $c_{k,ij}$ 优化的拓展，其约束条件的形式与式(4-14)相同。相比式(4-14)，式(4-16)多出了第四个约束，这个约束的意义是同一个负荷节点最多被一个联络恢复，不会同时被多个联络恢复。以图4-21说明式(4-16)第四个约束的意义。

图4-21 的配电系统连接有两条联络，支路③发生故障时，对于负荷节点 4，两个联络都可以恢复，即在未修正 FIM C 之前，$c_{1,34}$ 和 $c_{2,34}$ 都为"1"。但由于配电系统的辐射状运行结构，两个 FIM C^{mod} 相同位置的元素必须满足 $c_{1,34}^{\mathrm{mod}} + c_{2,34}^{\mathrm{mod}} \leqslant 1$，即多个联络不能同时恢复同一个负荷节点，以保持配电系统辐射状运行。

在求解式(4-16)得到所有联络的 FIM C_k^{mod} 后，即可按式(4-17)计算得到FIM A。

$$\boldsymbol{A} = \boldsymbol{R}_1 - \sum_{k=1}^{N_k} \boldsymbol{C}_k^{\mathrm{mod}} \tag{4-17}$$

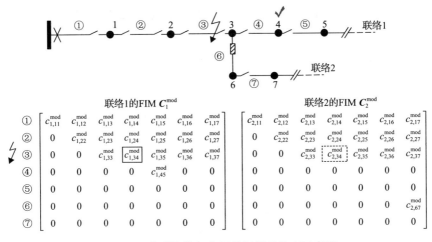

图 4-21　多联络恢复范围的辐射状约束示意图

式 (4-17) 与式 (4-12) 的意义相同。

FIM $\boldsymbol{B}$ 的计算方法与本节第 1 部分相同。

4.5.3　等效节点 FIM 计算方法

在应用 4.2 节的方法建立了可靠性标准计算单元后，等效节点中也存在故障设备，需要建立等效节点的 FIM。在构建可靠性标准计算单元时，由于应用了深度优先搜索方法给网络中的节点支路编号，因此，所有等效节点的编号与其前向支路的编号一致。基于这个编号关系，等效节点故障的三个 FIM 中的大部分元素与支路 FIM 相同，不必重复求取。只有少部分元素需要重新计算。

对于等效节点的 FIM $\boldsymbol{B}_{\mathrm{eq}}$，其元素与支路的 FIM $\boldsymbol{B}$ 元素完全一致，不需要再重复计算。

等效节点 FIM $\boldsymbol{A}_{\mathrm{eq}}$ 的计算步骤如下。

(1) 将 FIM $\boldsymbol{A}_{\mathrm{eq}}$ 的对角元素置 "1"。

(2) 支路 FIM $\boldsymbol{A}$ 中元素为 "1" 的位置，等效节点 FIM $\boldsymbol{A}_{\mathrm{eq}}$ 中相应位置的元素也置 "1"。

(3) 求取主电源点到联络电源点的路径 $\boldsymbol{P}_{1k}$。对比 $\boldsymbol{P}_{1k}$ 与负荷节点 j 到主电源的供电路径 $\boldsymbol{P}_{1j}$，找出 $\boldsymbol{P}_{1k}$ 与 $\boldsymbol{P}_{1j}$ 含有的相同节点。观察这些相同节点的编号，取最大编号的节点 i，并令 $a_{ij}^{\mathrm{eq}}=1$。

经过以上过程，即可得到等效节点的 FIM $\boldsymbol{A}_{\mathrm{eq}}$。图 4-22 展示了可靠性标准计算单元中等效节点 FIM $\boldsymbol{A}_{\mathrm{eq}}$ 的计算结果。

在计算 FIM $\boldsymbol{A}_{\mathrm{eq}}$ 的过程中，步骤 (1) 的意义是：FIM $\boldsymbol{A}_{\mathrm{eq}}$ 对角线上的元素 a_{ii}^{eq} 表示节点自身故障的停电影响。节点自身故障，自然需要等到故障修复才能恢复

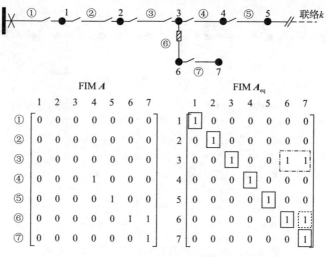

图 4-22　等效节点的 FIM A_{eq} 计算过程示意图

供电，因此节点自身故障的停电类型为 a，需要记入 FIM A_{eq} 中，即对角线元素置
"1"，对应图 4-22 中实线框中的元素 "1"。

　　步骤(2)的意义是：如果一个节点的前向支路故障可以切断某个负荷的供电路
径使其停电类型为 a，那么这个节点故障也一定可以切断这个负荷的供电路径，
使其停电类型也为 a。因此，节点与其前向支路的故障影响标志位应该保持一致。
对应图 4-22 中虚线框中元素，$a_{67}^{eq}=a_{67}=1$。表示等效节点 6 和它的前向支路⑥故
障对负荷节点 7 的停电影响类型一致，都为 a。

　　步骤(3)的意义是：有些等效节点的前向支路故障对某些负荷节点的停电影响
类型不是 a。例如，图 4-22 中支路③故障，切断了负荷节点 6 和 7 的主电源供电
路径，但通过支路③末端隔离开关隔离故障，负荷节点 6 和 7 即可由联络恢复供
电，因此，停电类型为 c。但等效节点 3 故障既切断了负荷节点 6 和 7 到主电源
的供电路径，也切断了它们到联络电源的供电路径，因此，负荷节点 6 和 7 在等
效节点 3 故障时的停电类型为 a，即图 4-22 中 FIM A_{eq} 点画线中的元素 "1"。如
果说步骤(2)考虑的是等效节点与其前向支路故障影响标志位相同的情况，那么步
骤(3)的作用就是补充考虑等效节点与其前向支路故障影响标志位不同的情况。

　　在得到了 FIM A_{eq} 后，继续计算 FIM C_{eq}。C_{eq} 按照式(4-18)计算：

$$C_{eq} = R_l - A_{eq} \tag{4-18}$$

　　式(4-18)中矩阵减法的意义与式(4-12)相同，即在供电路径被切断的停电负
荷中，除去停电类型为 a 的负荷，其他负荷节点均可以被联络恢复供电，停电类
型为 c。

在得到了支路以及等效节点的 FIM 后，即可根据式(4-4)～式(4-7)计算负荷节点和系统可靠性指标。

4.6　基于 FIM 的配电系统可靠性分析算例

本节给出一个用 FIM 法求取配电系统可靠性指标的算例，验证算法的正确性和高效性。

4.6.1　算法验证

应用 IEEE RBTS Bus6 系统[4]验证 FIM 法的正确性。IEEE RBTS Bus6 系统如图 4-23 所示，共有负荷节点 40 个，熔断器 40 个，配电变压器 41 个，断路器 10

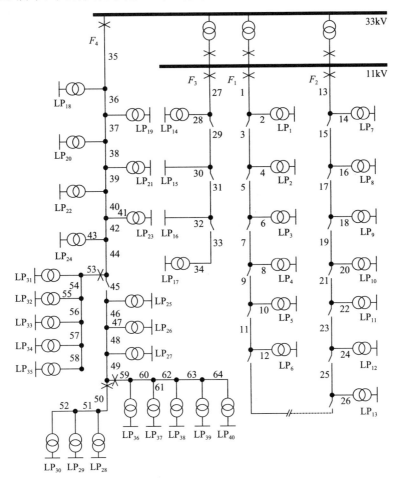

图 4-23　IEEE RBTS Bus6 系统示意图

个。配电变压器故障率 0.015 次/年，修复时间为 200h。支路的故障率参数如表 4-5 所示。节点的负荷需求和用户数如表 4-6 所示。支路故障修复时间为 5h。分段开关和联络开关的操作时间均为 1h。

表 4-5　支路故障率参数　　　　　　(单位：次/年)

线路编号	故障率	线路编号	故障率	线路编号	故障率	线路编号	故障率
1	0.04875	17	0.03900	33	0.04875	49	0.10400
2	0.03900	18	0.05200	34	0.03900	50	0.18200
3	0.03900	19	0.03900	35	0.18200	51	0.20800
4	0.05200	20	0.03900	36	0.16250	52	0.16250
5	0.04875	21	0.05200	37	0.10400	53	0.20800
6	0.04875	22	0.04875	38	0.05850	54	0.10400
7	0.04875	23	0.04875	39	0.10400	55	0.05200
8	0.03900	24	0.03900	40	0.16250	56	0.18200
9	0.03900	25	0.03900	41	0.03900	57	0.16250
10	0.04875	26	0.04875	42	0.10400	58	0.20800
11	0.05200	27	0.04875	43	0.04875	59	0.18200
12	0.03900	28	0.03900	44	0.05850	60	0.16250
13	0.03900	29	0.05200	45	0.20800	61	0.04875
14	0.04875	30	0.04875	46	0.18200	62	0.10400
15	0.04875	31	0.03900	47	0.03900	63	0.20800
16	0.05200	32	0.05200	48	0.22750	64	0.18200

表 4-6　节点负荷需求和用户数量

负荷节点编号	用户数量/户	负荷需求/MW	负荷节点编号	用户数量/户	负荷需求/MW
1	138	0.1775	13	132	0.2070
2	126	0.1808	14	10	0.4697
3	138	0.1775	15	1	1.6391
4	126	0.1808	16	1	0.9025
5	118	0.2163	17	10	0.4697
6	118	0.2163	18	147	0.1659
7	147	0.1659	19	126	0.1808
8	147	0.1659	20	1	0.2501
9	138	0.1775	21	1	0.2633
10	147	0.1659	22	132	0.2070
11	126	0.1808	23	147	0.1659
12	132	0.2070	24	1	0.3057

续表

负荷节点编号	用户数量/户	负荷需求/MW	负荷节点编号	用户数量/户	负荷需求/MW
25	79	0.1554	33	76	0.1585
26	1	0.2831	34	1	0.2501
27	76	0.1585	35	1	0.2633
28	79	0.1554	36	79	0.1554
29	76	0.1585	37	1	0.1929
30	1	0.2501	38	1	0.2831
31	79	0.1554	39	76	0.1585
32	1	0.1929	40	1	0.3057

应用 FIM 法计算 IEEE RBTS Bus6 系统和部分负荷节点的可靠性指标与文献[4]给出的指标对比情况如表 4-7、表 4-8 所示。

表 4-7 系统可靠性指标对比情况

可靠性指标	文献[4]	FIM 法
SAIFI/(次/年)	1.0067	1.0067
SAIDI/(h/年)	6.669	6.669
EENS/(MW·h/年)	72.81	72.81
ASAI/%	99.924	99.924

表 4-8 部分负荷节点可靠性指标对比情况

负荷节点编号	文献[4]		FIM 法	
	年平均停电次数/(次/年)	年平均停电时间/(h/年)	年平均停电次数/(次/年)	年平均停电时间/(h/年)
1	0.3303	3.6662	0.3303	3.6662
4	0.3303	3.6662	0.3303	3.6662
8	0.3725	3.7605	0.3725	3.7605
12	0.3595	3.6955	0.3595	3.6955
16	0.2405	1.0075	0.2405	1.0075
18	1.6725	8.4015	1.6725	8.4015
23	1.7115	8.5965	1.7115	8.5965
26	1.7115	11.4825	1.7115	11.4825
32	2.5890	12.9840	2.5890	12.9840
37	2.5598	15.7238	2.5598	15.7238
40	2.5110	15.4800	2.5110	15.4800

经对比，应用 FIM 法计算得到的可靠性指标与文献[4]结果一致。实际上，三个 FIM 均可以利用传统的故障模式影响分析法得到，因此，FIM 法的正确性可以得到保证，各个负荷节点的可靠性指标如表 4-9 所示。

表 4-9　　所有负荷节点的可靠性指标计算结果

负荷节点编号	年平均停电次数/(次/年)	年平均停电时间/(h/年)	负荷节点编号	年平均停电次数/(次/年)	年平均停电时间/(h/年)
1	0.3303	3.6662	21	1.6725	8.4015
2	0.3433	3.6923	22	1.6725	8.4015
3	0.3400	3.7150	23	1.7115	8.5965
4	0.3303	3.6662	24	1.7212	8.6453
5	0.3400	3.6760	25	1.6725	11.2875
6	0.3303	3.6793	26	1.7115	11.4825
7	0.3693	3.7052	27	1.6725	11.2875
8	0.3725	3.7605	28	2.2250	14.0500
9	0.3725	3.7215	29	2.2250	14.0500
10	0.3595	3.6565	30	2.2250	14.0500
11	0.3693	3.7573	31	2.5370	12.7240
12	0.3595	3.6955	32	2.5890	12.9840
13	0.3693	3.7052	33	2.5370	12.7240
14	0.2425	3.5785	34	2.5370	12.7240
15	0.2373	0.8353	35	2.5370	12.7240
16	0.2405	1.0075	36	2.5110	15.4800
17	0.2425	4.1375	37	2.5598	15.7238
18	1.6725	8.4015	38	2.5110	15.4800
19	1.6725	8.4015	39	2.5110	15.4800
20	1.6725	8.4015	40	2.5110	15.4800

4.6.2　算法复杂度分析

本节对比分析 FIM 法与故障扩散法的复杂度。

假设条件：由于辐射状运行的网络中支路数与负荷节点数相同，因此，设某配电系统共有 n 个负荷节点、n 个支路和 1 个电源节点。每个支路故障事件对所有负荷节点具有 a、b、c 三种停电影响类型（详细描述参见 3.3.1 节），两种算法的目的一致，即确定所有支路故障对所有负荷节点停电影响的类型。

FIM 法复杂度：FIM 法需要进行一次矩阵求逆运算和若干次矩阵代数、布尔运算，其中算法复杂度最高的步骤为矩阵求逆运算。因此，算法复杂度为矩阵求逆运算的算法复杂度，为 $O(n^{2.496})$ [5]。

故障扩散法复杂度：该算法原理为，针对每个支路故障事件，对网络进行 3 次故障搜索，第 1 次搜索覆盖停电影响类型为 a 的负荷节点，第 2 次搜索覆盖停电影响类型为 b 的负荷节点，第 3 次搜索覆盖停电影响类型为 c 的负荷节点（详细描述参见 3.6 节）。已知一次搜索的算法复杂度为 $O[(\text{网络规模})^{\text{搜索深度}}]$，由于网络规模为 n，三次搜索深度分别为 a'、b'、c'，则针对每个故障事件分析的算法复杂度为 $\max[O(n^{a'}), O(n^{b'}), O(n^{c'})]$。由于三次搜索覆盖所有网络节点，所以 $a'+b'+c'=n$。因此有

$$\max\left[O(n^{a'}),O(n^{b'}),O(n^{c'})\right]\geqslant O\left(\frac{n}{n^{3}}\right) \tag{4-19}$$

由式 (4-19) 可知，一次枚举元件故障搜索的最小复杂度为 $O(n^{n/3})$，但该算法要枚举 n 个支路的故障分析，因此总的算法复杂度为

$$O\left(\frac{n}{n^{3}}\right)\times n=O\left(\frac{n}{n^{3}}+1\right) \tag{4-20}$$

两种算法复杂度的比较如图 4-24 所示。

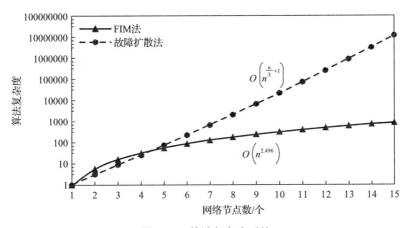

图 4-24　算法复杂度对比

由图 4-24 可知，当 $n>5$ 时，FIM 法的复杂度小于故障扩散法的复杂度。而且随着网络规模的扩大，FIM 法的效率优势更加突出，而实际配电系统的规模往往远大于 5，因此，FIM 法具有比较突出的效率优势。

将 FIM 法与故障扩散法[6]、故障分块法[7]的计算时间进行对比，结果如表 4-10 所示。

表 4-10　计算时间对比

对比项目	故障扩散法	故障分块法	FIM 法
网络化简时间/s	—	0.034	0.034
可靠性计算时间/s	0.426	0.175	0.021
总计算时间/s	0.426	0.209	0.055

对比 FIM 法与故障扩散法，由于 FIM 法对配电系统进行了等值简化，因此，计算时间明显缩短。对比 FIM 法与故障分块法，故障分块法在枚举分析每个元件的故障影响范围时，都需要进行故障范围的搜索，以及联络电源转供路径搜索。而 FIM 法通过矩阵求逆和相关的布尔、代数运算，可一次性得到所有故障元件

对各个负荷的停电影响类型，避免了枚举各个故障过程中的重复性搜索过程，再通过式(4-4)～式(4-7)即可直接计算出所有负荷节点和系统的可靠性指标，因此，在保证精度的同时，进一步提升了计算速度。

下面以馈线 F_4 为例说明 FIM 法在可靠性计算中对配电系统结构的化简流程，从而达到减小矩阵计算规模的目的。馈线 F_4 网络化简前后对比如图 4-25 所示。

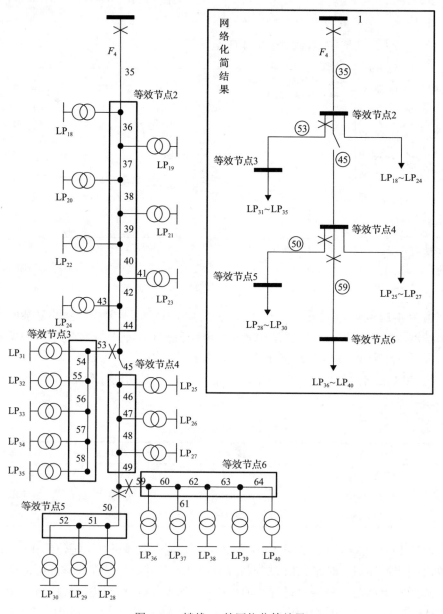

图 4-25　馈线 F_4 的网络化简结果

在网络化简的过程中，没有开关相隔的众多设备被简化为一个等效节点，等效节点与支路集合的对应关系如表 4-11 所示。

表 4-11　等效节点与支路集合对应关系

等效节点	支路集合	故障率/(次/年)	修复时间/h
等效节点 2	支路{36~40、42、44}	0.7540	5
等效节点 3	支路{54、56~58}	0.6565	5
等效节点 4	支路{46、48、49}	0.5135	5
等效节点 5	支路{51、52}	0.3705	5
等效节点 6	支路{60、62~64}	0.6565	5

原本需要考虑 30 条支路故障对 23 个负荷节点的影响，在经过网络化简后，仅仅需要考虑 15 个元件故障(包括等效节点故障和支路故障)对 5 组负荷的影响。应用 FIM 法，可以得到馈线 F_4 中元件故障对负荷停电时间的影响，如表 4-12 所示。

表 4-12　等效节点与支路故障事件对负荷停电时间的影响　　　(单位：h)

元件	LP_{18}~LP_{24}	LP_{25}~LP_{27}	LP_{28}~LP_{30}	LP_{31}~LP_{35}	LP_{36}~LP_{40}
等效节点 2	3.770	3.770	3.770	3.770	3.770
等效节点 3	0	0	0	3.283	0
等效节点 4	0.514	2.568	2.568	0.514	2.568
等效节点 5	0	0	1.8525	0	0
等效节点 6	0	0	0	0	3.2825
支路 35	0.910	0.910	0.910	0.910	0.910
支路 41	0.195	0	0	0	0
支路 43	0.244	0	0	0	0
支路 45	0.208	1.040	1.040	0.208	1.040
支路 47	0	0.195	0	0	0
支路 50	0	0	0.910	0	0
支路 53	0	0	0	1.040	0
支路 55	0	0	0	0.206	0
支路 59	0	0	0	0	0.910
支路 61	0	0	0	0	0.244

由表 4-12 可以看出，等效节点对负荷的停电时间影响较大，原因是馈线 F_4 的分段开关较少，导致构成等效节点的支路较多，因此故障率较大。为提升馈线 F_4 的可靠性，可考虑在主干线上加装分段开关，避免出现由于无法隔离故障而导致的大片负荷停电的现象。

4.6.3　影响可靠性指标的薄弱环节分析

应用 FIM 法还可以方便地得到各类故障参数对每个负荷节点可靠性指标的影响程度，分析哪些元件是影响可靠性的薄弱环节。下面针对馈线 F_1，进行可靠性薄弱环节分析。馈线 F_1 可以看作 6 分段 1 联络的可靠性标准计算单元。影响馈线 F_1 可靠性的故障元件为支路①～⑫，负荷编号为 1～6，构建三个 FIM，并计算 $A+B+C$，可得到故障支路对负荷停电次数的影响矩阵，如图 4-26 所示。

	1	2	3	4	5	6
①	1	1	1	1	1	1
②	1	1	1	1	1	1
③	1	1	1	1	1	1
④	1	1	1	1	1	1
⑤	1	1	1	1	1	1
⑥	1	1	1	1	1	1
⑦	1	0	0	0	0	0
⑧	0	1	0	0	0	0
⑨	0	0	1	0	0	0
⑩	0	0	0	1	0	0
⑪	0	0	0	0	1	0
⑫	0	0	0	0	0	1

（主干线元件：①～⑥；分支线元件：⑦～⑫）

图 4-26　馈线 F_1 支路元件故障对负荷节点停电次数影响矩阵

图 4-26 中的矩阵表示支路①～⑫的故障对负荷节点 1～6 停电次数的影响。元素"1"表示支路的故障会导致负荷停电一次，"0"代表没有影响。从图 4-26 给出的矩阵可以清楚地看出，任一主干线上的元件①～⑥故障，都会导致所有负荷节点停电。原因在于主干线上的分段开关无法瞬间断开故障，当主干线元件故障后，出口断路器动作，从而导致所有负荷停电一次。对于分支线元件⑦～⑫故障，由于熔断器的存在，可以瞬间切断分支线故障。因此，分支线故障仅仅会影响该分支下的负荷停电，而不会影响其他负荷用电。

除了分析故障元件对负荷停电次数的影响，应用 FIM 法也可以快速得到故障元件对负荷停电时间的影响。仍以馈线 F_1 为例，设隔离开关操作时间 t_{sw}=1h，联络开关操作时间 t_{op}=2h，故障修复时间 u=5h。计算 $u \times A + t_{sw} \times B + t_{op} \times C$，即可得到所有故障支路对负荷停电时间的影响矩阵，如图 4-27 所示。

图 4-27 中的矩阵元素表示支路每次故障对负荷停电时间的影响。将矩阵中每一行的元素加和，可以得到对应行编号的支路故障造成负荷停电时长的总和（矩阵右侧一列所示）。实线框中的主干线路故障，尽管会造成所有负荷停电，但距离馈

	1	2	3	4	5	6	停电总时长/h
①	5	2	2	2	2	2	15
②	1	5	2	2	2	2	14
③	1	1	5	2	2	2	13
④	1	1	1	5	2	2	12
⑤	1	1	1	1	5	2	11
⑥	1	1	1	1	1	5	10
⑦	5	0	0	0	0	0	5
⑧	0	5	0	0	0	0	5
⑨	0	0	5	0	0	0	5
⑩	0	0	0	5	0	0	5
⑪	0	0	0	0	5	0	5
⑫	0	0	0	0	0	5	5

（左侧标注：主干线元件 对应 ①~⑥；分支线元件 对应 ⑦~⑫）

图 4-27 馈线 F_1 支路元件故障对负荷节点停电时间的影响矩阵

线电源节点较近的元件对负荷的影响更大，例如，支路①为距离馈线电源节点最近的元件，其故障所导致的负荷停电总时长最大，为 15h。因为一旦馈线首端元件故障，就会导致所有负荷被迫转供，而联络开关的操作时间为 2h，比故障隔离的时间长，因此，对负荷的停电时间有更大的影响。而对于馈线末端元件故障，只要将故障隔离，则馈线前部分的负荷即可恢复供电，因此，对负荷停电时间的影响较小。分支线故障仅仅会影响该分支负荷停电，且停电时间为支路修复时间，即 5h。由图 4-26 和图 4-27 可见，应用 FIM 法，通过简单的布尔、代数运算即可得到所有元件对负荷停电的影响程度并加以清晰展现，方便系统可靠性的薄弱环节分析。

4.7 本 章 小 结

本章针对复杂配电系统，提出了基于 FIM 的可靠性指标快速解析计算方法。首先定义了配电系统 M 分段 N 联络可靠性标准计算单元，然后针对每个计算单元，求取 PSPM、FIM，进而应用矩阵的布尔、代数运算求得负荷节点和系统可靠性指标。应用 IEEE RBTS Bus6 系统算例验证了 FIM 法计算可靠性指标的正确性和高效性。

本章所应用的 M 分段 N 联络可靠性标准计算单元易于扩展，可用于结构复杂的配电系统。通过构建 FIM 和简单的矩阵代数、布尔运算，实现了配电系统可靠性指标的快速解析表达，避免了枚举故障过程中重复性的故障影响范围搜索工作，从而节省了可靠性计算时间。此外，矩阵形式的可靠性指标解析表达方式可以清晰地展现所有元件故障对负荷的停电影响，方便分析灵敏度和查找影响系统可靠性的薄弱环节，本书后续章节将详细论述 FIM 在可靠性灵敏度分析以及可靠性提升优化工作中的应用。

参 考 文 献

[1] Wang C, Zhang T, Luo F, et al. Fault incidence matrix based reliability evaluation method for complex distribution system. IEEE Transactions on Power Systems, 2018, 33(6): 6736-6745.

[2] 张天宇. 基于故障关联矩阵的配电系统可靠性评估方法. 天津: 天津大学, 2019.

[3] Bapat R B. 图与矩阵. 吴少川, 译. 哈尔滨: 哈尔滨工业大学出版社, 2014.

[4] Billinton R, Jonnavithula S. A test system for teaching overall power system reliability assessment. IEEE Transactions on Power Systems, 1996, 11(4): 1670-1676.

[5] Coppersmith D, Winograd S. On the asymptotic complexity of matrix multiplication. Siam Journal on Computing, 1982, 11(3): 472-492.

[6] 谢开贵, 周平, 周家启, 等. 基于故障扩散的复杂中压配电系统可靠性评估算法. 电力系统自动化, 2001, 25(4): 45-48.

[7] 刘柏私, 谢开贵, 马春雷, 等. 复杂中压配电网的可靠性评估分块算法. 中国电机工程学报, 2005, 25(4): 40-45.

第5章 基于FIM的配电系统可靠性灵敏度分析

5.1 引　　言

研究配电系统可靠性的根本目的在于保障和提升系统的供电可靠性。分析配电系统的可靠性贯穿配电系统规划、设计、建设、运行、维护、检修全过程，其基本出发点在于以下3个方面。

(1)防患于未然：通过提升系统设计、建造、运维水平，提升设备和系统的可靠度，避免故障发生。

(2)停电范围局限化：当发生故障时，尽量缩小停电影响范围，使停电负荷尽量少。

(3)故障处理迅速化：故障发生后，尽快恢复供电，使配电系统迅速恢复到原来的完好状态。

要达到上述目的，就必须弄清楚对配电系统可靠性指标产生影响的各种因素，并准确辨识制约配电系统可靠性提高的因素，进而围绕可靠性薄弱环节采取有针对性的措施。因此，对配电系统可靠性影响因素进行灵敏度分析也就成了可靠性分析的一项重要任务。然而，影响配电系统可靠性的因素众多，有些是可量化的因素，如元件的故障率、故障维修时间等，有一些则是不可量化的因素，如开关位置、联络接入位置等。如何针对不同影响因素的特点选择高效的灵敏度计算方法，从而筛选、甄别配电系统的薄弱环节成为一项具有挑战性的工作。

本章将对配电系统可靠性的影响因素进行归纳和分类，进而针对影响因素的特点，基于第4章介绍的FIM，给出简洁有效的配电系统可靠性影响因素灵敏度计算方法。

5.2　可靠性影响因素分类

本节将总结提升配电系统可靠性的常用技术措施和管理措施，给出这些措施所影响的可靠性参数，并对这些可靠性参数进行梳理分类，建立影响配电系统可靠性的因素体系架构。

提升系统可靠性的技术措施主要有以下7个方面。

(1)增加馈线分段数。增加馈线的分段数将影响网络的拓扑结构。对分段不足的馈线适度增加分段，在分段处安装分段开关可以缩小故障影响范围，减少部分负荷的停电时间。若在分段处安装断路器，不仅可以减少停电时间，还可以避免一些负荷停电，降低负荷的停电频率。

(2)增加馈线联络。增加馈线的联络将影响网络的拓扑结构。将馈线与其他馈线以联络和常开的开关相连，可以实现故障下的负荷转供，部分负荷的停电时间会从故障修复时间缩短为负荷的转供时间，提升可靠性。

(3)更换老旧配电设备。更换老旧的配电设备将影响设备的故障率参数。一般情况下，设备故障率符合浴盆曲线规律，设备初始运行时期故障率较高，但会迅速下降并到达平稳运行期，故障率较低。当设备运行年限处于劳损失效期时，故障率会随着时间的推移显著升高。对进入劳损失效期的设备进行更替可降低设备发生故障的概率，从而降低负荷和系统的停电频率与停电时间。

(4)架空线绝缘化改造和电缆化改造。架空线绝缘化改造和电缆化改造将影响设备的故障率参数。对架空线进行绝缘化改造会极大地降低架空线的短路故障概率，而电缆的故障率低于架空线，因此架空线的绝缘化改造和电缆化改造可降低负荷和系统的停电频率与停电时间。

(5)配电自动化改造。配电自动化改造将影响故障定位时间、故障隔离时间、负荷转供恢复时间等参数。配电自动化系统能辅助远程识别故障位置和遥控开关。因此，配电自动化开关比手动开关操作时间更短，缩短了负荷和系统的停电时间。

(6)不停电作业技术。不停电作业技术的应用将影响故障率参数。不停电作业使得某些检修行为不影响用户的正常用电，避免检修停电，从而降低负荷和系统的停电频率与停电时间。

(7)设备状态检修。设备状态检修将影响设备的故障率参数。通过对设备状态的监测和及时维护可降低设备故障率，从而减少停电次数，降低负荷和系统的停电频率与停电时间。

提升系统可靠性的管理措施体现在以下 4 个方面。

(1)综合停电管理。综合停电管理影响设备预安排停运率和预安排停电时间。合理的综合停电管理措施可减少负荷的停电次数，缩短负荷预安排停电时间，从而提升系统的可靠性。

(2)标准化作业时间管理。标准化作业时间管理将影响开关操作隔离故障时间、故障修复时间、负荷转供时间等参数。对故障维修、故障隔离、负荷转供的作业流程进行标准化管控，可提升作业效率，从而降低负荷和系统的平均停电时间。

(3)线路及设备巡视管理。线路及设备巡视管理将影响设备的故障率参数。对配电设备进行巡视管理能及时发现设备缺陷及隐患，并实施检修，可降低设备故障率，从而减小负荷和系统的停电频率与停电时间。

(4)反外力破坏的管理措施。该措施将影响设备故障率参数，能及时监控、发现和消除危险源，减小设备因外力发生故障的概率，从而降低负荷和系统的停电频率与停电时间。

通过以上总结可以发现，可靠性提升的技术措施和管理措施所影响的配电系统参数主要可以分为两类。一类是可量化参数类，如故障率、故障修复时间、隔离转供时间等，这些可量化的参数在负荷和系统的可靠性解析计算公式中，直接影响可靠性指标的大小。而另一类参数是不可量化的网络结构类参数，如网络拓扑结构、馈线的分段位置、联络位置等，这类因素不会参与可靠性指标的计算，但影响着故障停电范围、转供范围等，也间接影响可靠性指标。根据两类影响因素的特点，本章将按照影响因素是否可以量化，将影响因素分为两类[1,2]，如图 5-1 所示。

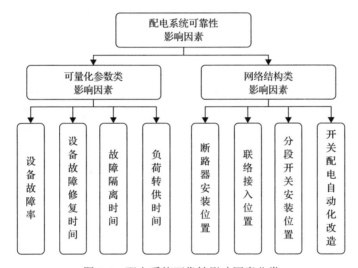

图 5-1　配电系统可靠性影响因素分类

图 5-1 给出了对配电系统可靠性指标影响最显著的 8 个因素，并分为了两类。一类是可量化参数类影响因素，包括设备故障率、设备故障修复时间、故障隔离时间和负荷转供时间 4 个因素。这 4 个影响因素的灵敏度分析对实际配电系统可靠性提升工作都具有指导意义。配电设备故障率的灵敏度分析可以鉴别哪些位置的设备故障率对系统可靠性影响大，从而指导决策日常设备的维护频次和更换老旧设备的先后次序。设备故障修复时间的灵敏度分析可以鉴别对哪些设备加快其故障的修复速度可以最大限度地提升系统供电可靠性。对分段开关操作时间和联络开关操作时间的灵敏度分析可以明确开关的倒闸操作时长是否是制约可靠性指标提升的薄弱环节，从而进行有针对性的自动化改造。

另一类影响因素是不可量化的网络结构类影响因素，包括断路器安装位置、联络接入位置、分段开关安装位置以及开关配电自动化改造。这些影响因素无法量化，都与网络结构有关，也是实际配电系统可靠性提升工作的重点。比如，如何安排断路器的位置、如何给线路进行分段联络的优化设计以及选择哪些手动开关进行配电自动化的改造，这些影响配电系统网络结构的因素都需要进行灵敏度分析，从而找出提升系统可靠性指标程度最大的措施，并进行相应设备的安装或设备改造。

　　本章选取系统的 SAIFI、SAIDI 和 EENS 三个指标计算各个影响因素的灵敏度值，目的是对这两类影响因素给出高效的灵敏度计算方法。

5.3　可量化参数类影响因素的灵敏度分析

　　FIM 的应用使配电系统的可靠性指标实现了显式解析计算，对于图 5-1 中的可量化参数，可以直接采用求偏导的方法求得参数的灵敏度值，极大地方便了可靠性薄弱环节的辨识。

5.3.1　设备故障率灵敏度

　　设备故障率参数影响 SAIFI、SAIDI 和 EENS 三个指标。不同位置的设备故障率参数对三个系统可靠性指标的影响不同，下面以图 5-2 中的配电系统为例，探讨图 5-2 配电系统中的线路①～⑦的故障率对可靠性指标的灵敏度值。

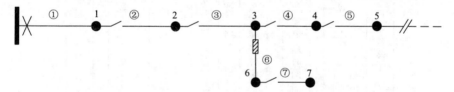

图 5-2　配电系统结构及其支路节点编号示意图

　　计算第 i 个支路的故障率 λ_i 对三个系统指标的灵敏度，只需将式(4-5)～式(4-7)对 λ_i 求偏导数即可：

$$\frac{\partial \mathrm{SAIFI}}{\partial \lambda_i} = (\boldsymbol{a}_i + \boldsymbol{b}_i + \boldsymbol{c}_i) \times \frac{\boldsymbol{n}^{\mathrm{T}}}{N} \tag{5-1}$$

$$\frac{\partial \mathrm{SAIDI}}{\partial \lambda_i} = (\boldsymbol{u}_i \times \boldsymbol{a}_i + t_{\mathrm{sw}} \times \boldsymbol{b}_i + t_{\mathrm{op}} \times \boldsymbol{c}_i) \times \frac{\boldsymbol{n}^{\mathrm{T}}}{N} \tag{5-2}$$

$$\frac{\partial \mathrm{EENS}}{\partial \lambda_i} = (\boldsymbol{u}_i \times \boldsymbol{a}_i + t_{\mathrm{sw}} \times \boldsymbol{b}_i + t_{\mathrm{op}} \times \boldsymbol{c}_i) \times \boldsymbol{L}^{\mathrm{T}} \tag{5-3}$$

式中，$\boldsymbol{a}_i$、$\boldsymbol{b}_i$、$\boldsymbol{c}_i$ 分别为 FIM $\boldsymbol{A}$、FIM $\boldsymbol{B}$ 和 FIM $\boldsymbol{C}$ 的第 i 行。下面对式(5-1)的详细求偏导过程进行说明，如图 5-3 所示。

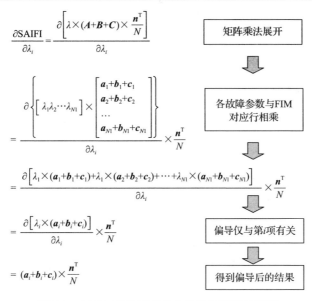

图 5-3　SAIFI 对故障率参数的灵敏度推导过程

图 5-3 展示了 SAIFI 对故障率参数 λ_i 的灵敏度详细推导过程,SAIDI 和 EENS 的故障率参数灵敏度的推导过程与图 5-3 类似,不再赘述。通过以上分析可知,在得到 FIM $\boldsymbol{A}$、FIM $\boldsymbol{B}$、FIM $\boldsymbol{C}$ 后,只需将相应参数代入式(5-1)~式(5-3)即可得到任意元件故障率的灵敏度值,以识别影响可靠性的薄弱设备。

5.3.2　设备故障修复时间灵敏度

设备故障修复时间会影响配电系统停电负荷恢复供电的时间,因此也会影响可靠性指标。设备故障修复时间对 SAIFI 无影响,只影响 SAIDI 和 EENS 两个指标。仍以图 5-2 中的配电系统为例,计算第 i 个支路的故障修复时间 u_i 对两个系统指标的灵敏度。只需式(4-6)和式(4-7)对 u_i 求偏导数即可:

$$\frac{\partial \text{SAIDI}}{\partial u_i} = \lambda_i \times \boldsymbol{a}_i \times \frac{\boldsymbol{n}^{\text{T}}}{N} \tag{5-4}$$

$$\frac{\partial \text{EENS}}{\partial u_i} = \lambda_i \times \boldsymbol{a}_i \times \boldsymbol{L}^{\text{T}} \tag{5-5}$$

由式(5-4)和式(5-5)可知,设备故障修复时间仅与 FIM $\boldsymbol{A}$ 有关。因为只有 FIM $\boldsymbol{A}$ 中的元素计及了等待故障维修的停电负荷节点,而 FIM $\boldsymbol{B}$ 和 FIM $\boldsymbol{C}$ 计及的是故障隔离和转供的负荷节点,与故障修复时间的灵敏度值无关。因此,在得到 FIM $\boldsymbol{A}$ 后,将 FIM $\boldsymbol{A}$ 的各行直接代入式(5-4)和式(5-5)即可得到所有设备故障修复时间的灵敏度值,这给灵敏度的计算带来了极大的方便。

5.3.3　故障隔离时间灵敏度

　　配电系统中的分段开关可在故障发生且断路器动作后隔离故障，起到恢复非故障区域负荷供电的作用，其操作时间 t_{sw} 也会影响系统可靠性指标，故障隔离时间的灵敏度计算方法如下：

$$\frac{\partial \text{SAIDI}}{\partial t_{sw}} = \lambda \times \boldsymbol{B} \times \frac{\boldsymbol{n}^{\text{T}}}{N} \tag{5-6}$$

$$\frac{\partial \text{EENS}}{\partial t_{sw}} = \lambda \times \boldsymbol{B} \times \boldsymbol{L}^{\text{T}} \tag{5-7}$$

　　分段开关操作时间不影响 SAIFI，仅影响 SAIDI 与 EENS。在得到 FIM $\boldsymbol{B}$ 后，代入式(5-6)和式(5-7)即可得到分段开关操作时间的灵敏度，方便电网规划运行人员判断故障隔离时间的长短是否为制约系统可靠性提升的因素。

　　式(5-6)和式(5-7)假定所有隔离故障的分段开关操作时间相同，均为 t_{sw}。若各开关的操作时间不一致，即隔离馈线不同位置的故障所需的时间不同，则式(5-6)和式(5-7)需要相应地进行调整。对于每个故障 i，隔离故障的分段开关操作时间为 $t_{sw,i}$，则故障隔离时间的灵敏度计算如下：

$$\frac{\partial \text{SAIDI}}{\partial t_{sw,i}} = \lambda_i \times \boldsymbol{b}_i \times \frac{\boldsymbol{n}^{\text{T}}}{N} \tag{5-8}$$

$$\frac{\partial \text{EENS}}{\partial t_{sw,i}} = \lambda_i \times \boldsymbol{b}_i \times \boldsymbol{L}^{\text{T}} \tag{5-9}$$

式中，λ_i 为第 i 个支路的故障率；$\boldsymbol{b}_i$ 为 FIM $\boldsymbol{B}$ 中的第 i 行。

5.3.4　负荷转供时间灵敏度

　　在故障隔离后，部分负荷可通过联络开关闭合转移到其他馈线上恢复供电。因此，负荷转供时间 t_{op} 也影响系统可靠性指标 SAIDI 与 EENS。灵敏度值可通过对 t_{op} 求偏导得到

$$\frac{\partial \text{SAIDI}}{\partial t_{op}} = \lambda \times \boldsymbol{C} \times \frac{\boldsymbol{n}^{\text{T}}}{N} \tag{5-10}$$

$$\frac{\partial \text{EENS}}{\partial t_{op}} = \lambda \times \boldsymbol{C} \times \boldsymbol{L}^{\text{T}} \tag{5-11}$$

　　在得到 FIM $\boldsymbol{C}$ 后，代入式(5-10)和式(5-11)即可得到负荷转供时间的灵敏度。若灵敏度结果偏大，则说明负荷转供时间将制约可靠性的进一步提升，电网规划运行人员可改善倒闸操作流程或实施配电自动化改造减小 t_{op}，从而有效提升电网可靠性。

　　式(5-10)和式(5-11)假定负荷转供的联络开关操作时间相同，均为 t_{op}。若不同故障的负荷转供时间不同，则式(5-10)和式(5-11)需要相应地进行调整。对于每个故障 i，负荷转供的联络开关操作时间为 $t_{op,i}$，则负荷转供时间的灵敏度计算如下：

$$\frac{\partial \text{SAIDI}}{\partial t_{op,i}} = \lambda_i \times \boldsymbol{c}_i \times \frac{\boldsymbol{n}^{\text{T}}}{N} \tag{5-12}$$

$$\frac{\partial \text{EENS}}{\partial t_{op,i}} = \lambda_i \times \boldsymbol{c}_i \times \boldsymbol{L}^{\text{T}} \tag{5-13}$$

式中，$\boldsymbol{c}_i$ 为 FIM $\boldsymbol{C}$ 中的第 i 行。

5.3.5　可量化参数的灵敏度分析算例

　　依然应用 IEEE RBTS Bus6 系统计算可量化参数类影响因素对系统可靠性指标的灵敏度值，分为设备故障率灵敏度值、设备故障修复时间灵敏度值、隔离故障时间灵敏度值以及负荷转供时间灵敏度值。

　　1. 设备故障率的灵敏度值排序

　　按照由大到小的顺序，表 5-1 针对 IEEE RBTS Bus6 系统给出了所有设备故障率对指标 SAIFI 影响较大的前 5 组故障元件。

表 5-1　$\partial \text{SAIFI}/\partial \lambda$ 灵敏度排序

灵敏度排序	故障元件	$\partial \text{SAIFI}/\partial \lambda$
1	支路 35～40、42、44～46、48、49	0.403
2	支路 13～19	0.330
3	支路 1～6	0.260
4	支路 53、54、56～60、62～64	0.054
5	支路 50～52	0.053

　　由表 5-1 可以看出，对系统 SAIFI 指标影响最大的是馈线 F_4 主干线的元件(支路 35～40、42、44～46、48、49)。原因是这些元件之间没有断路器相隔，一旦主干线上的一个元件故障，馈线 F_4 的所有负荷都将经历一次停电事故。而且馈线

F_4 的电力用户数较多，因此，F_4 主干线元件对 SAIFI 的影响最大。其次是馈线 F_2 和馈线 F_1 主干线的元件（支路 13~19 和支路 1~6），与馈线 F_4 有同样的原因，由于缺少断路器隔离故障，且用户数较多，主干线的元件对 SAIFI 的影响较大。若想提高 SAIFI，则需要通过更新设备以降低这些主干线元件的故障率，或安装断路器，限制故障影响范围。

设备故障率对系统的 SAIDI 和 EENS 指标影响较大的设备分别如表 5-2 和表 5-3 所示。

表 5-2　∂SAIDI/$\partial\lambda$ 灵敏度排序

灵敏度排序	故障元件	∂SAIDI/$\partial\lambda$
1	支路 35~40、42、44	2.013
2	支路 45、46、48、49	1.043
3	支路 13、14、16	0.530
4	支路 15	0.518
5	支路 18、19	0.510
6	支路 17	0.501
7	支路 1、3	0.448
8	支路 2、4	0.432
9	支路 5、6	0.421

表 5-3　∂EENS/$\partial\lambda$ 灵敏度排序

灵敏度排序	故障元件	∂EENS/$\partial\lambda$
1	支路 35~40、42、44	24.078
2	支路 27	17.405
3	支路 28	15.526
4	支路 45、46、48、49	13.842
5	支路 29	8.970
6	支路 32	8.196
7	支路 59、60、62、63、64	5.478
8	支路 30	5.536
9	支路 53、54、56~58	5.101

由表 5-2 可以看出，对 SAIDI 影响较大的依然是馈线 F_4、F_2 和 F_1 主干线上的元件，这与 SAIFI 灵敏度排序结果一致。但观察表 5-3 中的 EENS 灵敏度排序发现，馈线 F_3 上的元件对 EENS 的影响也相当大，超过了馈线 F_1 和 F_2 主干线元件的灵敏度。原因是 SAIFI 与 SAIDI 的灵敏度计算与停电影响的用户数量有关，

而 EENS 的灵敏度计算与停电负荷的大小有关。馈线 F_3 的特点是用户数量最少（仅有 22 户，而其他馈线的用户数量多达上百户），但负荷需求最大（平均每个节点的负荷需求达到 0.87MW，而馈线 F_1 与 F_2 平均每个节点的负荷需求仅为 0.19MW 和 0.18MW）。因此，馈线 F_3 上的元件故障将严重影响 EENS，而对 SAIFI 和 SAIDI 的影响较小。由此可见，不同可靠性指标的关注点是不同的，SAIFI 与 SAIDI 关注影响用户数量多的停电事故，而 EENS 注重停电负荷量大的停电事故。这就需要在实际可靠性提升改造中，充分衡量不同指标的灵敏度差异和冲突，找出最优的可靠性提升方案。

2. 设备故障修复时间灵敏度排序

按照由大到小的顺序，表 5-4 和表 5-5 分别给出了设备故障修复时间对 SAIDI 和 EENS 灵敏度较大的几组故障元件。

表 5-4　∂SAIDI/∂u 灵敏度排序

灵敏度排序	故障元件	∂SAIDI/∂u
1	支路 36~40、42、44	0.304
2	支路 46、48、49	0.082
3	支路 35	0.073
4	支路 54、56~58、60、62~64	0.035
5	支路 45	0.033

表 5-5　∂EENS/∂u 灵敏度排序

灵敏度排序	故障元件	∂EENS/∂u
1	支路 36~40、42、44	3.631
2	支路 46、48、49	1.159
3	支路 35	0.876
4	支路 60、62~64	0.719
5	支路 54、56~58	0.670
6	支路 45	0.469

由表 5-4 和表 5-5 可以看出，设备故障修复时间对 SAIDI 与 EENS 灵敏度较大的元件都集中在馈线 F_4 上。原因是馈线 F_4 没有联络，且隔离开关较少，一旦某一元件故障，则导致的停电面积较大，且无法像馈线 F_1 和 F_2 一样由联络恢复供电，只能等到故障修复才能恢复供电。因此，馈线 F_4 对设备故障修复时间的灵敏度较大。若想提高馈线 F_4 的可靠性指标，尽量缩减设备故障修复时间就是一个有效的措施。

3. 故障隔离时间与负荷转供时间灵敏度

表 5-6 给出了故障隔离时间与负荷转供时间对系统可靠性指标的灵敏度。

表 5-6　故障隔离时间与负荷转供时间灵敏度

影响因素	$\partial SAIDI/\partial t$	$\partial EENS/\partial t$
故障隔离时间	0.252	2.386
负荷转供时间	0.070	0.311

由表 5-6 可以看出，负荷转供时间对系统可靠性指标的灵敏度较小。原因是 IEEE RBTS Bus6 系统中只有一条联络，仅能转供恢复馈线 F_1 和 F_2 上的停电负荷，而影响系统可靠性指标的主要是馈线 F_4 上的负荷，因此，降低这条联络的负荷转供时间对可靠性的提升作用不大。

5.4　网络结构类影响因素的灵敏度分析

与网络结构有关的影响因素无法通过求偏导的方法得到其可靠性灵敏度值。例如，对配电系统增加一个分段开关，其最优安装位置是何处？传统方法是每变动一次分段开关位置，计算一次可靠性指标，然后进行多组指标的对比分析，从而找到对可靠性指标提升作用最大的分段开关安装位置，计算过程相对烦琐。对于此类网络结构影响因素的灵敏度分析，本节将给出基于 FIM 的灵敏度计算方法。在变动网络拓扑后，仅需重新求取部分 FIM，代入相关公式即可得到灵敏度值，提高灵敏度值的计算效率。下面将针对图 5-1 中的不可量化的网络结构类影响因素：断路器安装位置、联络接入位置、分段开关安装位置和开关配电自动化改造，介绍网络结构类影响因素的可靠性灵敏度计算方法。

5.4.1　断路器安装位置灵敏度

以图 5-4 为例，图 5-4 (a) 中的配电系统需要增加一台断路器提高供电可靠性，而且需要比较分析断路器安装在何处对可靠性的提升作用最大。

新增的断路器只影响 FIM $\boldsymbol{B}$ 中的元素，原因是：当没有断路器时，故障的发生可能影响非故障区域负荷的供电，等待分段开关隔离故障设备后，非故障区域才可恢复供电。例如，支路⑦的故障将会影响非故障区域的负荷 1、2、3 也停电。而当新增了一台断路器后，设备故障会被新增的断路器迅速隔离，使得部分非故障区域保持正常供电。例如，图 5-4 (b) 中在支路⑥新增了断路器，则支路⑦故障将不再影响负荷 1、2、3 的正常用电。在基于 FIM 的可靠性计算公式中，这部分影响由 FIM $\boldsymbol{B}$ 计及，因此，当增加一台断路器后，相应地改变了 FIM $\boldsymbol{B}$ 中的部分元素。

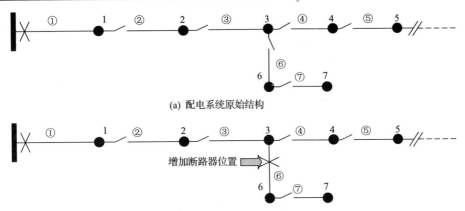

(a) 配电系统原始结构

(b) 配电系统安装断路器后的拓扑结构

图 5-4　增加一台断路器位置示意图

基于第 4 章 FIM $\boldsymbol{B}$ 的推导方法，求取安装断路器前后的 FIM $\boldsymbol{B}$ 和 FIM $\boldsymbol{B}'$，如图 5-5 所示。

图 5-5　安装断路器后 FIM $\boldsymbol{B}$ 变化情况

如图 5-5 所示，当⑥支路安装断路器后，原始网络结构的 FIM $\boldsymbol{B}$ 中实线框内的元素 "1" 变成了 "0"。其含义是当⑥、⑦两个支路故障时，由于新增断路器的保护动作，这两个支路不会再影响负荷节点 1~5 的供电。因此，在此处安装断路器的灵敏度，即可靠性提升程度按式(5-14)计算：

$$I_{\text{SAIFI\_br}} = \text{SAIFI} - \text{SAIFI}'$$
$$= \lambda \times (\boldsymbol{A} + \boldsymbol{B} + \boldsymbol{C}) \times \frac{\boldsymbol{n}^{\text{T}}}{N} - \lambda \times (\boldsymbol{A} + \boldsymbol{B}' + \boldsymbol{C}) \times \frac{\boldsymbol{n}^{\text{T}}}{N} \quad (5\text{-}14)$$
$$= \lambda \times (\boldsymbol{B} - \boldsymbol{B}') \times \frac{\boldsymbol{n}^{\text{T}}}{N}$$

式(5-14)给出了 SAIFI 对于断路器位置的灵敏度推导过程和最终结果。其本质含义是由于断路器能瞬间隔离故障，部分非故障段负荷可以不受影响，不必等到分段开关隔离故障才恢复供电。式(5-14)中的 **B** 和 **B′** 分别表示安装断路器前后的 FIM **B**。同理，SAIDI 与 EENS 对于安装断路器位置的灵敏度计算如下：

$$I_{\text{SAIDI\_br}} = \lambda \times t_{\text{sw}} \times (\boldsymbol{B} - \boldsymbol{B'}) \times \frac{\boldsymbol{n}^{\text{T}}}{N} \tag{5-15}$$

$$I_{\text{EENS\_br}} = \lambda \times t_{\text{sw}} \times (\boldsymbol{B} - \boldsymbol{B'}) \times \boldsymbol{L}^{\text{T}} \tag{5-16}$$

利用式(5-14)～式(5-16)计算灵敏度值方便简洁，只需求取安装断路器前后的 FIM **B** 即可，避免了可靠性指标的重复计算过程。

5.4.2 分段开关位置灵敏度

为馈线合理分段是实现系统可靠性提升的有力措施。以图 5-6 为例，图 5-6(a)中的配电系统要增加一个分段开关，需衡量将分段开关安装在哪个分段处可靠性提升最大。

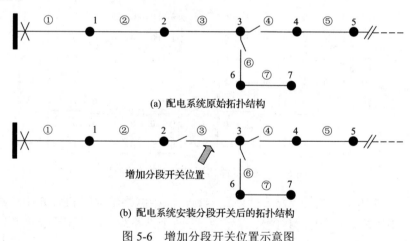

(a) 配电系统原始拓扑结构

增加分段开关位置

(b) 配电系统安装分段开关后的拓扑结构

图 5-6　增加分段开关位置示意图

分段开关的安装将影响 FIM **A**、FIM **B** 和 FIM **C** 中的元素，原因是：当没有分段开关时，非故障段的负荷将无法与故障段相隔离，只有等到故障维修结束才能恢复供电。这属于 FIM **A** 计及的影响。当存在分段开关时，非故障段可以与故障段隔离，进而由主电源恢复供电，或由联络转供恢复供电。因此，原本 FIM **A** 中计及的影响会转换到 FIM **B** 与 FIM **C** 中。增加分段开关前后的三个 FIM 如图 5-7 所示。

FIM A　　　　　　　FIM B　　　　　　　FIM C

$$
\begin{array}{c}
① \\ ② \\ ③ \\ ④ \\ ⑤ \\ ⑥ \\ ⑦
\end{array}
\begin{bmatrix}
1 & 1 & 1 & 0 & 0 & 1 & 1 \\
1 & 1 & 1 & 0 & 0 & 1 & 1 \\
1 & 1 & 1 & 0 & 0 & 1 & 1 \\
0 & 0 & 0 & 1 & 1 & 0 & 0 \\
0 & 0 & 0 & 1 & 1 & 0 & 0 \\
0 & 0 & 0 & 0 & 0 & 1 & 1 \\
0 & 0 & 0 & 0 & 0 & 1 & 1
\end{bmatrix}
\quad
\begin{bmatrix}
0 & 0 & 0 & 0 & 0 & 0 & 0 \\
0 & 0 & 0 & 0 & 0 & 0 & 0 \\
0 & 0 & 0 & 0 & 0 & 0 & 0 \\
1 & 1 & 1 & 0 & 0 & 1 & 1 \\
1 & 1 & 1 & 0 & 0 & 1 & 1 \\
1 & 1 & 1 & 1 & 1 & 0 & 0 \\
1 & 1 & 1 & 1 & 1 & 0 & 0
\end{bmatrix}
\quad
\begin{bmatrix}
0 & 0 & 0 & 1 & 1 & 0 & 0 \\
0 & 0 & 0 & 1 & 1 & 0 & 0 \\
0 & 0 & 0 & 1 & 1 & 0 & 0 \\
0 & 0 & 0 & 0 & 0 & 0 & 0 \\
0 & 0 & 0 & 0 & 0 & 0 & 0 \\
0 & 0 & 0 & 0 & 0 & 0 & 0 \\
0 & 0 & 0 & 0 & 0 & 0 & 0
\end{bmatrix}
$$

(a) 增加分段开关前的FIM

FIM A'　　　　　　　FIM B'　　　　　　　FIM C'

$$
\begin{array}{c}
① \\ ② \\ ③ \\ ④ \\ ⑤ \\ ⑥ \\ ⑦
\end{array}
\begin{bmatrix}
1 & 1 & 0 & 0 & 0 & 0 & 0 \\
1 & 1 & 0 & 0 & 0 & 0 & 0 \\
0 & 0 & 1 & 0 & 0 & 1 & 1 \\
0 & 0 & 0 & 1 & 1 & 0 & 0 \\
0 & 0 & 0 & 1 & 1 & 0 & 0 \\
0 & 0 & 0 & 0 & 0 & 1 & 1 \\
0 & 0 & 0 & 0 & 0 & 1 & 1
\end{bmatrix}
\quad
\begin{bmatrix}
0 & 0 & 0 & 0 & 0 & 0 & 0 \\
0 & 0 & 0 & 0 & 0 & 0 & 0 \\
1 & 1 & 0 & 0 & 0 & 0 & 0 \\
1 & 1 & 1 & 0 & 0 & 1 & 1 \\
1 & 1 & 1 & 0 & 0 & 1 & 1 \\
1 & 1 & 1 & 1 & 1 & 0 & 0 \\
1 & 1 & 1 & 1 & 1 & 0 & 0
\end{bmatrix}
\quad
\begin{bmatrix}
0 & 0 & 1 & 1 & 1 & 1 & 1 \\
0 & 0 & 1 & 1 & 1 & 1 & 1 \\
0 & 0 & 0 & 1 & 1 & 0 & 0 \\
0 & 0 & 0 & 0 & 0 & 0 & 0 \\
0 & 0 & 0 & 0 & 0 & 0 & 0 \\
0 & 0 & 0 & 0 & 0 & 0 & 0 \\
0 & 0 & 0 & 0 & 0 & 0 & 0
\end{bmatrix}
$$

(b) 增加分段开关后的FIM

图 5-7　增加分段开关前后 FIM 的情况

安装分段开关前，原配电系统的支路③故障时，负荷节点 1、2 由于无法与故障隔离，因此只能等到故障修复后才能恢复供电，即图 5-7(a) FIM A 中虚线框内的 "1" 元素，表示故障影响类型为 a。安装分段开关后，负荷节点 1、2 可以通过这个开关的断开与故障支路③隔离从而恢复供电，因此，FIM A 中的 "1" 元素就变换到了 FIM B' 中，即图 5-7(b) FIM B' 中虚线框内的 "1" 元素，表示故障影响类型变成了 b。负荷节点的停电时间就由原来的故障修复时间缩短为故障隔离时间。

同理，当支路①、②故障时，负荷节点 3、6、7 只能等到故障维修结束才能恢复供电，即图 5-7(a) 中 FIM A 的点画线框的 "1" 元素，表示故障影响类型为 a。当支路③安装一个分段开关后，支路①、②故障时，负荷节点 3、6、7 可以通过联络转供恢复供电，即图 5-7(a) 中点画线框内的 "1" 元素转换到了图 5-7(b) 的 FIM C' 中，表示故障影响类型变为 c。

与式(5-14)的推导过程相同，增加分段开关的灵敏度值计算如下：

$$
I_{\text{SAIDI\_sw}} = \left[\boldsymbol{\lambda} \circ (\boldsymbol{u} - t_{\text{sw}}) \times (\boldsymbol{B} - \boldsymbol{B}') + \boldsymbol{\lambda} \circ (\boldsymbol{u} - t_{\text{op}}) \times (\boldsymbol{C} - \boldsymbol{C}') \right] \times \frac{\boldsymbol{n}^{\text{T}}}{N} \tag{5-17}
$$

$$
I_{\text{EENS\_sw}} = \left[\boldsymbol{\lambda} \circ (\boldsymbol{u} - t_{\text{sw}}) \times (\boldsymbol{B} - \boldsymbol{B}') + \boldsymbol{\lambda} \circ (\boldsymbol{u} - t_{\text{op}}) \times (\boldsymbol{C} - \boldsymbol{C}') \right] \times \boldsymbol{L}^{\text{T}} \tag{5-18}
$$

式中，B 和 C 为原始网络的 FIM；B' 和 C' 为增加了分段开关后的 FIM。其灵敏度的实际意义也非常明确，表示原始网络中部分负荷节点的停电时间由故障修复时间缩短到了故障隔离时间和负荷转供时间。

分段开关的安装会导致原本属于 FIM A 的元素"1"转移到 FIM B 和 FIM C 中，但元素"1"的总数量没有发生变化。因此，负荷的停电次数在安装分段开关前后是不变的，即分段开关的安装不影响 SAIFI 指标。实际的含义是分段开关无法瞬时切断故障，因此，不会减少负荷的停电次数，SAIFI 指标自然也不会发生变化。图 5-8 说明了在安装分段开关前后，SAIFI 指标的计算结果是不变的。

$$\text{SAIFI} = \lambda \times (A+B+C) \times \frac{n^{\mathrm{T}}}{N}$$

$$
\underset{\text{FIM } A}{\begin{bmatrix} 1&1&1&0&0&1&1 \\ 1&1&1&0&0&1&1 \\ 1&1&1&0&0&1&1 \\ 0&0&0&1&1&0&0 \\ 0&0&0&1&1&0&0 \\ 0&0&0&0&0&1&1 \\ 0&0&0&0&0&1&1 \end{bmatrix}}
+
\underset{\text{FIM } B}{\begin{bmatrix} 0&0&0&0&0&0&0 \\ 0&0&0&0&0&0&0 \\ 0&0&0&0&0&0&0 \\ 1&1&1&0&0&1&1 \\ 1&1&1&0&0&1&1 \\ 1&1&1&1&1&0&0 \\ 1&1&1&1&1&0&0 \end{bmatrix}}
+
\underset{\text{FIM } C}{\begin{bmatrix} 0&0&0&1&1&0&0 \\ 0&0&0&1&1&0&0 \\ 0&0&0&1&1&0&0 \\ 0&0&0&0&0&0&0 \\ 0&0&0&0&0&0&0 \\ 0&0&0&0&0&0&0 \\ 0&0&0&0&0&0&0 \end{bmatrix}}
=
\underset{A+B+C}{\begin{bmatrix} 1&1&1&1&1&1&1 \\ 1&1&1&1&1&1&1 \\ 1&1&1&1&1&1&1 \\ 1&1&1&1&1&1&1 \\ 1&1&1&1&1&1&1 \\ 1&1&1&1&1&1&1 \\ 1&1&1&1&1&1&1 \end{bmatrix}}
$$

(a) 增加分段开关前的 SAIFI 指标计算示意图

$$\text{SAIFI} = \lambda \times (A'+B'+C') \times \frac{n^{\mathrm{T}}}{N}$$

$$
\underset{\text{FIM } A'}{\begin{bmatrix} 1&1&0&0&0&0&0 \\ 1&1&0&0&0&0&0 \\ 0&0&1&0&0&1&1 \\ 0&0&0&1&1&0&0 \\ 0&0&0&1&1&0&0 \\ 0&0&0&0&0&1&1 \\ 0&0&0&0&0&1&1 \end{bmatrix}}
+
\underset{\text{FIM } B'}{\begin{bmatrix} 0&0&0&0&0&0&0 \\ 0&0&0&0&0&0&0 \\ 1&1&0&0&0&0&0 \\ 1&1&1&0&0&1&1 \\ 1&1&1&0&0&1&1 \\ 1&1&1&1&1&0&0 \\ 1&1&1&1&1&0&0 \end{bmatrix}}
+
\underset{\text{FIM } C'}{\begin{bmatrix} 0&0&1&1&1&1&1 \\ 0&0&1&1&1&1&1 \\ 0&0&0&1&1&0&0 \\ 0&0&0&0&0&0&0 \\ 0&0&0&0&0&0&0 \\ 0&0&0&0&0&0&0 \\ 0&0&0&0&0&0&0 \end{bmatrix}}
=
\underset{A'+B'+C'}{\begin{bmatrix} 1&1&1&1&1&1&1 \\ 1&1&1&1&1&1&1 \\ 1&1&1&1&1&1&1 \\ 1&1&1&1&1&1&1 \\ 1&1&1&1&1&1&1 \\ 1&1&1&1&1&1&1 \\ 1&1&1&1&1&1&1 \end{bmatrix}}
$$

(b) 增加分段开关后的 SAIFI 指标计算示意图

图 5-8　增加分段开关前后 SAIFI 指标计算变化情况示意图

由图 5-8 可见，在增加分段开关前后，SAIFI 指标的计算结果相同，原因是三个 FIM 中元素"1"的总数量在增加分段开关前后是不变的。

5.4.3　联络接入位置灵敏度

联络的作用是实现非故障段负荷节点的转移恢复供电，对联络的接入位置进行优化布局可以有效提升系统可靠性。以图 5-9 为例，图 5-9(a)中的配电系统若要增加一条联络，需衡量将联络接入何处对系统可靠性的提升作用最大。

增加联络不影响 FIM B 中的元素，因为联络不影响开关隔离故障后由主电源恢复供电的负荷节点。增加联络将影响 FIM A 和 FIM C 中的元素。以图 5-9(b)

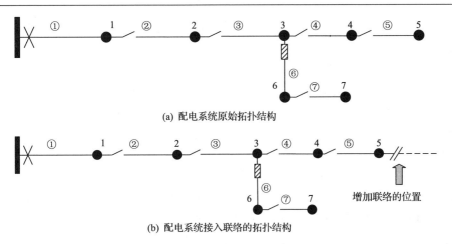

(a) 配电系统原始拓扑结构

(b) 配电系统接入联络的拓扑结构

图 5-9　增加联络位置示意图

为例，在节点 5 处接入联络，利用第 4 章的方法，求取接入联络前后的 FIM，如图 5-10 所示。

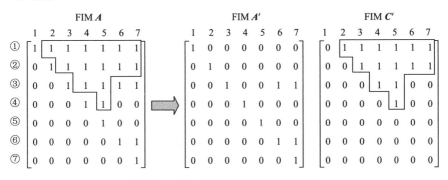

图 5-10　增加联络前后 FIM 变化情况

如图 5-10 所示，原本 FIM A 中的部分元素"1"在增加联络后，转换到 FIM C'（实线框内元素）中，剩余的元素"1"则保留在 FIM A'中，即 $A=A'+C'$。以 SAIDI 为例，增加联络的可靠性灵敏度的推导过程如下：

$$
\begin{aligned}
I_{\text{SAIDI\_tie}} &= \lambda \circ \boldsymbol{u} \times A \times \frac{\boldsymbol{n}^{\text{T}}}{N} - (\lambda \circ \boldsymbol{u} \times A' + \lambda \times t_{\text{op}} \times C') \times \frac{\boldsymbol{n}^{\text{T}}}{N} \\
&= \lambda \circ \boldsymbol{u} \times (A' + C') \times \frac{\boldsymbol{n}^{\text{T}}}{N} - (\lambda \circ \boldsymbol{u} \times A' + \lambda \times t_{\text{op}} \times C') \times \frac{\boldsymbol{n}^{\text{T}}}{N} \\
&= \left[\lambda \circ \boldsymbol{u} \times A' + \lambda \circ \boldsymbol{u} \times C' - (\lambda \circ \boldsymbol{u} \times A' + \lambda \times t_{\text{op}} \times C') \right] \times \frac{\boldsymbol{n}^{\text{T}}}{N} \\
&= \lambda \circ (\boldsymbol{u} - t_{\text{op}}) \times C' \times \frac{\boldsymbol{n}^{\text{T}}}{N}
\end{aligned}
\tag{5-19}
$$

　　由式(5-19)的最后结果可见，在计算增加联络的可靠性灵敏度时，只需求取FIM **C**，并代入式(5-19)即可，避免了重复计算可靠性指标的烦琐过程。式(5-19)的实际意义是：原本一部分需要等待故障修复后才能恢复供电的负荷，其故障停电时间为故障的修复时间 **u**。增加一个联络后，这部分负荷可以实现转供，其恢复供电的时间缩短到了联络开关的操作时间，即 t_{op}，可靠性指标的提升程度只与这部分负荷所缩短的停电时间有关，因此，只需求取增加联络后的 FIM **C** 即可计算得到联络接入的可靠性灵敏度。

　　式(5-19)给出了在原配电系统没有联络的条件下，增加联络的可靠性灵敏度计算方法。当原配电系统中存在联络，即 FIM **C**≠0 时，新增加联络后，原来的 FIM **A** 和 FIM **C** 变为 FIM **A′** 和 FIM **C′**，SAIDI 指标灵敏度值的推导过程如下：

$$
\begin{aligned}
I_{SAIDI\_tie} &= (\boldsymbol{\lambda} \circ \boldsymbol{u} \times \boldsymbol{A} + \boldsymbol{\lambda} \times t_{op} \times \boldsymbol{C}) \times \frac{\boldsymbol{n}^{\mathrm{T}}}{N} - (\boldsymbol{\lambda} \circ \boldsymbol{u} \times \boldsymbol{A'} + \boldsymbol{\lambda} \times t_{op} \times \boldsymbol{C'}) \times \frac{\boldsymbol{n}^{\mathrm{T}}}{N} \\
&= \left[\boldsymbol{\lambda} \circ \boldsymbol{u} \times (\boldsymbol{A} - \boldsymbol{A'}) + \boldsymbol{\lambda} \times t_{op} \times (\boldsymbol{C} - \boldsymbol{C'}) \right] \times \frac{\boldsymbol{n}^{\mathrm{T}}}{N} \\
&= \left[\boldsymbol{\lambda} \circ \boldsymbol{u} \times (\boldsymbol{A} - \boldsymbol{A'}) - \boldsymbol{\lambda} \times t_{op} \times (\boldsymbol{A} - \boldsymbol{A'}) \right] \times \frac{\boldsymbol{n}^{\mathrm{T}}}{N} \\
&= \boldsymbol{\lambda} \circ (\boldsymbol{u} - t_{op}) \times (\boldsymbol{A} - \boldsymbol{A'}) \times \frac{\boldsymbol{n}^{\mathrm{T}}}{N}
\end{aligned}
\tag{5-20}
$$

　　式(5-20)给出了当原配电系统中存在联络时，新增联络对 SAIDI 的灵敏度值计算过程。其中的 **A**–**A′**=–(**C**–**C′**)，其含义是原配电系统 FIM **A** 中部分元素"1"转换到了 FIM **C′**中。新增联络只有元素"1"位置的转换，元素"1"的数量并没有增减。以图 5-11(a)的配电系统为例，为该配电系统新增一条联络，则新增联络前后的 FIM **A** 和 FIM **C** 变化如图 5-12 所示。

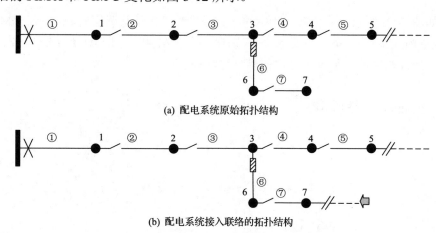

(a) 配电系统原始拓扑结构

(b) 配电系统接入联络的拓扑结构

图 5-11　配电系统新增联络示意图

$$\text{FIM } \boldsymbol{A} \qquad\qquad\qquad\qquad \text{FIM } \boldsymbol{C}$$

$$\begin{array}{c} \\ ① \\ ② \\ ③ \\ ④ \\ ⑤ \\ ⑥ \\ ⑦ \end{array}
\begin{array}{c} \begin{array}{ccccccc} 1 & 2 & 3 & 4 & 5 & 6 & 7 \end{array} \\ \left[\begin{array}{ccccccc}
1 & 0 & 0 & 0 & 0 & 0 & 0 \\
0 & 1 & 0 & 0 & 0 & 0 & 0 \\
0 & 0 & 1 & 0 & 0 & \boxed{1} & \boxed{1} \\
0 & 0 & 0 & 1 & 0 & 0 & 0 \\
0 & 0 & 0 & 0 & 1 & 0 & 0 \\
0 & 0 & 0 & 0 & 0 & 1 & \boxed{1} \\
0 & 0 & 0 & 0 & 0 & 0 & 1
\end{array}\right] \end{array}
\begin{array}{c} \begin{array}{ccccccc} 1 & 2 & 3 & 4 & 5 & 6 & 7 \end{array} \\ \left[\begin{array}{ccccccc}
0 & 1 & 1 & 1 & 1 & 1 & 1 \\
0 & 0 & 1 & 1 & 1 & 1 & 1 \\
0 & 0 & 0 & 1 & 1 & \boxed{0} & \boxed{0} \\
0 & 0 & 0 & 0 & 1 & 0 & 0 \\
0 & 0 & 0 & 0 & 0 & 0 & 0 \\
0 & 0 & 0 & 0 & 0 & 0 & \boxed{0} \\
0 & 0 & 0 & 0 & 0 & 0 & 0
\end{array}\right] \end{array}$$

(a) 增加联络前的FIM示意图

$$\text{FIM } \boldsymbol{A}' \qquad\qquad\qquad\qquad \text{FIM } \boldsymbol{C}'$$

$$\begin{array}{c} \\ ① \\ ② \\ ③ \\ ④ \\ ⑤ \\ ⑥ \\ ⑦ \end{array}
\begin{array}{c} \begin{array}{ccccccc} 1 & 2 & 3 & 4 & 5 & 6 & 7 \end{array} \\ \left[\begin{array}{ccccccc}
1 & 0 & 0 & 0 & 0 & 0 & 0 \\
0 & 1 & 0 & 0 & 0 & 0 & 0 \\
0 & 0 & 1 & 0 & 0 & \boxed{0} & \boxed{0} \\
0 & 0 & 0 & 1 & 0 & 0 & 0 \\
0 & 0 & 0 & 0 & 1 & 0 & 0 \\
0 & 0 & 0 & 0 & 0 & 1 & \boxed{0} \\
0 & 0 & 0 & 0 & 0 & 0 & 1
\end{array}\right] \end{array}
\begin{array}{c} \begin{array}{ccccccc} 1 & 2 & 3 & 4 & 5 & 6 & 7 \end{array} \\ \left[\begin{array}{ccccccc}
0 & 1 & 1 & 1 & 1 & 1 & 1 \\
0 & 0 & 1 & 1 & 1 & 1 & 1 \\
0 & 0 & 0 & 1 & 1 & \boxed{1} & \boxed{1} \\
0 & 0 & 0 & 0 & 1 & 0 & 0 \\
0 & 0 & 0 & 0 & 0 & 0 & 0 \\
0 & 0 & 0 & 0 & 0 & 0 & \boxed{1} \\
0 & 0 & 0 & 0 & 0 & 0 & 0
\end{array}\right] \end{array}$$

(b) 增加联络后的FIM示意图

图 5-12　新增联络后 FIM $\boldsymbol{A}$ 和 FIM $\boldsymbol{C}$ 变化示意图

图 5-12 给出了新增联络前后配电系统 FIM $\boldsymbol{A}$ 和 FIM $\boldsymbol{C}$ 的变化情况，可以看出，在节点 7 处新增一条联络后，FIM $\boldsymbol{A}$ 中的部分元素“1”转换到了 FIM $\boldsymbol{C}'$中(实线框中的元素“1”)，元素“1”的数量并没有变化，因此有 $\boldsymbol{A}-\boldsymbol{A}'=-(\boldsymbol{C}-\boldsymbol{C}')$。由式(5-20)的推导过程可见，在已经存在联络的配电系统中新增联络，只需求取新增联络前后的 FIM $\boldsymbol{A}$ 和 FIM $\boldsymbol{A}'$，并代入式(5-20)即可计算 SAIDI 的灵敏度值。

对于 EENS 指标，没有联络的配电系统，新增联络后的 EENS 灵敏度值计算如下：

$$I_{\text{EENS_tie}} = \boldsymbol{\lambda} \circ (\boldsymbol{u} - t_{\text{op}}) \times \boldsymbol{C}' \times \boldsymbol{L}^{\text{T}} \tag{5-21}$$

对于已经存在联络的配电系统，再增加联络的 EENS 灵敏度值计算如下：

$$I_{\text{EENS_tie}} = \boldsymbol{\lambda} \circ (\boldsymbol{u} - t_{\text{op}}) \times (\boldsymbol{A} - \boldsymbol{A}') \times \boldsymbol{L}^{\text{T}} \tag{5-22}$$

利用上述公式可帮助配电系统规划人员寻找灵敏度最大的联络接入位置，从而最大限度地提升电网可靠性指标。

5.4.4　开关配电自动化改造灵敏度

1. 手动分段开关配电自动化改造灵敏度

对手动分段开关进行配电自动化改造，故障发生后，通过调度人员远程操控或配电自动化系统决策，开关自动开断隔离故障。相比检修人员到故障现场手动操作开关，缩短了故障的隔离时间，加快了非故障段负荷的恢复供电，这也是提升系统可靠性的有效措施。为了决策将何处的手动分段开关进行配电自动化改造对系统可靠性提升最大，需要计算自动开关改造位置的灵敏度值，下面以图 5-13 为例，说明可靠性指标灵敏度值的计算流程。

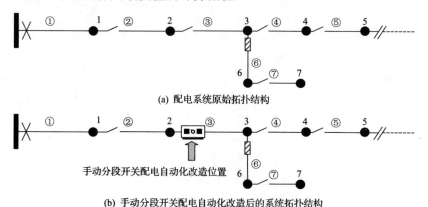

(a) 配电系统原始拓扑结构

手动分段开关配电自动化改造位置

(b) 手动分段开关配电自动化改造后的系统拓扑结构

图 5-13　手动分段开关配电自动化改造位置示意图

对手动分段开关的配电自动化改造会加快故障隔离速度，从而缩短非故障区域恢复供电的时间，这部分影响是在 FIM **B** 中计及的。因此，手动分段开关的配电自动化改造会影响 FIM **B** 中的元素。以图 5-13(b) 为例，对支路③的手动分段开关进行配电自动化改造。给出改造后 FIM **B** 的变化情况，如图 5-14 所示。

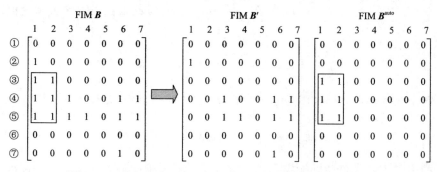

图 5-14　手动分段开关配电自动化改造前后 FIM 变化情况

由图 5-14 可见，由于支路③的手动分段开关改造为自动开关，原始的 FIM **B**

中的元素被分到了两个矩阵之中，分别为 FIM $\boldsymbol{B}'$ 和 FIM $\boldsymbol{B}^{\text{auto}}$。对应的实际含义是：当加入自动开关后，一部分负荷可以通过自动开关的操作隔离故障恢复供电，但还有一部分负荷仍然需要等到手动分段开关操作才能与故障隔离并恢复供电。以图 5-13 中支路④故障为例，当支路④故障时，位于馈线首端的断路器跳开，负荷 1～7 都将停电。然后，位于支路③上的自动开关迅速断开，将负荷 1、2 与故障隔离，此时断路器合闸后，负荷 1、2 实现了快速恢复供电(即 $\boldsymbol{B}^{\text{auto}}$ 中的 $b_{41}^{\text{auto}}=1$，$b_{42}^{\text{auto}}=1$)。此时负荷 3、6、7 还没有恢复供电，需要等到支路④上的手动分段开关断开，然后自动开关闭合，才能恢复供电(即 $\boldsymbol{B}'$ 中的 $b_{43}'=1$，$b_{46}'=1$，$b_{47}'=1$)。至此，非故障区域的负荷实现了全部恢复供电。

由以上分析可知，自动开关的加入缩短了部分停电负荷的故障隔离时间，可以让这些负荷优先恢复供电，这部分影响被计入 $\boldsymbol{B}^{\text{auto}}$ 中，即图 5-14 中 $\boldsymbol{B}^{\text{auto}}$ 实线框内的元素。下面介绍如何求取 $\boldsymbol{B}^{\text{auto}}$。

首先需要以自动开关为边界对配电系统进行分区，自动开关除了包括配电自动化改造的分段开关外，还包括 4.5.2 节第 1 部分所定义的瞬时动作开关。设配电系统共有 $N_{\text{S}}^{\text{auto}}$ 个自动开关，以其为边界，可将该配电系统划分为 $N_{\text{S}}^{\text{auto}}$ 个自动开关分区。设每个自动开关分区内的支路集合为 $\varOmega_{\text{S}}^{\text{auto}}$。分区方法如下。

建立自动开关位置列向量 $\boldsymbol{S}^{\text{auto}}$，若支路 i 配置了自动开关，则 $s_i^{\text{auto}}=1$，否则 $s_i^{\text{auto}}=0$。将 PSPM 按列分 $[\text{column}_1\ \text{column}_2\ \cdots\ \text{column}_{Nb}]$，计算 $\boldsymbol{G}^{\text{auto}}=\boldsymbol{S}^{\text{auto}}\circ$ $[\text{column}_1\ \text{column}_2\ \cdots\ \text{column}_{Nb}]$，得到自动开关分区矩阵 $\boldsymbol{G}^{\text{auto}}$。在矩阵 $\boldsymbol{G}^{\text{auto}}$ 中取具有相同列向量的编号所对应的支路放入同一个支路集合 $\varOmega_{\text{S}}^{\text{auto}}$ 中，即可得到以自动开关为边界的支路分区结果。

以图 5-13 中的配电系统为例说明上述分区方法：支路③改造了自动开关，支路①装设断路器，支路⑥装设熔断器。向量 $\boldsymbol{S}^{\text{auto}}=[1\ 0\ 1\ 0\ 0\ 1\ 0]^{\text{T}}$。计算 $\boldsymbol{G}^{\text{auto}}=\boldsymbol{S}^{\text{auto}}\circ$ $[\text{column}_1\ \text{column}_2\ \cdots\ \text{column}_{Nb}]$，所得到的矩阵 $\boldsymbol{G}^{\text{auto}}$ 如图 5-15 所示，实线框内的列向量相同，点画线框内的列向量相同，虚线框内的列向量相同，分别属于自动开关分区 $\varOmega_1^{\text{auto}}$、$\varOmega_2^{\text{auto}}$ 和 $\varOmega_3^{\text{auto}}$。则分区所在的集合可表示为 $\varOmega_1^{\text{auto}}=\{①,②\}$，$\varOmega_2^{\text{auto}}=\{③,④,⑤\}$，$\varOmega_3^{\text{auto}}=\{⑥,⑦\}$。

分行观察图 5-15(b) 的 PSPM $\boldsymbol{R}_1$，即 $\boldsymbol{R}_1=[\text{row}_1\ \text{row}_2\ \cdots\ \text{row}_M]^{\text{T}}$，并根据自动开关的分区情况修正 $\boldsymbol{R}_1$ 中的元素，按式 (5-23) 计算：

$$\begin{cases} \text{row}_i^{\text{cor}}=\bigcup_{\text{row}_i\in\varOmega_{\text{S}}}\text{row}_i \\ \text{row}_i^{\text{cor,auto}}=\bigcup_{\text{row}_i\in\varOmega_{\text{S}}^{\text{auto}}}\text{row}_i \end{cases} \tag{5-23}$$

式中，$\text{row}_i^{\text{cor,auto}}$ 为根据手动开关和自动开关位置修正矩阵 $\boldsymbol{R}_1$ 中元素后的第 i 行向量。

对比式 (5-23) 与式 (4-9)，式 (5-23) 除了以瞬时动作开关为边界对 PSPM $\boldsymbol{R}_1$ 进行了元素修正外，还增加了以自动开关为边界对 PSPM $\boldsymbol{R}_1$ 进行的修正，如图 5-16 所示。

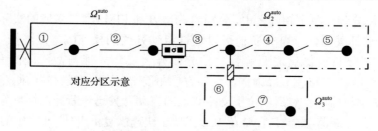

(a) 配电系统按照自动开关分区的示意图

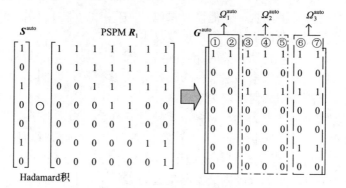

(b) 分区矩阵 **G** 的计算过程示意图

图 5-15　以自动开关为边界的支路分区情况

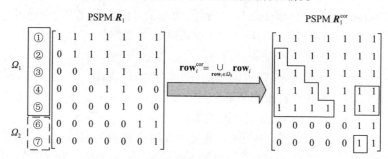

(a) 按照式(4-9)对PSPM进行修正的结果示意图

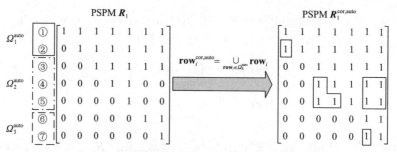

(b) 按照式(5-23)对PSPM进行修正的结果示意图

图 5-16　根据手动开关和自动开关位置对 PSPM 进行修正的结果示意图

根据 $\boldsymbol{R}_1^{\text{cor}}$ 和 $\boldsymbol{R}_1^{\text{cor,auto}}$ 即可求取 FIM $\boldsymbol{B}^{\text{auto}}$：

$$\boldsymbol{B}^{\text{auto}} = \boldsymbol{R}_1^{\text{cor}} - \boldsymbol{R}_1^{\text{cor,auto}} \tag{5-24}$$

在得到了 FIM $\boldsymbol{B}^{\text{auto}}$ 后，即可对手动分段开关配电自动化改造的 SAIDI、EENS 指标灵敏度值进行计算：

$$I_{\text{SAIDI\_sw\_auto}} = \lambda \times (t_{\text{sw}} - t_{\text{sw}}^{\text{auto}}) \times \boldsymbol{B}^{\text{auto}} \times \frac{\boldsymbol{n}^{\text{T}}}{N} \tag{5-25}$$

$$I_{\text{EENS\_sw\_auto}} = \lambda \times (t_{\text{sw}} - t_{\text{sw}}^{\text{auto}}) \times \boldsymbol{B}^{\text{auto}} \times \boldsymbol{L}^{\text{T}} \tag{5-26}$$

式中，$t_{\text{sw}}^{\text{auto}}$ 为自动开关的操作时间。由于自动开关无法瞬时切掉故障，因此不影响 SAIFI 指标的大小。式(5-25)和式(5-26)的实际意义为部分负荷节点的停电时间由原来的手动分段开关隔离故障时间 t_{sw} 缩短到了自动开关操作时间 $t_{\text{sw}}^{\text{auto}}$，从而提升了系统可靠性指标。

2. 手动联络开关配电自动化改造灵敏度

将手动联络开关进行配电自动化改造可以加快非故障区域负荷的转供速度，减少停电时间，从而提升系统可靠性。以图 5-17 为例，在图 5-17(a)的配电系统基础上，对手动联络开关进行配电自动化改造，当系统设备故障时，可与支路③处的自动开关相配合进行倒闸操作。

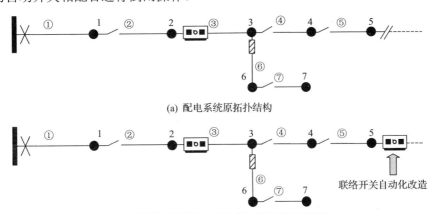

(a) 配电系统原拓扑结构

(b) 手动联络开关配电自动化改造后的网络拓扑结构

图 5-17　手动联络开关配电自动化改造示意图

联络开关的操作只涉及故障下游负荷的转供操作，因此，其配电自动化改造不改变 FIM $\boldsymbol{A}$ 和 FIM $\boldsymbol{B}$ 中的元素，只影响 FIM $\boldsymbol{C}$ 中的元素，它将 FIM $\boldsymbol{C}$ 中的元素进一步分为了两个 FIM，如图 5-18 所示。

$$
\text{FIM } \boldsymbol{C}
\begin{bmatrix}
0 & 1 & 1 & 1 & 1 & 1 & 1 \\
0 & 0 & 1 & 1 & 1 & 1 & 1 \\
0 & 0 & 0 & 1 & 1 & 0 & 0 \\
0 & 0 & 0 & 0 & 1 & 0 & 0 \\
0 & 0 & 0 & 0 & 0 & 0 & 0 \\
0 & 0 & 0 & 0 & 0 & 0 & 0 \\
0 & 0 & 0 & 0 & 0 & 0 & 0
\end{bmatrix}
\Rightarrow
\text{FIM } \boldsymbol{C}'
\begin{bmatrix}
0 & 1 & 0 & 0 & 0 & 0 & 0 \\
0 & 0 & 0 & 0 & 0 & 0 & 0 \\
0 & 0 & 0 & 1 & 1 & 0 & 0 \\
0 & 0 & 0 & 0 & 1 & 0 & 0 \\
0 & 0 & 0 & 0 & 0 & 0 & 0 \\
0 & 0 & 0 & 0 & 0 & 0 & 0 \\
0 & 0 & 0 & 0 & 0 & 0 & 0
\end{bmatrix}
\text{FIM } \boldsymbol{C}^{\text{auto}}
\begin{bmatrix}
0 & 0 & 1 & 1 & 1 & 1 & 1 \\
0 & 0 & 1 & 1 & 1 & 1 & 1 \\
0 & 0 & 0 & 0 & 0 & 0 & 0 \\
0 & 0 & 0 & 0 & 0 & 0 & 0 \\
0 & 0 & 0 & 0 & 0 & 0 & 0 \\
0 & 0 & 0 & 0 & 0 & 0 & 0 \\
0 & 0 & 0 & 0 & 0 & 0 & 0
\end{bmatrix}
$$

图 5-18　联络开关配电自动化改造前后 FIM $\boldsymbol{C}$ 变化示意图

图 5-18 中的 FIM $\boldsymbol{C}^{\text{auto}}$ 表示故障下游可通过自动开关操作转供的负荷，即图 5-18 中实线框中的元素“1”。求取方法与本节第 1 部分相同，首先根据自动开关位置划分支路分区，当不在同一分区的支路故障时，其他分区内的负荷可通过自动开关快速转供。例如，支路①故障，负荷节点 3～7 与①不在同一分区，因此，可通过位于支路③的自动开关快速与故障区段隔离，进而通过联络开关转供恢复供电。而负荷节点 2 只能通过支路②上的手动开关与故障隔离，才能转供恢复供电。这一部分通过手动开关转供的负荷仍在 FIM $\boldsymbol{C}'$中计及。

与式(5-25)和式(5-26)类似，考虑手动联络开关配电自动化改造的 SAIDI、EENS 指标灵敏度值计算如下：

$$I_{\text{SAIDI_tie_auto}} = \boldsymbol{\lambda} \times (t_{\text{op}} - t_{\text{op}}^{\text{auto}}) \times \boldsymbol{C}^{\text{auto}} \times \frac{\boldsymbol{n}^{\text{T}}}{N} \tag{5-27}$$

$$I_{\text{EENS_tie_auto}} = \boldsymbol{\lambda} \times (t_{\text{op}} - t_{\text{op}}^{\text{auto}}) \times \boldsymbol{C}^{\text{auto}} \times \boldsymbol{L}^{\text{T}} \tag{5-28}$$

式中，$t_{\text{op}}^{\text{auto}}$ 为自动联络开关的操作时间。式(5-27)和式(5-28)的实际意义为部分负荷节点的停电时间由原来的手动开关转供时间 t_{op} 缩短到了自动开关操作时间 $t_{\text{op}}^{\text{auto}}$，从而提升了系统可靠性指标。

以上总结归纳了两类影响因素的可靠性指标灵敏度的解析计算方法。对于可量化参数类影响因素应用求偏导法，对于非量化的网络结构类影响因素提出了基于 FIM 变换的灵敏度解析计算方法。电网规划运行人员可根据实际需求对不同影响因素进行灵敏度分析。

5.4.5　网络结构类参数的灵敏度分析算例

优化网络结构是提升配电系统可靠性的有效措施之一，实际规划中对配电系统网络进行结构优化通常包括对线路的分段开关安装位置优化、馈线的联络接入位置优化以及配电自动化改造工程。本节将基于网络结构类参数的灵敏度值计算方法，以 IEEE RBTS Bus6 系统为算例，针对线路分段开关安装位置、馈线的联络接入位置以及开关的配电自动化改造位置进行灵敏度分析。

1. 线路的分段开关安装位置灵敏度分析

IEEE RBTS Bus6 系统中的馈线 F_4 由于分段开关数量较少，主干线元件故障将导致大面积停电，严重影响可靠性指标。为进一步提升系统的可靠性，可以在馈线 F_4 主干线段，即支路 36~40、支路 42、支路 44 增加分段开关。假设仅安装一个分段开关，下面分析分段开关安装在何处可靠性指标提升程度最大。按照5.4.2 节的方法，计算各个支路位置安装分段开关后 SAIDI 与 EENS 的提升程度，如图 5-19 所示。

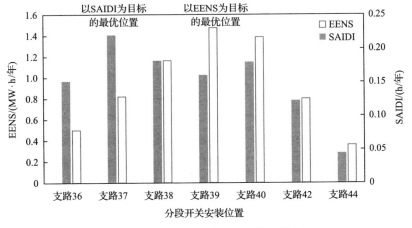

图 5-19　分段开关安装位置的灵敏度

由图 5-19 可知，由于 SAIDI 更关注停电影响的用户数量，而 EENS 更关注停电影响的负荷量，因此，以这两个指标的提升程度衡量分段开关的安装位置。在实施可靠性提升工程时要做出权衡，若重点关注 SAIDI 的提升，则最优安装位置在支路 37。若关注 EENS 的提升，则最优安装位置在支路 39。

2. 馈线的联络接入位置灵敏度分析

在馈线 F_4 增加联络将进一步提升整体系统的可靠性。假设仅选择一个联络点，联络接入不同位置对可靠性指标的改善程度如图 5-20 所示。

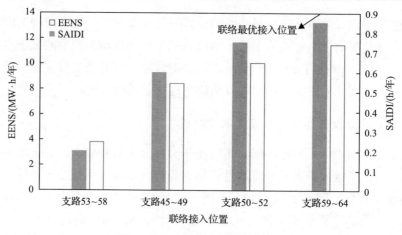

图 5-20　联络接入位置的灵敏度

由图 5-20 可知，联络的最佳接入位置是馈线的末端，即支路 59~64 处。原因是末端负荷受前端元件故障影响大，故障停电事件多。因此，联络安装在末端有利于更大范围的负荷的有效转供，从而最大限度地提升系统可靠性。

3. 开关的配电自动化改造位置灵敏度分析

对馈线 F_1~F_3 上的手动开关进行配电自动化改造，使开关的操作由原来的现场人工手动操作变为远程控制，操作时间从 1h 缩短为 10min。则改造的开关及相应的 SAIDI 和 EENS 指标提升程度如表 5-7 所示。

表 5-7　开关的配电自动化改造位置及系统可靠性指标提升程度

配电自动化改造的开关位置		SAIDI 提升/(min/年)	EENS 提升/(kW·h/年)
馈线 F_1	支路 3	0.530	33.3
	支路 5	0.843	55.9
	支路 7	0.952	62.0
	支路 9	0.813	53.9
	支路 11	0.566	40.0
馈线 F_2	支路 15	0.663	36.5
	支路 17	1.084	59.9
	支路 19	1.310	75.5
	支路 21	1.373	78.3
	支路 23	1.049	62.3
	支路 25	0.550	34.2
馈线 F_3	支路 29	0.024	53.1
	支路 31	0.016	152.7
	支路 33	0.010	120.9

表 5-7 给出了对各个位置的手动开关进行配电自动化改造后，SAIDI 和 EENS 指标的提升程度。馈线 F_2 上的开关进行配电自动化改造使 SAIDI 的提升幅度最大，这是由于馈线 F_2 上的用户最多，共 969 户，自动开关可缩短隔离故障的时长，从而使更多的用户减少停电时间。对馈线 F_3 上的开关进行配电自动化改造对 EENS 指标的提升作用最大，这是由于馈线 F_3 上的负荷需求最大，缩短馈线 F_3 上的故障隔离时间可以使大量负荷缩短停电时长，从而使 EENS 指标得到显著改善。

从表 5-7 中每条馈线不同位置开关改造后的灵敏度值变化趋势也可以看出，单一开关的配电自动化改造选择馈线中段位置，对可靠性指标的提升作用最明显。当然，实际配电自动化改造工程往往会对馈线多处开关同时进行改造升级，这就需要在开关改造数量、位置以及开关改造所需投资之间进行权衡，同时需要对可靠性指标的相关价值进行分析计算，即进行有关可靠性优化提升的工程分析，这一部分将在第 6 章进行详细介绍。

5.5　本　章　小　结

本章对配电系统可靠性的相关影响因素进行了分类，将影响配电系统可靠性的因素分为两类：可量化参数类影响因素和网络结构类影响因素，并基于 FIM 给出了两类影响因素的可靠性灵敏度值解析计算方法。对于可量化参数类影响因素，采用了直接对指标表达式求偏导的方法得到参数灵敏度；对于网络结构类影响因素，通过变换三个 FIM，进而推导得到灵敏度指标。通过灵敏度值的计算，可快速定位影响系统可靠性的薄弱环节，也可为分段开关优化配置和联络接入位置优化提供一定的参考。

参 考 文 献

[1] 张天宇. 基于故障关联矩阵的配电系统可靠性评估方法. 天津: 天津大学, 2019.

[2] Zhang T, Wang C, Luo F, et al. Analytical calculation method of reliability sensitivity indexes for distribution systems based on fault incidence matrix. Journal of Modern Power Systems and Clean Energy, 2020, 8(2): 325-333.

第6章 可靠性分析方法应用——配电系统 开关优化配置规划

6.1 引　　言

配电系统规划是配电系统建设发展的基础性工作，其目标在于以适当的建设投资有效增加配电系统的供电能力，以适应负荷增长的需求，改善电网的供电质量，提高供电可靠性。科学合理的配电系统规划是保障未来配电系统健康发展的重要条件[1,2]。

随着国民经济的增长、社会的高度信息化和现代化，社会对电力供应的依赖程度不断加深，用户对电力供应的可靠性要求也越来越高，供电的可靠与否将直接对用户的生产和生活产生影响。如果供电不可靠，造成用户停电，不仅会直接影响供电部门的经济效益，而且会对用户造成严重的经济损失和不良的社会影响。反之，供电可靠性水平提高，用户损失就会减少，供电部门的经济收益也会增加。电力部门要提高供电可靠性，就必须改进生产技术或新建、扩建和改造电力设施，增大系统容量，提高系统和设备的健康水平，因而也就必须增加投资。电力部门需要在配电系统达到高可靠性水平的同时，实现资金成本的最小化。配电系统规划的基本思路可分为如下几个步骤[3-5]。

(1)国内外对标：对比规划区域与国内外先进供电企业在供电可靠性指标、网络结构、设备配置、技术管理水平等方面的差距，为接线模式、设备选型等标准的制定提供参考。

(2)可靠性指标分析：分析规划区域供电可靠性的总体情况和设备停电情况，寻找引发停电的主要技术和设备原因，为供电可靠性薄弱环节分析提供指标依据。

(3)现状薄弱环节挖掘：结合理论分析的结果和实际发生的停电，从可靠性角度研究现状网络结构、设备配置、技术管理水平等方面的薄弱环节，为供电可靠性措施的提出奠定基础。

(4)建设改造原则制定：通过薄弱环节分析的结果，提出可靠性提升措施，制定新增网络建设、已有网络设备改造等相关技术标准，为规划工作提供指导。

(5)措施投资效果研究：基于各种停电因素的现状水平和停电影响，研究相应措施的提升效果，并估算所需投资。

(6)规划方案编制：以规划指标为目标、投资额度最小为约束，优选所提出的供电可靠性提升措施，进而形成系统规划方案。

(7)分年度计划安排：依据规划方案，细化项目分年度计划安排，汇总所需投资并分析实施效果。

在此研究思路下，有两个重要的理论问题需要解决。一是如何通过对影响供电可靠性众多因素的深入研究，制定供电可靠性薄弱环节分析的框架；二是在规划的过程中，如何在综合考虑项目实施效果和所需投资的基础上，实现供电可靠性提升项目优选，为供电可靠性规划方案的科学性和有效性提供依据。其中，对配电系统可靠性影响因素和薄弱环节分析相关的内容已在第 5 章中进行了论述，本章将重点介绍如何优选规划方案从而使得配电系统的投资效益最大化。

6.2　配电系统可靠性提升措施分类

提升配电系统可靠性的措施可以分为三类。

1)改善网络结构

改善配电系统的网络结构，是提升配电系统可靠供电水平的有效手段。例如，增加网络拓扑冗余度，将电缆单环网改造为电缆双环网，单一线路的故障将不会导致负荷长时间停电，可降低系统平均停电时间；对分段不足的线路增加分段开关，可以缩小故障的影响范围，从而降低系统的平均停电时间；为馈线增加联络，可保障故障下游非故障段负荷的转供和恢复供电，同样可以达到减小系统平均停电时间的目的。

2)提升配电设备水平

提升配电设备水平包括提升配电设备容量、健康水平和智能化水平。

在提升配电设备容量方面，科学合理地规划设备容量可有效提升系统在故障时的负荷转供能力。例如，针对相互联络的线路进行容量规划，使得一条馈线故障后，该馈线故障下游的停电负荷可以全部由其他联络馈线转供。不满足容量约束的线路及时更换大截面导线，扩大转供范围，从而缩短非故障段负荷的停电时间，减小系统平均停电时间和停电量。

在提升配电设备健康水平方面，主要涉及更换老旧的配电设备，从而降低设备故障率，减少系统平均停电次数。由 2.2.3 节的设备故障率曲线可知，设备故障率符合浴盆曲线规律。当设备进入劳损失效期时，故障率会陡然上升，过多的老旧设备会严重影响系统的可靠供电。及时跟踪设备状态并做好老旧设备更替也是改善系统可靠性的必要措施。又如，对架空裸导线的绝缘化改造或架空线入地的电缆化改造，可降低线路发生短路故障的风险，从而降低线路故障率，提升系统可靠性。

在提升配电设备智能化水平方面，涉及分段开关和联络开关的配电自动化改造，二次设备、通信网络的配套建设等。旨在对故障位置进行快速精准定位，自动隔离故障，缩短非故障段负荷的停电时间，从而改善系统可靠性水平。

3) 提高管理效率

供电企业的管理水平与管理效率也是影响配电系统可靠性水平的重要因素。例如，通过优化停电方案、减少预安排停电次数、合理安排检修计划等措施，可以避免无效的重复性停电，从而有效减少用户的预安排停电时长；实施标准化作业时间管理，对故障抢修进行量化管理，可提高事故处理效率，缩短故障位置判断时间，减少故障段负荷的停电时间，从而减小系统平均停电时间指标。

以上对提高配电系统可靠性可能采取的各种措施进行了分类与阐述，目的在于为提高配电系统对用户的供电质量及连续供电能力提供各种可供选择的办法。但是，配电公司可投入用于改善配电系统及其设备的资金总是有限的，实施提高可靠性措施方面的技术水平及设备维修保养的能力也是有限的。因此，在提升配电系统可靠性的工作中，必须根据社会对供电可靠性的要求程度、措施实施难度以及可投入的资金额度等多种因素进行综合考虑，合理选择配电系统可靠性提升目标，并分析各种措施对可靠性的提升效果，以便充分、有效地利用各种有利条件，用有限的资金获取最大的经济效益和社会效益。

6.3　配电系统分段开关与联络开关的优化配置

对配电系统的分段开关与联络开关进行优化配置是改善配电系统网络结构、提升配电系统可靠性的一项重要措施。对馈线进行合理分段，可以在故障发生时有效缩小故障影响的停电范围、减少用户的停电损失以及提升供电公司的经济效益。在馈线与馈线之间建立联络，设置联络开关，系统正常运行时联络开关保持常开状态，故障发生时，联络开关闭合，转带停电的负荷，可有效缩短负荷的停电时间。

分段开关与联络开关的配置方案直接影响配电系统的可靠性水平。对于同一条馈线，分段开关与联络开关的数量和安装位置不同，受影响的停电用户数和停电时长也不同。一般地，馈线的分段数量越多，故障所影响的范围越小，用户的可靠性水平也越高。但过多的分段开关也会增加系统的建设投资和运维成本，因此需要找到一个最优的分段数量，使得配电系统总的经济性最好。对于系统中的联络开关，也并非数量越多越好。过多的无效联络在增加负荷转带路径的同时，也会大大增加运行方式的复杂性，导致系统的运行维护成本过高。因此，在配电系统规划设计和改造时，规划人员需要综合考虑不同的馈线类型、用户可靠性需求以及系统的建设改造成本等因素，制定最优的分段开关与联络开关配置方案。

6.3.1　基于价值的分段开关与联络开关优化配置

在制定分段开关与联络开关的配置方案时必须考虑可靠性与经济性之间的协调，只强调提升可靠性，而忽视经济的合理性及社会的需要，其可靠性水平再高也是不可取的，这就是分段开关与联络开关的优化配置问题。过去很长一段时间，我国城市电网规划和设计方案的决策主要依靠规划工作者的经验，对线路的分段数量和联络数量通常以定性分析或是确定性的准则为依据，从投资费用和运行费用的年度总费用最小来考虑。由于忽略了电网故障事件的随机性以及故障对不同用户的影响差异，并不能保证所配置的分段与联络方案在电网发生随机故障事件时满足系统整体经济合理的需求，而且由于定量的科学分析不足，往往会使投资不能得到充分合理的使用。

随着城市现代化建设的发展，尤其在未来竞争环境下的电力市场中，如何在控制成本的前提下提供质量和可靠性有保障的电能将是电力公司所面临的主要问题之一。寻求成本最小化和系统可靠性水平在用户可承受范围内之间的平衡，即进行基于价值的可靠性规划，将是未来配电系统规划的方向。在基于价值的分段开关与联络开关优化配置中，在决策维持还是提升现状配电系统的可靠性水平时，除了需要考虑分段开关与联络开关的投资建设改造所发生的成本，还需要考虑供电中断给用户造成的损失，即用户停电成本。如果将提升系统可靠性指标这一目标转化为用户停电损失的减少所带来的收益，分段开关与联络开关优化配置问题也就转化为了成本最小化问题，这就是基于价值的分段开关与联络开关优化配置的核心。基于价值的分段开关与联络开关优化配置的成本变化趋势如图 6-1所示。

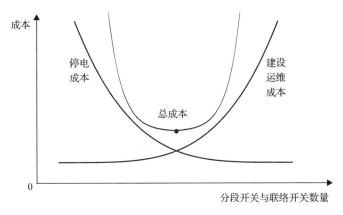

图 6-1　基于价值的分段开关与联络开关优化配置的成本变化

图 6-1 中的纵坐标为成本，横坐标为分段开关与联络开关数量。对电力公司来说，随着投资力度加大，分段开关与联络开关数量增加，系统的可靠性水平提

高，停电减少，从而停电成本变小。但可靠性水平的改善程度和投资力度并不成正比，由于偶发故障不可避免，系统的可靠性水平提升会存在限制。随着分段开关与联络开关数量的进一步增加，停电成本降低的效果将变得不明显，但系统的建设运维成本会显著增加，并将导致系统整体经济性变差。基于价值的分段开关与联络开关优化配置的目标就是寻找到总成本最小的投资方案，即找到图 6-1 中总成本曲线的最低点。

基于价值的分段开关与联络开关配置的简单优化模型如式(6-1)所示：

$$\min C = C_{\text{inv}} + C_{\text{mai}} + C_{\text{rel}}$$
$$C_{\text{rel}} = \sum_{i=1}^{N} a_i \times \text{index}_i + b \times \text{INDEX} \tag{6-1}$$

基于价值的分段开关与联络开关优化配置的目标为总成本 C 最小，成本包括分段开关与联络开关的投资建设成本 C_{inv}、运行维护成本 C_{mai} 及停电损失 C_{rel}。停电损失又包括两部分，一部分是用户的停电成本，与每个用户 i 的可靠性指标 index_i 有关，a_i 为用户停电成本系数，N 为用户总数；另一部分是电力公司的损失，与系统的可靠性指标 INDEX 以及成本系数 b 有关。

求解式(6-1)需要将系统和用户的可靠性指标转化为成本，这就需要确定成本系数 a_i 和 b。成本系数的确定需要基于大量的实际数据调研，不同地区的配电系统所服务的用户不同，应对不同故障的维修措施、流程和成本也不同，成本系数也会有较大差异。

1. 电力用户的停电损失

停电对用户可能产生的影响一般有"即显性"和"后效性"两种。所谓"即显性"，就是在发生停电时就立即显示出其影响，例如，因停电而造成的生产停顿。所谓"后效性"，就是停电的影响在发生停电一定时间以后才显示出来，一般公用设施的停电大多属于此类。用户的停电损失也依此而分成直接损失和间接损失两类。

1)直接损失

直接损失是指由于停电而直接对用户造成的损失。它一般直接反映在用户生产的产品成本、产品质量和性能、用户为保证产品质量和效益而从事的种种经济活动以及对用户设备所造成的损害等上，具体表现如下。

(1)用户产品产量的减少或产品质量的损害。

(2)用户生产设施的损坏或闲置。

(3)用户生产用原材料的损失或浪费。

(4) 用户人工的闲置或浪费。

(5) 用户信息传输系统的破坏或信息传递的中断。

(6) 电气化交通系统的损坏、中断或停顿。

(7) 井下作业由于停电而造成的人身和设备损坏以及对人身和设备的威胁。

(8) 商业、金融系统和服务行业的业务中断和停顿。

2) 间接损失

间接损失是指由于停电的间接影响而造成的损失。

(1) 交通指挥系统或监控系统中断和停顿而造成的交通阻塞。

(2) 供水系统的中断。

对于每个具体用户的停电损失,理论上可以具体确定并加以计算,但实际上做起来很困难,不仅因为各个用户的用电性质不同,也因为不同用户的停电发生时间及停电持续时长不同。比如,对于工业用户,并不是所有负荷都同等重要、都不能停电,而是只有少数要害部门或关键时刻停电才会产生重大的损失。当停电发生在其生产流程的不同阶段时,其产生的损失也是不同的。因此,即使对于某一具体用户而言,也往往只能取其损失的平均值来进行计算。由于对停电损失的调查统计非常复杂,各国的统计调查结果及计算方法均各有不同。表 6-1 和表 6-2 给出了加拿大和英国对于不同性质的电力用户停电损失的评估结果。

表 6-1   加拿大电力用户停电成本[6]   (单位: C$/kW)

电力用户	停电时长				
	1min	20min	1h	4h	8h
工业用户	1.625	3.868	9.085	25.163	55.808
商业用户	0.381	2.969	8.522	31.317	83.008
居民用户	0.001	0.093	0.482	4.914	15.690
大用户	1.005	1.508	2.225	3.968	8.240
政府办公用户	0.044	0.369	1.492	6.558	26.040
农业用户	0.060	0.343	0.649	2.064	4.120

表 6-2   英国电力用户停电成本[6]

停电成本计算方式	电力用户	停电时长						
		<1min	1min	20min	1h	4h	8h	24h
停电成本 1 /(£/kW)	工业用户	6.15	6.47	14.27	25.26	72.22	120.11	150.38
	商业用户	0.99	1.02	3.89	10.65	39.04	78.65	99.98
	居民用户	—	—	0.15	0.54	3.72	—	—
	大用户	6.74	6.74	6.86	7.18	8.86	9.71	13.35

续表

停电成本计算方式	电力用户	停电时长						
		<1min	1min	20min	1h	4h	8h	24h
停电成本2 /[£/(MW·h)]	工业用户	3.02	3.13	6.32	11.94	32.59	53.36	67.10
	商业用户	0.46	0.48	1.64	4.91	18.13	37.06	47.58
	居民用户	—	—	0.06	0.21	1.44	—	—
	大用户	1.07	1.07	1.09	1.36	1.52	1.71	2.39

2. 电力公司的停电损失

停电也会给电力公司自身造成经济损失。这主要包括以下几个方面。

(1)由于未向用户供电而引起供电减少的电费收入损失。

(2)由于维护检修而增加的费用,包括更换或修理被损坏设备增加的费用,运行、检修人员加班所支付的费用等。

(3)重新补充电源或通过其他方式倒送电的费用。

(4)由于停电受到电力市场监管者惩罚的损失。

6.3.2　基于 FIM 的分段开关与联络开关优化配置模型

分段开关与联络开关优化配置问题的目标函数是实现系统的总成本最小,总成本的计算涉及可靠性指标计算和开关设备建设运维成本计算。由于系统可靠性指标难以实现完全的显式解析计算,且作为决策变量的分段开关和联络开关不是连续变化量,分段开关与联络开关优化配置成为一个非线性、不可微的混合整数问题,难以应用数学优化算法求得全局最优解,这就给分段开关与联络开关的优化配置工作造成了一定的困难。当前常用的分段开关与联络开关优化配置问题的求解方法有以下几种。

(1)方案比较法:根据相关规划设计导则,人工确定几种馈线的分段数以及馈线与馈线之间的联络方案。计算这些方案的投资与可靠性指标,由人工挑选最优的方案[7,8]。此类方法过程简单,但仅凭经验的方案比较往往不能实现系统可靠性和经济性的最佳权衡。

(2)启发式方法:首先制定出分段开关与联络开关最优配置规则,根据此规则,逐步增加开关,直到违反相关约束,获得配置方案[9-12]。此类方法通常规则简明、方便实施。但启发式方法均为逐步寻优,而单一步骤的最优方案的累积并不意味着一定得到全局最优解。

(3)智能算法:如建立遗传基因、粒子群、蜂群、蚁群等个体模型描述分段联络的位置信息,并在大量个体中选择相对优良的个体后代通过反复的交叉、变异、遗传等随机行为迭代优化，得到最优解[13-17]。智能算法仍然无法保证每次优化均能找到全局最优解。

（4）0-1 数学规划方法，将馈线是否安装分段开关设为 0-1 变量，综合考虑方案的经济性和系统可靠性，建立数学优化模型，并求得最优的馈线分段方案[18-21]。虽然 0-1 规划已经可以很好地解决分段开关的配置问题，但还无法同时优化分段开关和联络开关。其难点有两个，第一个难点是联络存在转供容量约束时，需要在分段开关优化模型中增加考虑联络转供范围的优化问题，即分段开关的配置要保证在不同故障事件发生时负荷的转供范围最大，而数学规划模型中开关的 0-1 变量只能计及故障是否影响负荷，而无法进一步优化负荷转供范围；第二个难点在于联络作为优化变量，其本身的接入位置和容量约束也在变化，进一步加大了分段开关与联络开关联合优化问题的求解难度。这些难点均是可靠性分析无法显式解析表达所造成的，如果能够实现可靠性指标的高效显式计算，类似这些可靠性提升工作的优化问题将会变得更加简单。对此，基于本书所提出的基于 FIM 的可靠性指标显式计算方法，本节将给出一个配电系统分段开关与联络开关的联合优化配置案例。

1. 分段开关对 FIM 中元素的影响分析

分段开关的作用在于有效隔离故障段，对非故障段恢复供电，缩小故障影响范围。与此对应，分段开关的配置将对 FIM 中的 0-1 元素产生影响。下面以图 6-2 中的配电系统为例，分析配电系统加装分段开关对 FIM 中元素的具体影响。

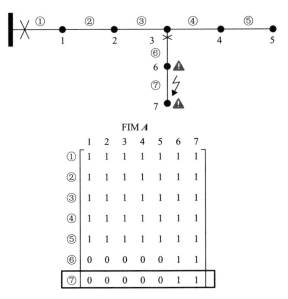

(a) 配置分段开关前的配电系统及其FIM

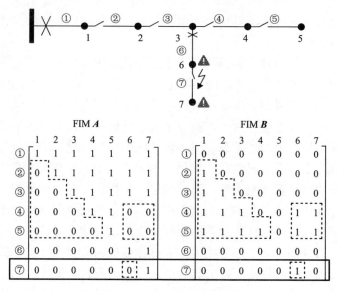

(b) 配置分段开关后的配电系统及其FIM

图 6-2　分段开关对 FIM 中元素的影响分析

图 6-2(a)中的配电系统没有加装分段开关，各个支路故障对负荷节点的影响可以反映在 FIM A 中。图 6-2(a)中 FIM A 实线框中的元素代表若支路⑦故障，则 FIM A 中的 a_{76} 和 a_{77} 为"1"，表示负荷节点 6 和 7 受到了支路⑦故障的影响，需要等到支路故障修复后才能恢复供电。

装设分段开关后，支路故障对负荷节点的影响类型变为两种，分别计入 FIM A 和 FIM B 中。FIM A 代表支路故障影响的负荷直到故障被修复才能恢复供电。FIM B 代表支路故障影响的负荷在分段开关断开隔离故障后，就能恢复供电。仍然以支路⑦故障为例，图 6-2(b)中 FIM A 实线框中的元素 a_{77} 仍为"1"，表示负荷 7 需要等到故障被修复才能供电。而负荷 6 由于有分段开关可以隔离故障，所以，原本图 6-2(a)中的 a_{76} 由"1"变为"0"。而 $b_{76}=1$，表示当故障隔离后，负荷 6 即可恢复供电。

通过以上分析可知，当在配电系统中增加分段开关后，原本 FIM A 中的元素"1"会转移到 FIM B 中，进而影响系统的可靠性指标。基于这种分段开关对 FIM 中元素 0-1 的影响关系，就可以建立以开关作为 0-1 决策变量的分段开关优化模型。

2. 无联络的馈线分段开关优化配置模型

下面介绍无联络的馈线分段开关优化配置模型，首先构建优化模型的目标函数，将系统可靠性指标 EENS 转换为停电惩罚，并与开关的建设投资加和，形成的目标函数如下：

$$\min C = C_{\text{EENS}} + C_{\text{sw}}$$
$$C_{\text{EENS}} = k_{\text{EENS}} \times \text{EENS} \times T$$
$$C_{\text{sw}} = c_{\text{inv}} \times \sum_{k=1}^{N_x} x_k + c_{\text{mai}} \times T \times \sum_{k=1}^{N_x} x_k$$

(6-2)

式中，C_{EENS} 为系统年停电惩罚费用；k_{EENS} 为单位停电量惩罚系数；C_{sw} 为开关设备的投资成本和运行维护成本；c_{inv} 和 c_{mai} 分别为开关的单价和开关年运行维护费用系数；T 为设备运行时长；x_k 为开关位置决策变量，取值为"1"或"0"，"1"代表在支路 k 安装分段开关，"0"代表不安装分段开关；N_x 为网络支路总数。式(6-2)考虑开关在投资建设、运行维护、报废退出这一全过程的经济性。

通过本节第 1 部分的分析可知，开关的 0-1 决策变量影响着 FIM **A** 和 FIM **B** 中 0-1 元素的取值，进而影响着系统的可靠性指标和目标函数。可将 FIM **A** 和 FIM **B** 中的可变元素也作为决策变量，加入分段开关的优化模型之中。以图 6-3 的配电系统为例，开关优化模型中的决策变量包括了实线框内 FIM **A**、FIM **B** 中的可变元素以及开关位置决策变量 x_k。

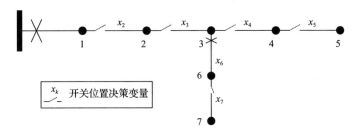

(a) 配电系统中待安装分段开关位置示意图

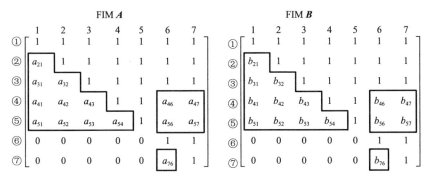

(b) FIM **A** 和 FIM **B** 中的可变元素决策变量示意图

图 6-3　FIM 中的决策变量构成示意图

在确定决策变量后，构建约束条件。分段开关位置决策变量和 FIM 中的可变元素决策变量需要满足以下约束。

1）故障影响类型唯一约束

首先是 FIM A 和 FIM B 中的元素不能同时为 1，表示故障事件对负荷的影响类型唯一：

$$a_{ij} + b_{ij} = 1 \qquad (6\text{-}3)$$

2）开关隔离故障约束

开关位置的 0-1 决策变量 x_k 与 FIM B 中可变元素之间的约束关系如下：

$$\begin{cases} b_{ij} \geqslant x_k, & x_k \in S_{ij} \\ b_{ij} \leqslant \sum x_k, & x_k \in S_{ij} \end{cases} \qquad (6\text{-}4)$$

式中，S_{ij} 为故障支路 i 到负荷 j 的故障传递路径。$x_k \in S_{ij}$ 表示开关设备 k 在这条故障传递路径上。式(6-4)的第一个约束表示如果在故障支路 i 和负荷 j 之间的传递路径上至少存在一个开关，那么 $b_{ij}=1$，若不存在开关，则 $b_{ij}=0$。下面以图 6-4 为例，简要说明建立约束的过程。

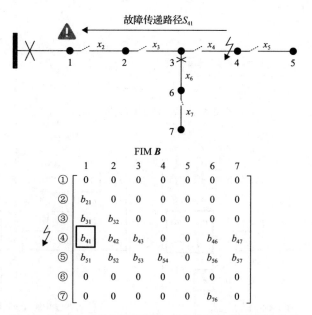

图 6-4　FIM B 中的可变元素与开关位置决策变量的关系

考虑对图 6-4 中实线框中的 b_{41} 与开关决策变量 x_k 建立约束，b_{41} 表示支路④故障对负荷节点 1 的影响类型。支路④故障传递到负荷 1 的路径设备集合 S_{41} 包括 x_2、x_3 和 x_4，那么可建立约束：$b_{41} \geqslant x_2$，$b_{41} \geqslant x_3$，$b_{41} \geqslant x_4$。如果 x_2、x_3 和 x_4 中至少有一个为 1，则 $b_{41}=1$，代表故障支路④被开关隔离后，负荷 1 可恢复供电，故障影响类型被计入了 FIM $\boldsymbol{B}$ 中。若 x_2、x_3 和 x_4 同时等于 0，式（6-4）表示为 $b_{41} \leqslant x_2+x_3+x_4$，$b_{41}$ 只能等于 0，代表故障支路④对负荷 1 的影响类型计入了 FIM $\boldsymbol{A}$ 中。

综上，无联络情况下的开关优化配置模型表述为

$$\min C = C_{\text{EENS}} + C_{\text{sw}}$$

s.t.

$$
\begin{cases}
\text{EENS} = (\boldsymbol{\lambda} \circ \boldsymbol{u} \times \boldsymbol{A} + \boldsymbol{\lambda} \times t_{\text{sw}} \times \boldsymbol{B}) \times \boldsymbol{L}^{\text{T}} \\
C_{\text{EENS}} = k_{\text{EENS}} \times \text{EENS} \times T \\
C_{\text{sw}} = c_{\text{inv}} \times \sum_{k=1}^{N_x} x_k + c_{\text{mai}} \times T \times \sum_{k=1}^{N_x} x_k \\
a_{ij} + b_{ij} = 1 \\
b_{ij} \geqslant x_k, \qquad x_k \in S_{ij} \\
b_{ij} \leqslant \sum x_k, \quad x_k \in S_{ij}
\end{cases}
\tag{6-5}
$$

以上优化模型为 0-1 整数线性规划模型，这里基于 FIM 实现了分段开关优化配置问题的 0-1 数学规划建模，可应用商业优化软件快速求解。

3. 存在联络的馈线分段开关优化配置模型

当线路存在联络时，支路故障对负荷节点的影响类型除了有 FIM $\boldsymbol{A}$、FIM $\boldsymbol{B}$ 反映的两种类型外，增加了第三种故障影响类型，即支路故障被隔离后，负荷通过联络转供恢复供电，定义相对应的 FIM $\boldsymbol{C}$。以图 6-2(b) 中的配电系统为例，在节点 5 增加 1 个联络，则 FIM $\boldsymbol{A}$ 和 FIM $\boldsymbol{C}$ 如图 6-5 所示。

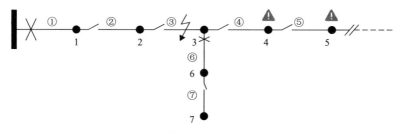

(a) 配电系统增加联络位置示意图

$$
\text{FIM } \boldsymbol{A}=
\begin{array}{c}
\\ ① \\ ② \\ ③ \\ ④ \\ ⑤ \\ ⑥ \\ ⑦
\end{array}
\begin{array}{ccccccc}
1 & 2 & 3 & 4 & 5 & 6 & 7 \\
1 & 0 & 0 & 0 & 0 & 0 & 0 \\
0 & 1 & 0 & 0 & 0 & 0 & 0 \\
0 & 0 & 1 & 0 & 0 & 1 & 1 \\
0 & 0 & 0 & 1 & 0 & 0 & 0 \\
0 & 0 & 0 & 0 & 1 & 0 & 0 \\
0 & 0 & 0 & 0 & 0 & 1 & 1 \\
0 & 0 & 0 & 0 & 0 & 0 & 1
\end{array}
\qquad
\text{FIM } \boldsymbol{C}=
\begin{array}{ccccccc}
1 & 2 & 3 & 4 & 5 & 6 & 7 \\
0 & 1 & 1 & 1 & 1 & 1 & 1 \\
0 & 0 & 1 & 1 & 1 & 1 & 1 \\
0 & 0 & 0 & 1 & 1 & 0 & 0 \\
0 & 0 & 0 & 0 & 1 & 0 & 0 \\
0 & 0 & 0 & 0 & 0 & 0 & 0 \\
0 & 0 & 0 & 0 & 0 & 0 & 0 \\
0 & 0 & 0 & 0 & 0 & 0 & 0
\end{array}
$$

(b) 增加联络后的FIM示意图

图 6-5　联络对 FIM $\boldsymbol{A}$ 和 FIM $\boldsymbol{C}$ 的影响示意图

在图 6-2(b)的配电系统节点 5 处增加一个联络，按照 4.5.2 节的 FIM 计算方法求得 FIM $\boldsymbol{A}$ 和 FIM $\boldsymbol{C}$。原本属于 FIM $\boldsymbol{A}$ 的部分元素"1"转移到了 FIM $\boldsymbol{C}$ 中(图 6-5 中虚线框内)。以支路③故障为例，无联络时，负荷 4 和 5 需要等待故障修复后才能恢复供电。增加了联络，则在完成故障隔离后，负荷 4 和 5 可通过联络恢复供电，故障对其影响的类型计入了 FIM $\boldsymbol{C}$ 中。现实中，联络通常具有转供容量的约束，因此，图 6-5(b) FIM $\boldsymbol{C}$ 中的虚线框内的元素可能不能全部取"1"，因此，与 FIM $\boldsymbol{B}$ 中的可变元素一样，将 FIM $\boldsymbol{C}$ 中的可变元素也纳入决策变量之中，FIM $\boldsymbol{C}$ 中的可变元素 c_{ij} 同样需要满足若干约束。

1) 故障影响类型唯一约束

首先是故障影响类型唯一约束：

$$
a_{ij} + \sum_{l=1}^{N_{\text{tie}}} c_{ij}^{l} = 1 \tag{6-6}
$$

式中，N_{tie} 为联络的总数量；c_{ij}^{l} 为第 l 条联络所对应的 FIM $\boldsymbol{C}^{l}$ 中的可变元素，$\boldsymbol{C}^{l}$ 表示第 1 条联络对应的 FIM $\boldsymbol{C}$。与式(6-3)的故障影响类型唯一约束的原理相同，一个负荷节点只能有一种停电类型，或者可以被转供恢复供电，或者无法被转供，即 a_{ij} 和 c_{ij}^{l} 不能同时为"1"。

2) 联络转供容量约束

c_{ij}^{l} 还需要满足转供容量约束，忽略线路损耗，仅考虑负荷的有功和无功需求，转供容量约束为

$$
\left(\sum_{j=1}^{N_{\text{load}}} c_{ij}^{l} \times P_j \right)^2 + \left(\sum_{j=1}^{N_{\text{load}}} c_{ij}^{l} \times Q_j \right)^2 \leqslant \left(M_{\text{tie}}^{l} \right)^2 \tag{6-7}
$$

式中，P_j 和 Q_j 分别为负荷节点 j 的有功和无功需求；M_{tie}^l 为第 l 条联络的转供容量上限；N_{load} 为负荷节点总数。

3）转供范围内的馈线辐射状结构约束

联络的转供范围需要满足辐射状结构约束：

$$c_{ij}^l \leqslant c_{ig}^l, \quad g \in S_{\text{tie},j} \tag{6-8}$$

式中，$S_{\text{tie},j}$ 为从联络 tie 到负荷节点 j 所经过的路径上所有设备的集合。辐射状结构约束的实际意义是在支路 i 故障下，如果负荷节点 j 可以被转供恢复供电，即 $c_{ij}^l = 1$，那么从负荷节点 j 到联络 tie 之间的路径上所有负荷节点也必须被恢复供电，保证被转供的负荷节点相互连接。以图 6-6 中存在 1 个联络的配电系统 FIM C 中的可变元素 c_{23} 为例，在支路②故障下，负荷节点 3 到联络 tie 的路径上有负荷节点 4 和 5，那么 c_{23} 必须满足 $c_{23} \leqslant c_{24}$ 和 $c_{23} \leqslant c_{25}$，即若负荷节点 3 被转供，即 $c_{23} = 1$，那么负荷 4 和 5 必须被转供，即 $c_{24} = 1$，$c_{25} = 1$。

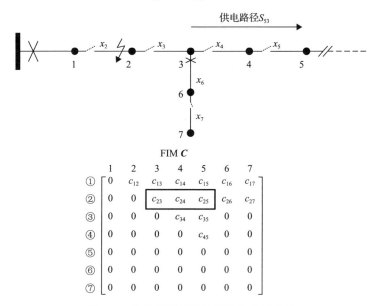

图 6-6　转供范围辐射状结构约束示意图

4）故障类型一致性约束

FIM C 中的 0-1 可变元素也与开关位置决策变量 x_k 有关，尤其当联络的转供容量有限，无法完全恢复全部停电负荷时，需要优化转供范围，而转供范围的大小、恢复负荷的多少取决于分段开关的开断，用数学形式表达开关位置决策变量与 FIM C 中 0-1 可变元素的约束关系如下：

$$(1-x_k)\times(c_{im}^l-c_{in}^l)=0 \tag{6-9}$$

式(6-9)的实际意义是，若一条支路上没有开关，则其两端的节点故障影响类型必须保持一致。若此条支路上安装了开关，则其两端节点的故障类型可以不一致。以图 6-7 说明故障类型一致性约束[式(6-9)]的实际意义。

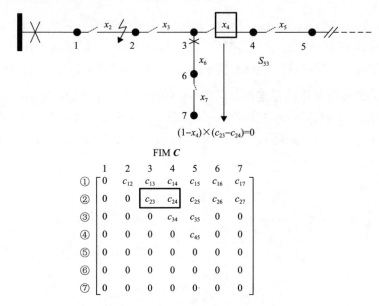

图 6-7　故障类型一致性约束示意图

对于支路②故障，若支路④上不存在开关，即 $x_4=0$，则负荷节点 3 和 4 无法被相互隔离，因此，两个负荷节点的故障影响类型必须一致，它们或者全被联络恢复供电，或者全部不能恢复供电，即 $c_{23}=c_{24}$，从而保证了约束 $(1-x_4)\times(c_{23}-c_{24})=1\times0=0$。而当支路④上有开关时，即 $x_4=1$，则负荷节点 3 和 4 的故障影响类型可以不同，因为 $(1-x_4)\times(c_{23}-c_{24})=0\times(c_{23}-c_{24})=0$。

此外，一个负荷节点不可同时被多条联络恢复供电，约束如下：

$$\sum_{l=1}^{N_{tie}}c_{ij}^l\leqslant 1 \tag{6-10}$$

综合式(6-6)～式(6-10)，本节所建立的考虑多联络的分段开关优化模型如下：

$$\min C = C_{\text{EENS}} + C_{\text{sw}}$$

s.t.

$$
\begin{cases}
\text{EENS} = \left(\boldsymbol{\lambda} \circ \boldsymbol{u} \times \boldsymbol{A} + \boldsymbol{\lambda} \times t_{\text{sw}} \times \boldsymbol{B} + \boldsymbol{\lambda} \times t_{\text{op}} \times \displaystyle\sum_{l=1}^{N_{\text{tie}}} \boldsymbol{C}^l \right) \times \boldsymbol{L}^{\text{T}} \\[4mm]
C_{\text{EENS}} = k_{\text{EENS}} \times \text{EENS} \times T \\[3mm]
C_{\text{sw}} = c_{\text{inv}} \times \displaystyle\sum_{k=1}^{N_x} x_k + c_{\text{mai}} \times T \times \displaystyle\sum_{k=1}^{N_x} x_k \\[4mm]
a_{ij} + b_{ij} = 1 \\[2mm]
b_{ij} \geqslant x_k, \qquad x_k \in S_{ij} \\[2mm]
b_{ij} \leqslant \displaystyle\sum x_k, \quad x_k \in S_{ij} \\[3mm]
a_{ij} + \displaystyle\sum_{l=1}^{N_{\text{tie}}} c_{ij}^l = 1 \\[4mm]
c_{ij}^l \leqslant c_{ig}^l, \quad g \in S_{\text{tie},j} \\[3mm]
\displaystyle\sum_{l=1}^{N_{\text{tie}}} c_{ij}^l \leqslant 1 \\[4mm]
\left(\displaystyle\sum_{j=1}^{N_{\text{load}}} c_{ij}^l \times P_j \right)^2 + \left(\displaystyle\sum_{j=1}^{N_{\text{load}}} c_{ij}^l \times Q_j \right)^2 \leqslant (M_{\text{tie}}^l)^2 \\[4mm]
(1 - x_k) \times (c_{im}^l - c_{in}^l) = 0
\end{cases}
\tag{6-11}
$$

式 (6-11) 中只有最后两个约束为二次约束,其余所有约束均为线性约束,可应用 0-1 整数二次规划模型求解。

4. 分段开关与联络开关联合优化配置模型

本节第 2 部分解决了在联络位置和联络开关给定下的分段开关优化配置问题。当配电系统中有若干联络建设备选位置时,不同的联络开关配置方案也会影响分段开关的配置情况,因此,需要同时优化分段开关和联络开关的配置方案。下面应用遗传算法求解联络开关的优化配置问题,在其中嵌套本节第 2 部分的 0-1 整数规划模型求解不同联络方案下的分段开关优化配置问题。算法的流程图如图 6-8 所示。

分段开关与联络开关联合优化配置的具体步骤如下。

(1) 参数输入:首先给配电系统的节点和支路编号,然后根据节点和支路的可靠性参数以及用户情况形成故障率参数向量 $\boldsymbol{\lambda}$、故障修复时间参数向量 $\boldsymbol{u}$、负荷需求向量 $\boldsymbol{L}$ 和用户数向量 $\boldsymbol{n}$。

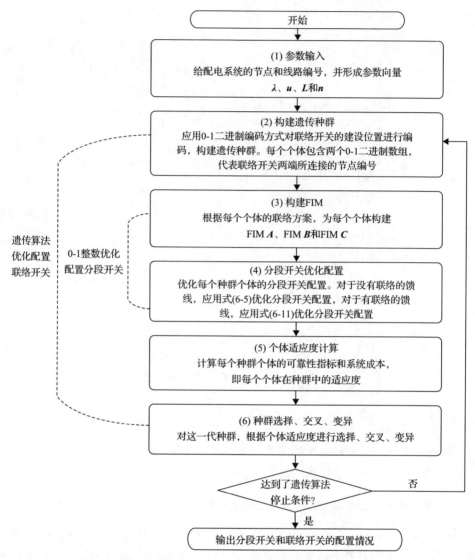

图 6-8　分段开关与联络开关优化配置算法流程

(2)构建遗传种群：利用 0-1 二进制编码方式对种群中的每个个体进行编码，形成初始遗传种群。每个个体包含两个二进制的数组，分别代表联络开关两端所连接的配电系统节点的编号。每个个体代表了一个联络开关的配置方案。

(3)构建 FIM：对于每个个体，构建 FIM A、FIM B 和 FIM C。

(4)分段开关优化配置：对于每个个体，优化其分段开关的配置情况。由于每个个体代表了一个配电系统的联络开关配置方案，因此这个个体所代表的配电系统中既包含无联络的馈线，也包含有联络的馈线。对于无联络的馈线，应用式(6-5)

求解最优的分段开关配置。对于有联络的馈线，应用式(6-11)求解最优分段开关配置。

（5）个体适应度计算：在优化了每个个体的分段开关配置情况后，计算分段开关和联络开关的建设运维成本以及可靠性指标情况，得到配置方案的总成本，代表这个个体的适应度。

（6）种群选择、交叉、变异：根据这一代种群中个体的适应度情况，进行种群的选择、交叉、变异操作，并重复步骤(2)～(6)，直到达到了遗传算法停止条件，输出最优个体，即最优的分段开关和联络开关优化配置方案。

值得特别说明的是，优化配置联络开关时，应考虑联络本身的建设运维成本，这里为将问题简化，没有考虑这一部分，仅重点关注了可靠性问题。

6.4　案　例　分　析

6.4.1　单馈线分段开关优化配置

首先以一个简单的单馈线配电系统说明应用 FIM 求解分段开关最优位置的数学优化方法。对于图 6-9 中的配电系统，假定每段线路的故障率为 0.1 次/年，故障修复时间为 5h，分段开关操作时间为 2h，每段负荷为 10kW。现需要安装一个分段开关以提升可靠性，决策该分段开关安装在哪一段线路对可靠性指标的提升效果最明显。

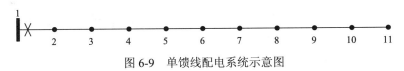

图 6-9　单馈线配电系统示意图

假设该分段开关安装在第 x 段线路上，则安装该分段开关后，以分段开关为边界，构建配电系统可靠性标准计算单元，如图 6-10 所示。

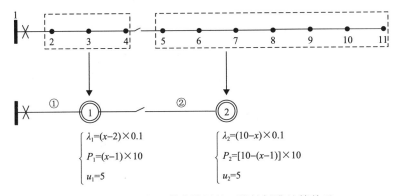

$$\begin{cases} \lambda_1=(x-2)\times 0.1 \\ P_1=(x-1)\times 10 \\ u_1=5 \end{cases} \qquad \begin{cases} \lambda_2=(10-x)\times 0.1 \\ P_2=[10-(x-1)]\times 10 \\ u_2=5 \end{cases}$$

图 6-10　以分段开关为边界的可靠性标准计算单元

　　由图 6-10 可见，一个分段开关将一条馈线分为两段，两段线路上的节点分别合并为两个等效节点。这两个等效节点的等效故障率和节点负荷需求都与 x 有关。例如，图 6-10 中的分段开关安装在第 4 段线路上，则 $\lambda_1=(4-2)\times0.1=0.2$ 次/年，$P_1=(4-1)\times10=30\text{kW}$。等效节点 2 的故障率 λ_2 为 0.6 次/年，负荷 P_2 为 70kW。

　　然后推导等效节点以及支路的 FIM，如图 6-11 所示。

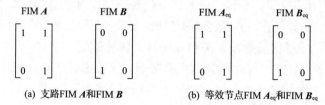

FIM A　　　　FIM B　　　　　　FIM A_{eq}　　　　FIM B_{eq}

$$\begin{bmatrix} 1 & 1 \\ 0 & 1 \end{bmatrix} \qquad \begin{bmatrix} 0 & 0 \\ 1 & 0 \end{bmatrix} \qquad\qquad \begin{bmatrix} 1 & 1 \\ 0 & 1 \end{bmatrix} \qquad \begin{bmatrix} 0 & 0 \\ 1 & 0 \end{bmatrix}$$

(a) 支路FIM A和FIM B　　　　(b) 等效节点FIM A_{eq}和FIM B_{eq}

图 6-11　可靠性标准计算单元的 FIM

　　将图 6-11 中的支路 FIM 和等效节点 FIM 代入式(4-7)即可得到系统的可靠性指标 EENS：

$$
\begin{aligned}
\text{EENS} = &\Big\{ \big[\, \lambda_1 u_1 \quad \lambda_2 u_2 \,\big] \times A_{\text{eq}} + \big[\, \lambda_1 t_{\text{sw}} \quad \lambda_2 t_{\text{sw}} \,\big] \times B_{\text{eq}} + \big[\, \lambda_1^L u_1^L \quad \lambda_2^L u_2^L \,\big] \\
&\times A + \big[\, \lambda_1^L t_{\text{sw}} \quad \lambda_2^L t_{\text{sw}} \,\big] \times B \Big\} \times \begin{bmatrix} P_1 \\ P_2 \end{bmatrix}
\end{aligned}
\tag{6-12}
$$

式中，λ_1^L 和 λ_2^L 分别为可靠性标准计算单元中第一段和第二段线路的故障率，均为 0.1 次/年；u_1^L 和 u_2^L 分别为可靠性标准计算单元中第一段和第二段线路的故障修复时间，均为 5h。

　　根据图 6-10 中等效节点的故障参数与开关安装位置决策变量 x 的关系，将 x 代入式(6-12)，即可得到用决策变量 x 表达的 EENS 指标：

$$
\text{EENS} = 3x^2 - 36x + 533
\tag{6-13}
$$

　　由式(6-13)可知，EENS 为决策变量的二次函数，因此，容易求得当 $x=6$ 时，EENS 的值最小，为 425kW·h/年。图 6-12 给出了 x 从 2 增长到 10 时，EENS 的变化情况，代表了分段开关从安装在第 2 段线路到安装在第 10 段线路上系统可靠性指标 EENS 的变化情况。

　　由图 6-9 可见，第 6 段是该条馈线的中间段，由图 6-12 中 EENS 的趋势也可以看出，当线路的故障参数以及负荷均衡分布时，分段开关的最佳安装位置是线路的中部，以期尽量平均各段馈线的故障参数和负荷量。

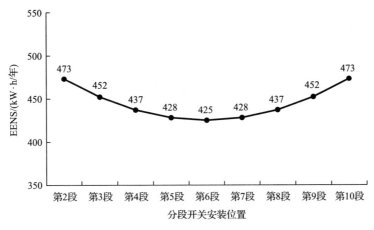

图 6-12　EENS 随分段开关安装位置的变化趋势图

6.4.2　配电系统分段开关与联络开关优化配置

本节以一个 94 节点的配电系统为例，应用 6.3.2 节所建立的分段开关与联络开关联合优化配置模型，优化该配电系统的分段开关与联络开关配置方案，在保证经济性的同时使配电系统的可靠性得到最大提升。

配电系统结构如图 6-13 所示，共有 11 条馈线，需要优化整个网络的分段开关与联络开关配置情况。设所有线路的故障率为 0.035 次/(km·年)，故障修复时间为 5h，分段开关操作时间、联络的转供时间均为 1h。馈线各段负荷需求情况如表 6-3 所示。设分段开关的投资为 5000 元/个，开关的运行年限为 15 年。系统的停电

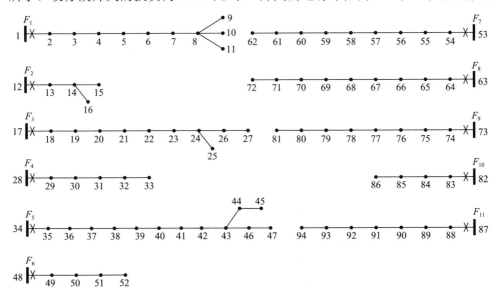

图 6-13　94 节点配电系统算例示意图

表 6-3　94 节点配电系统负荷需求

节点编号	有功需求/kW	无功需求/kvar	节点编号	有功需求/kW	无功需求/kvar	节点编号	有功需求/kW	无功需求/kvar
1	0	0	33	200	120	65	30	20
2	0	0	34	0	0	66	600	420
3	100	50	35	0	0	67	0	0
4	300	200	36	1600	1500	68	20	10
5	350	250	37	200	150	69	20	10
6	220	100	38	200	100	70	200	130
7	800	700	39	800	600	71	300	240
8	400	320	40	100	60	72	300	200
9	300	200	41	100	60	73	0	0
10	300	230	42	20	10	74	0	0
11	300	260	43	20	10	75	50	30
12	0	0	44	20	10	76	0	0
13	0	0	45	20	10	77	400	360
14	1200	800	46	200	160	78	0	0
15	750	600	47	50	30	79	0	0
16	700	500	48	0	0	80	1900	1500
17	0	0	49	0	0	81	200	150
18	0	0	50	30	20	82	0	0
19	300	150	51	750	600	83	0	0
20	500	350	52	200	150	84	0	0
21	700	400	53	0	0	85	1200	900
22	1100	1000	54	0	0	86	300	180
23	300	300	55	0	0	87	0	0
24	400	350	56	0	0	88	0	0
25	50	20	57	200	160	89	400	360
26	50	20	58	800	600	90	2000	1300
27	50	10	59	500	300	91	200	140
28	0	0	60	500	350	92	500	360
29	50	30	61	500	300	93	100	30
30	1000	600	62	200	80	94	400	360
31	1000	700	63	0	0			
32	1800	1300	64	0	0			

惩罚为 10 元/(kW·h)。特别说明的是，优化配置联络开关时，应考虑联络本身的建设运维成本以及所联络的两条馈线间的地理限制因素。这里为将问题简化，

重点关注分段开关与联络开关对可靠性的影响，假定联络开关以及相关联络的投资为 10 万元/个，且任意两条馈线间可建立联络，不考虑地理因素对联络建设的限制。

考虑三种建设情况。

案例 1：只投资建设分段开关，不建设联络。

案例 2：投资建设分段开关与联络，不考虑联络的转供容量约束，每条联络均可最大范围地恢复被故障影响的停电负荷。

案例 3：投资建设分段开关与联络，考虑联络转供容量约束，设馈线 $F_1 \sim F_{11}$ 的线路容量为 5MV·A，各条馈线的负载率如表 6-4 所示。

表 6-4　各条馈线的负载率

馈线编号	1	2	3	4	5	6
负载率/%	77	65	86	98	86	25
馈线编号	7	8	9	10	11	
负载率/%	65	36	65	37	88	

基于 FIM 建立分段开关与联络开关优化模型，对三个案例的分段开关与联络开关进行优化配置，三个案例的最优分段开关与联络开关配置方案及其经济性对比情况如表 6-5 所示。

表 6-5　各类优化方案的成本对比情况

对比项	案例 1	案例 2	案例 3	原始结构
EENS/(MW·h/年)	23.39	11.34	12.76	35.71
EENS 惩罚成本/万元	350.85	170.10	191.40	535.65
最优分段开关个数/个	37	55	49	
分段开关投资成本/万元	18.50	27.50	24.50	
联络开关个数/个	—	5	7	
联络投资成本/万元	—	50	70	
系统总成本/万元	369.35	247.60	285.90	535.65

由表 6-5 可知，分段开关与联络开关的建设可极大地提升系统可靠性。原始结构的 EENS 为 35.71MW·h/年，而在案例 1 中，加入分段开关后，EENS 指标改善了 34.5%。再加入联络后，在案例 2 和案例 3 中，EENS 指标进一步改善了 68.2% 和 64.3%。

对比案例 1 和案例 2，加入联络后，最优分段开关的数量由 37 个增加到了 55 个，这说明联络的加入可以进一步增大分段开关对系统可靠性的提升作用。其原因是，当未加入联络时，分段开关的作用仅仅局限于将故障与故障上游的负荷隔离并由主电源恢复供电，对可靠性的提升作用有限。加入联络后，分段开关除了可以恢复上游供电，还可以帮助故障下游负荷转供。因此，联络的加入进一步增加了安装分段开关的投资效益回报，最优方案中的分段开关数量也随之增加了。对比案例 2 和案例 3 可知，联络的容量约束也会限制开关的投资效益。由于案例 3 中的联络容量有约束，不能完全恢复故障下游负荷，因此，分段开关的投资效益不如案例 2 好，分段开关的最优配置数量也从 55 个下降到了 49 个。

图 6-14 为在案例 3 中，系统的 EENS 惩罚成本、分段开关投资成本、联络投资成本以及系统总成本随着联络数量增加的变化曲线。

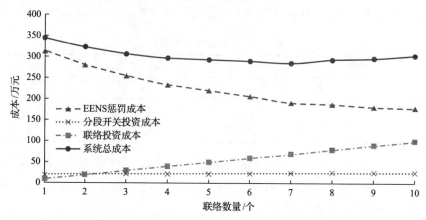

图 6-14　案例 3 中各项成本随联络数量变化的曲线

由图 6-14 中 EENS 惩罚成本曲线变化可见，随着联络数量的增加，EENS 惩罚成本的下降趋势逐渐变缓，说明随着系统中联络数量的增加，建设联络对 EENS 的改善程度逐渐减小，其投资回报效益也逐渐减小。当联络数量为 7 个时，系统总成本曲线达到最低点，而继续增加联络就不会进一步产生经济效益了。

对比案例 2 和案例 3 发现，两者由于联络容量的约束问题，其最优的分段开关与联络开关配置方案差别很大，表 6-6 列出了案例 2 和案例 3 中的分段开关和联络开关的详细配置方案对比情况，以便探寻网络中分段开关与联络开关的配置原则和规律。

表 6-6　案例 2 与案例 3 的分段开关与联络开关配置方案对比

优化配置方案	案例 2	案例 3
联络方案	$F_1(11)$-$F_5(45)$、$F_2(15)$-$F_4(33)$、$F_3(27)$-$F_7(62)$、$F_8(72)$-$F_9(81)$、$F_{10}(86)$-$F_{11}(94)$	$F_1(11)$-$F_6(51)$、$F_3(26)$-$F_6(52)$、$F_4(33)$-$F_6(50)$、$F_5(45)$-$F_8(70)$、$F_7(62)$-$F_8(67)$、$F_8(72)$-$F_9(81)$、$F_{10}(86)$-$F_{11}(91)$
F_1 分段位置	3、4、5、6、7、8、9、10	3、4、5、6、7、8、9、10
F_2 分段位置	2、3、4	3、4

续表

优化配置方案	案例 2	案例 3
F_3 分段位置	2、3、4、5、6、7、8、10	3、4、5、6、7、8、10
F_4 分段位置	2、3、4、5	3、4、5
F_5 分段位置	2、3、4、5、6、8、10、12	3、4、5、6、8、10、12
F_6 分段位置	4	3、4
F_7 分段位置	4、5、6、7、8、9	5、6、7、8、9
F_8 分段位置	3、4、7、8、9	3、4、7、8、9
F_9 分段位置	4、5、7、8	4、5、7、8
F_{10} 分段位置	3、4	4
F_{11} 分段位置	2、3、4、5、6、7	2、3、4、5、6

分析案例 2 和案例 3 联络开关配置方案的对比情况，表 6-6 中联络方案一行的表示方式是"馈线号(联络节点号)"。在案例 2 中，联络配置在了每条馈线的最末端。原因是，末端负荷受故障事件影响大，而联络的容量又足够恢复下游所有停电负荷，因此，处于末端的联络转供作用会被最大限度地发挥，联络最优安装位置是馈线末端。此外，案例 2 中的最优联络共有 5 条，覆盖了 10 条馈线，每条馈线建设一条联络足够，不需要增加建设第二条联络。只有负载率仅为 25%的馈线 F_6 没有覆盖，原因是馈线 F_6 负荷轻，投资建设联络无法产生效益回报。而在案例 3 中，由于馈线联络容量有限，轻载的馈线 F_6 建设了三条联络：$F_1(11)$-$F_6(51)$、$F_3(26)$-$F_6(52)$ 和 $F_4(33)$-$F_6(50)$。其目的是最大化利用轻载馈线的富余容量去恢复重载馈线的停电负荷。其所连接的馈线 F_1、F_3 和 F_4 的负载率为 77%、86%和 98%。类似于馈线 F_6，馈线 F_8 的负载率也相对较小，为 36%。因此，馈线 F_8 也建设了 3 条联络，负责转供负载较重的馈线 F_5、F_7 和 F_9。这三条馈线的富余容量虽然较少，但它们对馈线 F_8 的联络将馈线 F_8 分为了三段，分别为 64~67 段、68~70 段和 71~72 段。当馈线 F_8 故障时，三条馈线负责转供各个分段的负荷。

分析案例 2 和案例 3 的分段开关配置情况，表 6-6 中的分段标号 x 表示在馈线的第 x 段安装分段开关。由表中结果可知，分段开关配置需要尽量使各个分段的负荷均衡。以馈线 F_8 为例，分段情况为 3、4、7、8、9。第 1、2、5、6 段没有配置分段开关的原因是这些分段的有功负荷非常小，因此，建设分段开关并没有投资回报。除了"平均分段"这一配置原则外，馈线间的联络情况也会影响馈线的分段方案。给馈线增加联络会增加分段开关的投资效益回报，因此，存在联络的馈线分段开关更多。以馈线 F_2 为例，案例 2 中，馈线 F_2 有联络，案例 3 中馈线 F_2 没有联络。因此，在案例 2 中，馈线 F_2 比案例 3 在上游增加了一个分段开关 2。原因是在没有联络的情况下，上游故障时，下游节点只能停电，因此，在上下游之间增加一个分段开关对下游负荷并没有可靠性提升的效益。然而，在存在联络的情况下，上下游之间增加一个分段开关可隔离故障，使得下游负荷转供从而提升可靠性，因此，增加一个分段开关的投资效益上升。由此可见，联络开关的配置情况影响着分段开关的优化配置，在实际中联络开关与分段开关的规划需要同时考虑。

本节在进行分段开关与联络开关的优化配置分析中，对案例本身进行了一定程度的理想化假定。在实际规划工作中，馈线的分段开关与联络开关的建设需要考虑更多的因素，例如，在馈线不同位置进行分段的困难程度、联络建设所受到的地理制约、联络线路长度对建设投资的影响等。

6.5 本 章 小 结

配电系统可靠性分析最终需要服务配电系统的可靠性提升工作，本章首先对提升配电系统可靠性的相关措施进行了分类总结，包括改善配电系统网络结构、提升配电系统设备水平以及提高配电系统管理效率。进而具体介绍了基于价值的可靠性规划概念、流程与数据模型。最后针对配电系统分段开关和联络开关的优化设计这一可靠性规划工作为案例，给出了基于 FIM 的分段开关与联络开关优化配置模型。实现了分段开关的 0-1 整数规划建模，可快速得到分段开关配置的全局最优解。在分段开关的优化配置模型中，增加了联络的位置和容量约束对分段开关配置的影响，可为电网规划人员在配电系统结构优化设计方面提供切实可行的方案参考。研究表明分段开关的安装位置应尽可能保证各段线路所带负载均衡，且分段开关的安装位置会受到联络接入位置的影响。联络处于重载馈线末端对可靠性的提升作用最大。

参 考 文 献

[1] Zhang T, Wang C, Luo F, et al. Optimal design of the sectional switch and tie line for the distribution network based on the fault incidence matrix. IEEE Transactions on Power Systems, 2019, 34(6): 4869-4879.

[2] 张天宇. 基于故障关联矩阵的配电系统可靠性评估方法. 天津: 天津大学, 2019.

[3] 陈文高. 配电系统可靠性实用基础. 北京: 中国电力出版社, 1998.

[4] Chowdhury A A, Koval D O. 配电系统可靠性: 实践方法及应用. 王守相, 李志新, 译. 北京: 中国电力出版社, 2013.

[5] 田洪迅. 中压配电系统可靠性评估应用指南. 北京: 中国电力出版社, 2018.

[6] Allan R, Billiton R. Probabilistic assessment of power systems. Proceedings of the IEEE, 2000, 88(2): 142-162.

[7] 王哲, 罗凤章, 竺笠, 等. 中压配电网接线模式分段和联络优化配置方法. 电力系统及其自动化学报, 2015, 27(1): 83-89.

[8] Zheng H, Cheng Y, Gou B, et al. Impact of automatic switches on power distribution system reliability. Electric Power Systems Research, 2012, 83(1): 51-57.

[9] Mao Y, Miu K N. Switch placement to improve system reliability for radial distribution systems with distributed generation. IEEE Transactions on Power Systems, 2003, 18(4): 1346-1352.

[10] 廖一茜, 张静, 王主丁, 等. 中压架空线开关配置三阶段优化算法. 电网技术, 2018, 42(10): 3413-3419.

[11] Wang P, Billinton R. Demand-side optimal selection of switching devices in radial distribution system planning. IEE Proceedings-Generation, Transmission and Distribution, 1998, 145(4): 409-414.

[12] Xu Y, Liu C C, Schneider K P, et al. Placement of remote-controlled switches to enhance distribution system restoration capability. IEEE Transactions on Power Systems, 2016, 31(2): 1139-1150.

[13] Pregelj A, Begovic M, Rohatgi A. Recloser allocation for improved reliability of DG-enhanced distribution networks. IEEE Transactions on Power Systems, 2006, 21(3): 1442-1449.

[14] Pavani P, Singh S N. Reconfiguration of radial distribution networks with distributed generation for reliability improvement and loss minimization. IEEE Power and Energy Society General Meeting, Vancouver, 2013: 1-5.

[15] Aman M M, Jasmon G B, Mokhlis H, et al. Optimum tie switches allocation and DG placement based on maximisation of system loadability using discrete artificial bee colony algorithm. IET Generation Transmission & Distribution, 2016, 10(10): 2277-2284.

[16] Tippachon W, Rerkpreedapong D. Multiobjective optimal placement of switches and protective devices in electric power distribution systems using ant colony optimization. Electric Power Systems Research, 2009, 79(7): 1171-1178.

[17] Assis L S D, Usberti F L, Lyra C, et al. Switch allocation problems in power distribution systems. IEEE Transactions on Power Systems, 2014, 30(1): 246-253.

[18] Abiri J A, Fotuhi F M, Parvania M, et al. Optimized sectionalizing switch placement strategy in distribution systems. IEEE Transactions on Power Delivery, 2011, 27(1): 362-370.

[19] Siirto O K, Safdarian A, Lehtonen M, et al. Optimal distribution network automation considering earth fault events. IEEE Transactions on Smart Grid, 2017, 6(2): 1010-1018.

[20] Sun L, You S, Hu J, et al. Optimal allocation of smart substations in a distribution system considering interruption costs of customers. IEEE Transactions on Smart Grid, 2016, 9(4): 3733-3782.

[21] 孙磊, 杨贺钧, 丁明. 配电系统开关优化配置的混合整数线性规划模型. 电力系统自动化, 2018, 42(16): 87-95.

第7章 可靠性分析方法应用——配电设备状态检修

7.1 引　言

配电设备的检修主要分为两大类：矫正性检修和预防性检修。矫正性检修是指对已经失效或发生故障的配电设备进行的检修，当配电系统停电后，通过更换、修复或调整引起系统停电的那些设备从而使配电系统尽快恢复供电。预防性检修是指在配电设备发生故障之前对该设备进行的调整、清洁、修理、润滑等一系列的保养维护行为。通过定期检查配电系统设备运行功能状态，查找有缺陷或接近损耗期的配电设备，开展预防性检修，可保证配电设备处于健康运行状态，维持配电系统的高可靠性运行。

第 4～6 章均考虑了配电设备的故障以及矫正性检修给配电系统可靠性水平所带来的影响，本章将重点关注配电设备的预防性检修，研究配电设备预防性检修行为对配电设备以及整个系统可靠性水平的影响[1,2]，并应用 FIM，给出一个配电设备预防性检修策略优化的分析案例。

7.2　检修模式分类

7.2.1　定期检修模式

定期检修是一种以固定的时间间隔对设备进行停电/不停电预防性检修的模式[3]。例如，定期对大型发电厂的汽轮机进行每年两次的停机检查，在检查过程中对关键零部件进行维护、更替，待检修完毕，重新开机。又如，对 SF_6 断路器的检修，定期检测断路器在系统发生短路故障下的累计开断次数，对超过额定允许累计开断次数的断路器，按要求进行相应检查、试验或者整体设备的替换。这是因为断路器过多的动作次数将使设备的绝缘状态和气体密封性变差，有必要进行设备的替换。

这种定期检修的制度，不管运行设备有无问题，即使是健康设备，只要到期一定会进行一次检测和检修。若不对检修周期进行优化决策，极易造成电气设备"小病大治，无病亦治"的盲目无谓检修现象，造成人工、资金等成本的增加。下面以一个简单的定期检修算例分析检修周期对电力公司成本支出的影响。

假设电力公司共有 N 台断路器，检修周期为 t 年，即每隔 t 年对所有断路器进行一次检修。设断路器发生故障的概率符合负指数分布，其故障率为 λ。则在一

个检修周期 t 年内，断路器发生故障的概率 $P(t)$ 为

$$P(t) = 1 - e^{-t \times \lambda} \tag{7-1}$$

若断路器发生一次故障给公司造成的停电损失为 a 万元，则在公司运营的 T 年内，公司的停电损失成本 $C_{停电}(t)$ 为

$$C_{停电}(t) = \frac{T}{t} \times N \times P(t) \times a \tag{7-2}$$

若检修一台断路器的成本为 b 万元/次，则在公司运营的 T 年内，公司的检修成本 $C_{检修}(t)$ 为

$$C_{检修}(t) = \frac{T}{t} \times N \times b \tag{7-3}$$

将停电成本 $C_{停电}(t)$ 与检修成本 $C_{检修}(t)$ 加和，得到公司运营 T 年的总成本 $C(t)$：

$$C(t) = C_{停电}(t) + C_{检修}(t) = \frac{T}{t} \times N \times [a \times P(t) + b] \tag{7-4}$$

假设该电力公司共有 1000 台断路器，即 $N=1000$。断路器故障率为 0.001 次/年，即 $\lambda=0.001$，停电损失成本为 6 万元/次，即 $a=6$。检修一台断路器的成本为 1 万元/次，即 $b=1$。公司运营 20 年，即 $T=20$。对比检修周期分别为 4 年和 5 年的情况下，公司运营的总成本 $C(4)$ 和 $C(5)$ 分别为

$$C(4) = \frac{20}{4} \times 1000 \times [6 \times (1 - e^{-4 \times 0.001}) + 1] = 5120 \text{ (万元)} \tag{7-5}$$

$$C(5) = \frac{20}{5} \times 1000 \times [6 \times (1 - e^{-5 \times 0.001}) + 1] = 4120 \text{ (万元)} \tag{7-6}$$

由以上计算过程可见，制定的检修周期不同，公司的运营成本不同。以某一固定检修周期对设备进行维护很有可能出现维护周期制定不合理导致公司运营成本上升的问题。因此，只有在设备检测手段欠缺、设备状态评价机制不完全、设备健康度无法跟踪的情况下，建议采取定期检修模式。

7.2.2　以可靠性为中心的检修模式

以可靠性为中心的检修是一种以设备在系统中的重要程度为依据制定检修策略、分配检修资源的检修模式。它综合考虑设备在系统中的重要程度，评估设备停运对系统造成的影响，对设备的检修成本与检修对系统可靠性提升的效果进行

权衡，决策出各类设备的检修策略以及人工和资金的投入。

对设备进行定期检修往往重点关注设备本身是否有缺陷，包括调查其实际状况、运行性能和外部环境等，而忽略了一个重要因素，那就是设备在系统中的重要程度。以可靠性为中心的检修的基本原则是：某个设备的检修策略和资源投入不单纯依赖于它本身的健康状况，也取决于它对系统可靠性水平的影响。对系统可靠供电影响较大的，即重要程度高的设备应该分配更多的检修资源和人力资本投入。而对系统停电影响较小的设备可以适当减少检修资源的投入，这就是以可靠性为中心的检修模式的核心思想。

以可靠性为中心的检修模式是对传统定期检修模式的一种丰富和拓展，定期检修方法中所包括的评估内容，如设备的实际状况检查、设备失效的历史记录、维修中的安全规程、人力限制和环境影响等因素，依然要在以可靠性为中心的设备检修中加以考虑。

以可靠性为中心的检修模式从系统整体角度考虑，力图将有限的检修资源分配到最需要维护的设备上，使得检修资源的投入达到效益最大化。其重点关注的是检修资源的合理分配，包括资金投入、人力分派，但具体到每个设备的检修策略制定层面，并没有给出详细的优化方法，即在给定检修资源的条件下如何为每个设备制定最优的检修策略问题并未加以解决。例如，在一定的资金投入下，如何制定设备的检修周期，针对设备劣化状态给出何种检修方式等，这些具体检修执行细节的决策，仍需进一步探讨。

7.2.3　状态检修模式

所谓状态检修，又称预知检修、视情检修、适应性检修。它是建立在应用设备状态诊断技术充分掌握设备健康度的基础上，对设备进行主动检修的一种管理体制。其方法就是应用各种测试手段和在线监测技术，通过可靠性的数理统计分析，对各类设备状态做出评估，预测其状态变化的趋势或规律，从而对少数应该检修的设备进行有针对性的适度检修。其目的在于尽可能地减少检修引起的设备停运时间以及人力物力的投入，同时又能保障电力供给的可靠性。

状态检修相比于传统的定期检修模式，对不同设备检修强度的把握更加精准，对不同设备检修周期的制定也更加灵活，能在保证设备可靠运行的基础上，显著提高电网运行的整体经济性。因此，状态检修模式正在实际电网运维中得到推广应用，而对于设备状态检修的决策优化也成为配电系统可靠性工程的关注重点。

7.3　配电设备状态检修优化决策

设备状态检修优化决策工作可分为三类，第一类是对于设备巡检周期的优化决策，第二类是对于设备检修时机的优化决策，第三类是对于设备检修方式的优化决策。这三类工作涵盖了状态检修的整个流程，即定期对设备状态进行检查，基于所检查的状态决定是否检修以及使用哪种方式进行检修。

在对设备巡检周期的优化决策中，重点关注不同设备的最优巡检间隔，旨在确定以何种频率对不同设备进行定期检查，可在保证经济性的同时，维持设备的健康水平。巡检周期的优化涉及巡检的人力投入和设备健康度之间的权衡。对设备频繁检查有助于及时发现设备缺陷从而快速解决问题，但过快的巡检也伴随着成本的增加。例如，配电变压器、电容器、绝缘子、导线、电缆等配电设备并不需要频繁维护，如何根据设备特性对设备制定有针对性的巡检周期是需要解决的问题。

对于设备检修时机的优化决策，一类研究基于役龄回退理论，该理论将检修行为对设备的影响等效为其服役年龄的回退。将设备故障率随时间的变化趋势近似为浴盆曲线，优化检修时机和每次检修的时间间隔，使设备的服役年龄回退，降低设备的故障率。此类决策方法重点关注的是老化设备的状态检修时机优化。另一类对检修时机的优化主要局限于定期检修范畴，即规定系统中的所有设备必须在一定时间内检修一次，但需要优化不同设备的检修时机，以保证检修时的整体系统风险最小。

对于设备检修方式的优化决策，其思路是依据设备在系统中的重要程度和设备本身的故障率，优化配置检修的资金、人力资源，为不同的设备安排不同强度的检修，保证系统整体的可靠性最优。此工作虽然注重系统不同位置的设备对系统整体可靠性的影响，并考虑了检修行为的经济性，但由于设备故障率和检修强度之间的关系难以获得，常常要对检修强度和设备故障率之间的关系作一定程度的简化。当前还有一些研究引入了健康度的概念，将设备的状态量化为分数，依据设备的健康度得分情况及其所在位置的重要程度，对待检修的设备进行排序，进而优化检修方式。

7.4　配电设备状态检修策略优化

对于配电系统，由于其设备种类繁杂、数量巨大，尤其在大量设备运行状态无法实时感知的情况下，需要对不同的设备制定不同的巡检周期，并根据设备在系统中的重要程度，设定最优的检修时机以及检修方式。为此，本书介绍一种配电设备状态检修策略优化模型，用于支撑配电设备的状态检修决策。首先基于马尔可夫链，建立设备多状态转移模型，模拟设备在运行过程中可能出现的多种劣化状态。然后，在设备多状态转移模型中增加巡检率、检修率等参数，求解状态转移方程，得到各类检修参数对设备故障率的影响，进而考虑设备故障对系统可靠性指标的影响，以检修参数为优化变量，以系统整体经济性最优为目标，建立状态检修参数优化模型，求解配电设备的最优检修策略。

7.4.1　考虑检修的配电设备状态模型

本节首先建立不考虑检修行为的配电设备状态马尔可夫模型，模拟设备在运行中的自然劣化过程。然后，建立考虑检修行为的配电设备状态马尔可夫模型，得到考虑检修行为的设备可靠度，为系统的可靠性计算提供参数支撑。

1. 配电设备多状态马尔可夫过程描述

在第 2 章关于设备可靠性模型的描述中，通常使用两状态马尔可夫过程模拟配电设备的运行状态[4]，如图 7-1 所示。

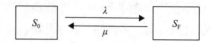

图 7-1　配电设备的两状态马尔可夫过程

图 7-1 中的 S_0 为设备正常运行状态，S_F 为设备故障状态，λ 和 μ 分别为设备的故障率和修复率，两个参数均可通过设备的日常运行和所记录的故障事件统计数据得到。基于 λ 和 μ 即可得到图 7-1 中设备的故障频率 f：

$$f = \frac{\lambda\mu}{\lambda + \mu} \tag{7-7}$$

以上模型参数可表征单个设备的可靠度，但无法计及检修行为对设备故障参数的影响，也就无法表征不同检修策略对系统可靠性指标的影响。需将配电设备两状态马尔可夫过程拓展为多状态马尔可夫过程，如图 7-2 所示。

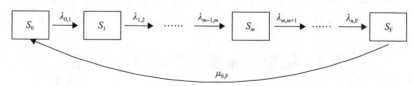

图 7-2　配电设备多状态马尔可夫过程

图 7-2 中，$\lambda_{m,m+1}$ 表示设备状态从 S_m 转移至 S_{m+1} 的转移率。多状态马尔可夫过程模拟了设备在运行中状态逐渐劣化的过程，即状态 S_0 到 S_F。若不采取任何检修策略，则设备状态将按照 S_0 到 S_F 的马尔可夫链转移，直到设备故障，即到达状态 S_F，并通过维修手段使得设备重新回到状态 S_0。若采取检修策略，在设备劣化过程中对设备加以维护，即干预自然劣化过程，则可在一定程度上延缓设备到达故障状态 S_F 的时间，从而提升设备可靠度。

2. 考虑检修行为的配电设备状态马尔可夫过程

为使模型描述清晰、简洁，将图 7-2 中的配电设备多状态马尔可夫过程简化为仅含有两个劣化状态的马尔可夫过程，用以说明检修行为对设备状态转移的影响，模型如图 7-3 所示。

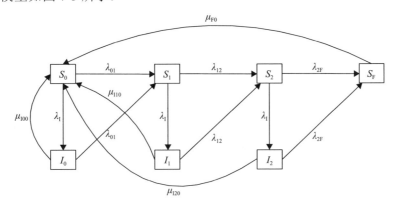

图 7-3 考虑检修行为的配电设备多状态马尔可夫过程模型

图 7-3 中的 S_1 与 S_2 代表配电设备的两种劣化状态，分别对应实际电网运维中设备出现的异常状态和严重状态。I_0、I_1、I_2 则代表设备处于检查状态。λ_{01}、λ_{12}、λ_{2F}、λ_I、μ_{I00}、μ_{I10}、μ_{I20}、μ_{F0} 均为设备的状态转移率，单位为次/年。λ_{01} 为设备从 S_0 到 S_1 的转移率；λ_{12} 为从 S_1 到 S_2 的转移率；λ_{2F} 为从 S_2 到 S_F 的转移率；μ_{F0} 为从 S_F 到正常状态 S_0 的转移率；λ_I 又可称为设备的巡检频率，代表了设备被巡检的频繁程度；μ_{I00} 又可称为设备的巡检完成率，取值为完成该设备巡检所需时长的倒数。

假设可采取两种检修方式，一种为小修，经过小修，可使设备的状态回退到前一个劣化状态。图 7-3 中的 I_1 到 S_0 的过程为小修过程。μ_{I10} 又可称为小修完成率，数值为小修时长的倒数。另一种为大修，经过大修，可使设备的状态退回到正常状态。图 7-3 中的 I_2 到 S_0 的过程为大修过程。μ_{I20} 又可称为大修完成率，数值为大修时长的倒数。

依据图 7-3 的状态转移过程，设备在运行过程中的状态转移过程可简单描述为：检修人员按照 λ_I 的频率定期巡检该设备，在检查该设备时，若发现设备正常，则不检修；若发现设备处于异常状态 S_1，则采取小修措施，使设备恢复正常状态；若发现设备处于严重状态 S_2，则采取大修措施，使设备恢复正常状态。

考虑了该检修策略后，设备到达故障状态的时间将被推迟，可靠度上升。

3. 设备可靠性参数计算模型

基于图 7-3 的状态转移图，将设备的各个状态概率组成列向量 $\boldsymbol{X}=[X_0\ X_1\ X_2\ X_F$

$X_{I0}\ X_{I1}\ X_{I2}]^{\mathrm{T}}$，结合马尔可夫状态转移矩阵，可得

$$
\begin{bmatrix}
-(\lambda_{01}+\lambda_{I}) & 0 & 0 & \mu_{F0} & \mu_{I00} & \mu_{I10} & \mu_{I20} \\
\lambda_{01} & -(\lambda_{12}+\lambda_{I}) & 0 & 0 & \lambda_{01} & 0 & 0 \\
0 & \lambda_{12} & -(\lambda_{2F}+\lambda_{I}) & 0 & 0 & \lambda_{12} & 0 \\
0 & 0 & \lambda_{2F} & -\mu_{F0} & 0 & 0 & \lambda_{2F} \\
\lambda_{I} & 0 & 0 & 0 & -(\lambda_{01}+\mu_{I00}) & 0 & 0 \\
0 & \lambda_{I} & 0 & 0 & 0 & -(\lambda_{12}+\mu_{I10}) & 0 \\
0 & 0 & \lambda_{I} & 0 & 0 & 0 & -(\lambda_{2F}+\mu_{I20}) \\
1 & 1 & 1 & 1 & 1 & 1 & 1
\end{bmatrix}
\times
\begin{bmatrix}
X_0 \\ X_1 \\ X_2 \\ X_F \\ X_{I0} \\ X_{I1} \\ X_{I2}
\end{bmatrix}
=
\begin{bmatrix}
0 \\ 0 \\ 0 \\ 0 \\ 0 \\ 0 \\ 1
\end{bmatrix}
$$

$$(7\text{-}8)$$

解线性方程组式(7-8)可以得到各个设备状态的发生概率，由于实际中修复率 μ 远大于故障率 λ，即 $\mu \gg \lambda$，在求解方程组的过程中，按照 $\mu+\lambda\mu=(1+\lambda)\,\mu\approx\mu$ 考虑，求解得到向量 X 中的各个状态的概率值，如式(7-9)所示：

$$
\begin{cases}
X_0 = \dfrac{\mu_{I00}\mu_{I10}\mu_{I20}\mu_{F0}(\lambda_I+\lambda_{12})(\lambda_I+\lambda_{2F})}{F(\lambda_I)} \\[2mm]
X_1 = \dfrac{\lambda_{01}\mu_{I10}\mu_{I20}\mu_{F0}(\lambda_I+\mu_{I00})(\lambda_I+\lambda_{2F})}{F(\lambda_I)} \\[2mm]
X_2 = \dfrac{\lambda_{01}\lambda_{12}\mu_{I20}\mu_{F0}(\lambda_I+\mu_{I00})(\lambda_I+\mu_{I10})}{F(\lambda_I)} \\[2mm]
X_F = \dfrac{\lambda_{01}\lambda_{12}\lambda_{2F}(\lambda_I+\mu_{I00})(\lambda_I+\mu_{I10})(\lambda_I+\mu_{I20})}{F(\lambda_I)} \\[2mm]
X_{I0} = \dfrac{\mu_{I10}\mu_{I20}\mu_{F0}\lambda_I(\lambda_I+\lambda_{12})(\lambda_I+\lambda_{2F})}{F(\lambda_I)} \\[2mm]
X_{I1} = \dfrac{\lambda_{01}\mu_{I20}\mu_{F0}\lambda_I(\lambda_I+\mu_{I00})(\lambda_I+\lambda_{2F})}{F(\lambda_I)} \\[2mm]
X_{I2} = \dfrac{\lambda_{01}\lambda_{12}\mu_{F0}\lambda_I(\lambda_I+\mu_{I00})(\lambda_I+\mu_{I10})}{F(\lambda_I)}
\end{cases}
$$

$$(7\text{-}9)$$

式中

$$
F(\lambda_I) = A\times\lambda_I^3 + B\times\lambda_I^2 + C\times\lambda_I + D
$$

$$
A = \mu_{I10}\mu_{I20}\mu_{F0}
$$

$$
B = \mu_{I00}\mu_{I10}\mu_{I20}\mu_{F0}
$$

$$
C = \mu_{I00}\mu_{I10}\mu_{I20}\mu_{F0}(\lambda_{01}+\lambda_{12}+\lambda_{2F})
$$

$$
D = \mu_{I00}\mu_{I10}\mu_{I20}\mu_{F0}(\lambda_{01}\lambda_{12}+\lambda_{12}\lambda_{2F}+\lambda_{01}\lambda_{2F})
$$

在得到各个状态的发生概率后, 即可得到各个状态发生的频率 $F=[F_0\ F_1\ F_2\ F_F$ $F_{I0}\ F_{I1}\ F_{I2}]$, 按式 (7-10) 计算:

$$
\begin{cases}
F_1 = X_1 \times (\lambda_I + \lambda_{12}) \\
F_2 = X_2 \times (\lambda_I + \lambda_{2F}) \\
F_F = X_F \times \mu_{F0} \\
F_{I0} = X_{I0} \times (\lambda_{01} + \mu_{I00}) \\
F_{I1} = X_{I1} \times (\lambda_{12} + \mu_{I10}) \\
F_{I2} = X_{I2} \times (\lambda_{2F} + \mu_{I20})
\end{cases}
\tag{7-10}
$$

由式 (7-9) 和式 (7-10) 可以看出, 设备的各个状态概率以及发生频率均与巡检频率 λ_I 相关。各个状态概率值的分母项 $F(\lambda_I)$ 为 λ_I 的三次函数, 而分子项为 λ_I 的二次或三次函数。在其他参数给定的情况下, 设备的总停运率、小修频率、大修频率和故障频率随巡检频率的变化趋势如图 7-4 所示。

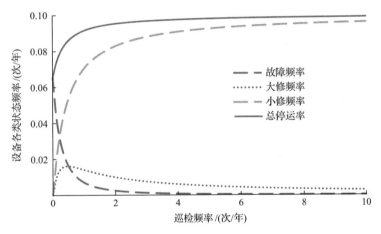

图 7-4　设备各类状态频率随巡检频率的变化趋势

由图 7-4 可以看出, 随着巡检频率的逐渐加快, 设备故障频率逐渐降低, 但故障频率并不能减小到 0, 它将逐渐减小并趋于一个定值。由式 (7-9) 和式 (7-10) 可以推导出, 当 λ_I 无限增大时, 设备的故障频率 F_F 将趋近于其分子和分母中 λ_I 最高次项 (3 次项) 的系数之间的比值, 为 $\lambda_{01}\lambda_{12}\lambda_{2F}/(\mu_{I10}\mu_{I20})$。由此可知, 一味地增大巡检频率并不能无限降低设备的故障频率, 相反, 增大巡检频率后, 设备的小修也增大了, 反而导致设备的总停运率上升了, 可能对系统的整体可靠性产生负面影响。因此, 仅仅建立单一设备的多状态马尔可夫模型无法完全解决状态检修优化问题。

7.4.2　配电设备状态检修策略优化模型

1. 优化目标

对检修策略的优化必须从系统整体角度出发，综合考虑检修行为的成本和系统的可靠性水平，需要在尽可能提高系统可靠性水平与节省检修成本之间进行权衡。在未来开放的电力市场环境下，供电可靠性将成为考核配电公司的重要指标之一，若发生停电事件，配电公司可能受到政府的惩罚。本节将系统缺供电量 EENS 转换为停电惩罚成本，与检修成本一起作为优化的目标函数，如式(7-11)所示：

$$\min C = C_{\text{EENS}} + C_{\text{M}} \tag{7-11}$$

式中

$$C_{\text{EENS}} = k_{\text{EENS}} \times \text{EENS}$$
$$C_{\text{M}} = k_{\text{I}} \times D_{\text{I}} + k_{\text{minor}} \times D_{\text{minor}} + k_{\text{major}} \times D_{\text{major}} + k_{\text{F}} \times D_{\text{F}}$$

C_{EENS} 为系统年停电惩罚费用，它与系统缺供电量 EENS 和单位停电量惩罚系数 k_{EENS} 有关；C_{M} 为检修所发生的成本，包括巡检成本、小修成本、大修成本和故障维修成本；D_{I}、D_{minor}、D_{major} 和 D_{F} 分别为巡检、小修、大修和故障维修的时长；k_{I}、k_{minor}、k_{major} 和 k_{F} 分别为检修行为的成本系数。以上参数取值需要依据所检修的设备种类、检修方式和检修难度决定。

2. 决策变量

决策变量包括巡检频率和检修策略。巡检频率为大于 0 且连续的实数，用 I 表示。而检修策略则是离散的决策变量。图 7-3 所示的马尔可夫模型只表示出了一种检修策略，对于具有两个劣化状态的马尔可夫模型，可以有 4 种检修策略，如图 7-5 所示。

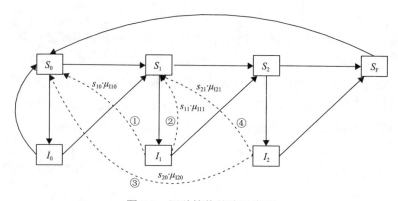

图 7-5　四种检修策略示意图

图 7-5 中的 4 条虚线箭头所标识的状态转移过程共有 4 种检修策略组合。建立决策向量 $s=[s_{10}\ s_{11}\ s_{20}\ s_{21}]$，向量中的元素取值为"0"或"1"。当巡检人员发现设备出现劣化，4 个决策变量取不同的值时，会有以下 4 种检修策略。

（1）①&③策略：$s=[1\ 0\ 1\ 0]$，检测到劣化状态 S_1 则小修，检测到劣化状态 S_2 则大修，尽量使设备保持最佳的正常运行状态 S_0。

（2）①&④策略：$s=[1\ 0\ 0\ 1]$，检测到劣化状态 S_1 和 S_2 都小修，使设备退回到前一个状态。

（3）②&③策略：$s=[0\ 1\ 1\ 0]$，检测到劣化状态 S_1 不维修，只有检测到劣化状态 S_2 后大修，使设备状态恢复到正常的 S_0 状态。

（4）②&④策略：$s=[0\ 1\ 0\ 1]$，检测到劣化状态 S_1 不维修，只有检测到劣化状态 S_2 后小修，使设备状态退回到 S_1 劣化状态。

以上 4 种检修策略对设备的可靠度影响不同，各自的检修成本也不同。例如，①&③策略对设备的维护最周密，因此设备可靠度最高，但其检修成本也最高。为了决策最佳的检修方式，需要按照式(7-11)从系统角度详细分析各种检修策略的优劣，并确定最优的巡检频率。

3. 约束条件

首先是设备的状态转移概率约束，在考虑了检修方式决策向量 s 后，设备状态转移概率方程如下：

$$
\begin{bmatrix}
-(\lambda_{01}+I) & 0 & 0 & \mu_{F0} & \mu_{100} & s_{10}\mu_{110} & s_{20}\mu_{120} \\
\lambda_{01} & -(\lambda_{12}+I) & 0 & 0 & \lambda_{01} & s_{11}\mu_{111} & s_{21}\mu_{121} \\
0 & \lambda_{12} & -(\lambda_{2F}+I) & 0 & 0 & \lambda_{12} & 0 \\
0 & 0 & \lambda_{2F} & -\mu_{F0} & 0 & 0 & \lambda_{2F} \\
I & 0 & 0 & 0 & -(\lambda_{01}+\mu_{100}) & 0 & 0 \\
0 & I & 0 & 0 & 0 & -(\lambda_{12}+s_{10}\mu_{110}+s_{11}\mu_{111}) & 0 \\
0 & 0 & I & 0 & 0 & 0 & -(\lambda_{2F}+s_{20}\mu_{120}+s_{21}\mu_{121}) \\
1 & 1 & 1 & 1 & 1 & 1 & 1
\end{bmatrix}
\times
\begin{bmatrix}
X_0 \\ X_1 \\ X_2 \\ X_F \\ X_{10} \\ X_{11} \\ X_{12}
\end{bmatrix}
=
\begin{bmatrix}
0 \\ 0 \\ 0 \\ 0 \\ 0 \\ 0 \\ 0 \\ 1
\end{bmatrix}
$$

$$(7\text{-}12)$$

相比式(7-8)，式(7-12)考虑了所有可能的状态转移路径，并在转移率 μ_{110}、μ_{111}、μ_{120} 和 μ_{121} 之前增加了决策向量 s 中的 4 个决策系数，4 个决策系数取不同的数值组合时，代表不同的检修策略。

然后是系统可靠性指标与设备停运率之间的等式约束。依据第 4 章介绍的FIM 法，可得到设备的停运率与 EENS 的解析表达式：

$$\text{EENS} = \text{EENS}_\text{F} + \text{EENS}_\text{major} + \text{EENS}_\text{minor} \tag{7-13}$$

式中

$$
\begin{cases}
\text{EENS}_\text{F} = F_\text{F} \times \left(\dfrac{1}{\mu_{\text{F}0}} \times \boldsymbol{A} + t_\text{sw} \times \boldsymbol{B} + t_\text{op} \times \boldsymbol{C} \right) \times \boldsymbol{L}^\text{T} \\[2mm]
\text{EENS}_\text{major} = D_\text{major} \times \boldsymbol{A} \times \boldsymbol{L}^\text{T} \\[2mm]
\text{EENS}_\text{minor} = D_\text{minor} \times \boldsymbol{A} \times \boldsymbol{L}^\text{T} \\[2mm]
D_\text{major} = s_{20} \times F_{\text{I}2} \times \dfrac{1}{\mu_{20}} \\[2mm]
D_\text{minor} = s_{10} \times F_{\text{I}1} \times \dfrac{1}{\mu_{10}} + s_{21} \times F_{\text{I}2} \times \dfrac{1}{\mu_{21}}
\end{cases}
$$

EENS_F、EENS_major 和 EENS_minor 分别为设备故障、设备大修和设备小修所引起的缺供电量。基于第 4 章的 FIM 推导方法可以得到 FIM $\boldsymbol{A}$、FIM $\boldsymbol{B}$ 和 FIM $\boldsymbol{C}$，并在获得分段开关操作时间 t_sw 和联络开关操作时间 t_op 后，即可显式计算 EENS 指标。

此外，还应计及决策方案之间的冲突约束，即向量 $\boldsymbol{s}$ 中的四个决策系数需要满足以下条件：

$$
\begin{cases}
s_{10} + s_{11} \leqslant 1 \\
s_{20} + s_{21} \leqslant 1
\end{cases} \tag{7-14}
$$

式 (7-14) 的实际意义是在一个检修方案中，设备的检修方式唯一。

式 (7-11)～式 (7-14) 构成了完整的配电设备状态检修策略优化模型。决策变量中的巡检频率 I 为连续变量，检修方案决策向量 $\boldsymbol{s}$ 为离散变量，则优化模型为 0-1 混合整数非线性优化模型，可应用遗传算法求解最优的巡检频率以及检修方案，求解流程如图 7-6 所示。

图 7-6 给出了应用遗传算法求解最优巡检频率与检修策略的流程，主要步骤如下。

（1）参数输入：输入配电设备的故障率、修复率、故障修复成本以及系统停电成本等参数。

（2）构建 FIM：给配电系统的节点和线路编号，并构建 FIM $\boldsymbol{A}$、FIM $\boldsymbol{B}$ 和 FIM $\boldsymbol{C}$。

（3）构建遗传种群：以巡检频率 I 和检修策略向量 $\boldsymbol{s}$ 为决策变量，应用 0-1 编码方法随机生成遗传个体，构建遗传种群。

（4）计算个体适应度：对每个遗传个体，以式 (7-12)～式 (7-14) 为约束条件，按照式 (7-11) 计算系统总成本作为该个体的适应度。

（5）种群的选择、变异、交叉：根据个体适应度进行选择、变异、交叉等遗传操作。

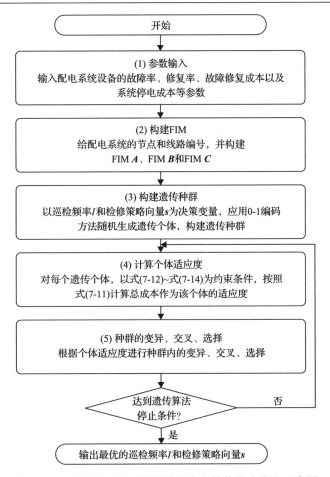

图 7-6　遗传算法求解最优巡检频率与检修策略流程示意图

（6）重复步骤（4）和（5），达到遗传算法的终止条件时，输出最优的巡检频率 I 和检修策略向量 s。

为使模型的描述简洁、明晰，本节所构建的检修决策优化模型是基于两个劣化状态以及四种备选检修策略的。实际配电系统设备种类繁多，维修方式、手段以及劣化阶段的划分并不相同，在应用此模型时需根据设备的实际种类划分劣化阶段和劣化状态数量，并备选合适的检修方案以供优化决策。

7.5　案　例　分　析

本节以配电线路的日常巡检维护工作为例，说明配电设备检修策略优化问题的分析求解过程。对配电线路的巡检通常使用以下几种技术[5,6]。

（1）外观检查：工作人员通过外观的巡视可以发现线路相关问题，包括严重老化的电杆、导线断裂、绝缘子破损等。工作人员通常在做其他活动的同时进行外观检查，或是基于线路的性能做定点检查。

(2)红外热成像检查：对架空线路和地下电缆采用红外线检查。出现异常的温升时需要特别注意，若温升超过一定阈值就要启动检修工作。

(3)动作次数检查：定期读取重合器的动作次数和变压器分接头的动作次数，以动作次数多少来确定是否需要对其进行停电检查维护。

(4)油测试：对配电变压器、重合器或调压器进行油测试，可通过监测分解的气体判断设备是否劣化。

对配电线路的维护和检修行为主要包括以下几方面。

(1)对架空线周围树木覆盖情况进行检查并清理。树木与架空线之间保持一定的安全距离是配电线路安全运行的重要保障。由树木导致的线路故障是配电线路故障的主要原因，包括倒下的树木砸倒电杆、风吹引起的树枝将导线短路等。树木引起的故障可以是暂时性故障也可以是永久性故障，树木不断生长会逐渐突破其与架空线路之间的安全距离，电力工作人员需要定期对线路周围的树木情况进行观察并及时清理可能威胁线路安全供电的植被。在植被覆盖密集的地区可采用绝缘导线或地下电缆供电方式，提升线路可靠性。

(2)定期清理线路及其他电力设施上的动物活动痕迹。动物活动也是影响配电系统可靠性水平的主要因素。动物在导线上的活动或筑巢很容易使导线短路，即使为导线安装套管，昆虫若在防护罩内筑巢，也会引来鸟类活动导致触电并引起故障，电力巡检人员需要定期观察导线及其他设备是否有动物活动痕迹，并及时清理。

(3)检查设备有无损坏。尽管配电设备损坏导致配电系统故障的比例较低，如表 7-1 所示，但当设备损坏时，短路故障占绝大多数，对系统影响也相当大。因此工作人员需要定期检查设备是否有劣化，包括变压器、电容器、电缆连接器、端接、绝缘子、连接器等。

表 7-1　配电系统发生永久性故障的原因及其比例[5]　　　　　　　(单位：%)

故障原因	农村配电系统	城市配电系统
设备损坏	14.1	18.4
失去电源	7.8	9.6
外部原因	78.1	72.0

下面以 IEEE RBTS Bus6 配电系统为案例，给出配电线路状态检修策略优化过程。IEEE RBTS Bus6 配电系统共有 4 条馈线，均为架空线。以架空线为状态检修目标，安排运维人员定期对 4 条馈线进行巡检，当发现架空线相关设备运行状态异常时，进行维修。现应用 7.4 节的状态检修策略优化方法分别决策 4 条馈线的最佳巡检频率和检修方式。

设架空线路的故障率为 0.065 次/(km·年)。巡检、小修、大修和故障维修的成本分别为 500 元/(h·km)、1500 元/(h·km)、2500 元/(h·km) 和 10000 元/(h·km)。巡检、小修、大修和故障维修的平均效率分别为 0.5h/km、1h/km、2h/km 和 5h/km。停电惩罚系数为 20 元/(kW·h)。应用 7.4 节的检修策略优化模型，可得到 4 条馈线的最优检修策略，如表 7-2 所示。

表 7-2　四条馈线的最优检修策略

指标名称		F_1	F_2	F_3	F_4
检修决策	最优巡检频率/(次/年)	1.65	1.65	2.51	2.70
	最优检修策略	①&③策略	①&③策略	①&③策略	①&③策略
EENS 改善情况	EENS/(MW·h/年)	0.204	0.228	0.979	14.173
	原 EENS/(MW·h/年)	0.784	0.907	3.086	43.344
	指标提升/%	74	75	68	67
成本节约情况	停电惩罚成本/元	4080	4560	19580	283460
	检修成本/元	6133	7161	4864	57174
	系统总成本/元	10213	11721	24444	340634
	原系统总成本/元	42901	49925	79846	1074542
	成本节约/%	76	77	69	68

由表 7-2 可知，四条馈线的最佳检修策略均为①&③策略，该策略的检修方式是检测到劣化状态 S_1 则小修，检测到劣化状态 S_2 则大修，尽量使设备保持最佳的正常运行状态 S_0，这种检修方式对设备的可靠度提升作用最大。从表中的 EENS 改善情况可见，检修行为对 EENS 指标有显著的改善作用，对 4 条馈线的 EENS 改善程度均达到了 70%左右。但 4 条馈线的最佳巡检频率不同，这是由于 4 条馈线的结构、分段情况、线路长度、联络情况都不同。馈线 F_1 和 F_2 线路较短，分段开关较多，且存在联络。因此，故障对馈线上负荷的影响较小，仅需要较少次数的巡检，为 1.65 次/年。而馈线 F_3 和 F_4 为辐射状，无联络，尤其是馈线 F_4 的分段较少，线路较长，负荷较重，线路故障对其影响较大，需要较多的巡检次数，为 2.70 次/年。

由表 7-2 可知，检修行为可显著提升系统可靠性水平，并提高系统整体经济性，下面针对馈线 F_4 详细分析其运维成本的构成，如图 7-7 所示。

由图 7-7 可以看出，实施检修策略后，系统故障停电损失大大减少，占总成本的比例仅为 5.9%。小修停电损失所占比重较大，为 65.1%。这说明通过日常的巡检工作和小修行为可极大地减少系统的停电事故。小修所导致的设备退出运行也会导致一定程度的停电，且巡检行为也会产生成本，因此，巡检和检修行为也不能过于频繁，图 7-8 即可说明此原理。

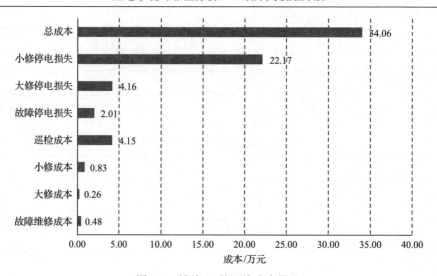

图 7-7　馈线 F_4 的运维成本构成

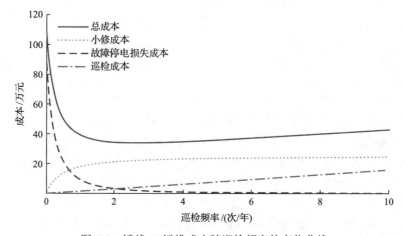

图 7-8　馈线 F_4 运维成本随巡检频率的变化曲线

图 7-8 中的总成本首先随巡检频率的增大而迅速降低，这是由于检修使得故障停电事件显著减少，从而使故障停电惩罚和故障维修成本显著降低。但当巡检频率继续增大后，巡检的成本逐渐成为主导系统总成本增加的因素，导致总成本逐渐增大。正如 7.4.1 节第 3 部分所分析过的，设备可靠度会逐渐趋于定值，过于频繁的检修行为并不会进一步降低停电损失，相反会增加系统的运维成本。馈线 F_4 的最佳巡检频率为 2.70 次/年，如图 7-8 所示的实线曲线的最低点。

由表 7-2 可知，4 条馈线的最佳检修策略均为①&③策略，但这并不意味着①&③策略在任何情况下均优于其他检修策略。下面将分析若算例中所设定的参数变化时，馈线 F_4 的检修策略将会如何变化，即系统可靠性参数对检修策略的灵敏度分析。

1）停电惩罚系数的灵敏度分析

分析停电惩罚系数对检修策略的影响，设停电惩罚系数从 0 元/(kW·h)逐渐增大到 30 元/(kW·h)，观察馈线 F_4 巡检频率的变化，如图 7-9 所示。

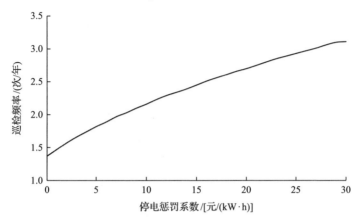

图 7-9　巡检频率随停电惩罚系数的变化曲线

由图 7-9 可以看出，随着停电惩罚系数的增大，巡检频率逐渐增大，但增长趋势放缓。这是因为过于频繁的巡检并不会进一步降低系统的 EENS 指标，而一味地增加巡检频率反而会增加运维成本造成系统整体经济性变差。因此，随着系统停电惩罚系数逐渐增加，巡检频率的增长趋势逐渐放缓。

2）维修成本的灵敏度分析

下面分析维修成本对馈线 F_4 的巡检频率的影响。将小修成本从 500 元/(h·km)逐渐增加到 2500 元/(h·km)，则巡检频率的变化情况如图 7-10 所示。

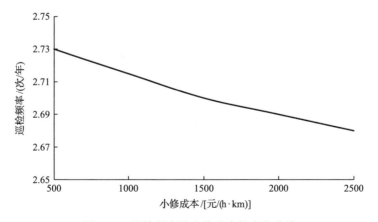

图 7-10　巡检频率随小修成本的变化曲线

由图 7-10 可知，随着小修成本的增大，为避免频繁小修导致检修成本上升，巡检频率逐渐降低。

将大修成本从 2500 元/(h·km) 逐渐增加到 4500 元/(h·km)，则巡检频率的变化情况如图 7-11 所示。

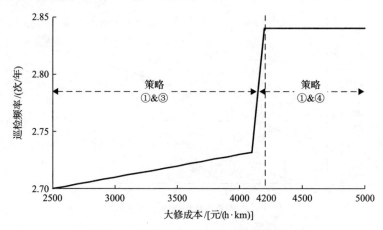

图 7-11　巡检频率随大修成本的变化曲线

由图 7-11 可见，随着大修成本的增加，巡检频率逐渐增大。这是因为在大修成本逐渐增加的情况下，会倾向于更多地安排设备小修，避免设备频繁大修。为了减少设备大修次数，需要增大设备的巡检频率，以便及时发现设备的劣化状态，对设备及时进行小修使设备恢复正常状态，从而避免过多次数的大修，降低设备大修的成本。

从图 7-11 还可以看到，在大修成本超过 4200 元/(h·km) 时，巡检频率将保持2.84 次/年不变。这是因为在此处最优检修策略发生了改变，最优检修策略由①&③策略变为了①&④策略，即设备仅进行小修维护。表 7-3 给出了大修的成本区间所对应的最优检修策略。

表 7-3　最优检修策略随大修成本的变化

大修成本区间/[元/(h·km)]	最优检修策略选取
[2500, 4200]	①&③策略
(4200, 5000]	①&④策略

当大修的成本在 4200 元/(h·km) 以下时，设备的最优检修策略是①&③策略。而当大修的成本进一步增大时，会影响系统整体的经济性，因此，最优检修策略变为①&④策略，即设备仅进行小修维护。

3) 检修效率的灵敏度分析

下面分析检修效率对最优检修策略的影响。设定大修行为的效率由 1.5h/km

逐渐变为 3.0h/km，则最优检修策略和巡检频率的变化如图 7-12 所示。

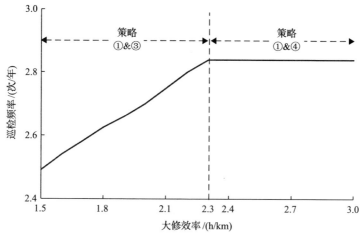

图 7-12　最优检修策略和巡检频率随大修效率的变化

由图 7-12 可知，当大修效率为 1.5～2.3h/km 时，最优检修策略为①&③策略，巡检频率从 2.5 次/年逐渐增大。原因是随着大修效率的增加，线路停电时长会增加，停电惩罚成本也会增高。加快巡检频率可更加及时地发现设备劣化并进行小修，有利于减少设备大修而导致的停电损失。而当大修效率进一步增加时，最优检修策略变为①&④策略，即设备仅进行小修维护，且由于无大修行为，因此，巡检频率也固定为 2.84 次/年。

经过以上讨论可知，系统的结构、设备故障参数、停电惩罚系数、维修成本以及检修效率等参数均对系统的最优检修策略有一定的影响，实际应根据具体设备参数的设定情况优化检修策略和巡检频率。

7.6　本 章 小 结

本章对配电设备的检修模式进行了分类，包括定期检修模式、以系统可靠性为中心的检修模式和状态检修模式。其中，定期检修模式重点关注设备本身，往往无法实现检修资源的最佳分配，容易出现过度检修或维修不及时的情况，适合在设备检测手段欠缺、设备状态评价机制不完全、设备健康度无法跟踪的情况下采用。以可靠性为中心的检修和状态检修模式考虑了设备健康度对整个系统可靠性水平的影响，以便合理安排设备的巡检周期、检修时机和检修方式。

本章建立了基于 FIM 的配电设备状态检修策略优化模型，以系统整体可靠性、经济性最优为目标，针对不同设备优化其最佳的巡检频率以及检修策略。案例分析中以 IEEE RTBS Bus6 配电系统为算例，基于本章的状态检修策略优化模型，分析了维修成本、设备故障参数以及系统的停电惩罚系数等对检修策略的影响，可为配电系统设备的巡检频率、检修方式提供策略参考。

参 考 文 献

[1] 张天宇. 基于故障关联矩阵的配电系统可靠性评估方法. 天津: 天津大学, 2019.

[2] 罗凤章, 张天宇, 王成山, 等. 基于多状态马尔科夫链的配电设备状态检修策略优化方法研究. 中国电机工程学报, 2020, 40(9): 2777-2787.

[3] 陈文高. 配电系统可靠性实用基础. 北京: 中国电力出版社, 1998.

[4] 李文沅. 电力系统风险评估: 模型、方法和应用. 北京: 科学出版社, 2006.

[5] Chowdhury A A, Koval D O. 配电系统可靠性: 实践方法及应用. 王守相, 李志新, 译. 北京: 中国电力出版社, 2013.

[6] Short T A. 配电可靠性与电能质量. 徐政, 译. 北京: 机械工业出版社, 2008.

第8章 有源配电系统可靠性分析

8.1 引 言

分布式电源(distribution generation, DG)的高渗透率接入已经成为未来智能配电系统的发展趋势。依靠先进的信息和控制技术实现 DG 的合理化接入和高效运行，将给配电系统带来诸多益处，其中之一便是提高配电系统的供电可靠性[1-5]，分析 DG 接入给配电系统可靠性带来的影响就显得尤为重要。但 DG 灵活的孤岛运行方式和复杂的故障保护策略也给有源配电系统可靠性指标计算带来了一定的困难。

分析含 DG 的配电系统可靠性的难点在于：如何在传统可靠性模型中增加考虑 DG 的灵活孤岛策略以及 DG 孤岛运行对可靠性指标的影响，当前已有很多学者对此进行了深入探索。例如，将 DG 接入下的配电系统看作多环网，应用最小割集法，求得负荷的故障事件集合，计算可靠性指标[5]；应用最小路法，将配电系统故障下的 DG 看作电源，用负荷与 DG 之间是否存在供电路径来判断负荷的停电情况[6]；应用搜索算法，在配电系统故障时，基于网络连接矩阵，以 DG 为起点，搜索可能恢复的负荷，并考虑负荷的重要程度，形成孤岛内负荷恢复顺序矩阵，进而计算可靠性指标[7,8]。当配电系统规模变大后，以上方法中的枚举故障和网络搜索的时间都将变得冗长、效率低下。由于对 DG 灵活的孤岛策略尚无一种简洁的表达方式，当前学者所研究的 DG 接入下的配电系统规模都较小[9]。当面对 DG 接入大规模配电系统中的可靠性计算问题时，需要设定每个 DG 的孤岛范围[10,11]，这种固定孤岛范围的假设无法充分发挥 DG 的功率输出和孤岛支撑能力，无法最大限度地保证对负荷的不间断供电。因此，对大规模有源配电系统可靠性指标的高效计算仍需要深入研究。

为实现含 DG 的配电系统可靠性快速量化分析，并计及 DG 主动孤岛运行策略和 DG 出力的不确定性，本章介绍一种基于 FIM 的有源配电系统可靠性分析方法。

8.2 DG 孤岛划分模型

DG 对配电系统可靠性的影响主要体现在：系统上游发生故障时，DG 可以形成孤岛对下游的失电负荷恢复供电，从而提升系统可靠性。DG 的孤岛范围受很多因素影响，如 DG 的出力上限、开关位置、网络结构、DG 的调度特性是否可以支撑孤岛电压频率等。本节首先介绍基于 FIM 的 DG 孤岛划分模型，以 DG 孤岛内负荷恢复量最大为目标，并考虑 DG 形成孤岛的相关约束，优化 DG 孤岛范围，为系统可靠性指标的计算提供模型基础。

8.2.1　单一可调度 DG 的孤岛划分模型

为了由浅入深地详细介绍 DG 孤岛划分模型，首先由配电系统内接入一个可调度 DG 入手，对该 DG 建立孤岛范围优化模型，引入孤岛范围矩阵的概念来描述 DG 孤岛恢复范围，进而将孤岛范围矩阵推广到含有多个可调度和不可调度 DG 的情形中。

首先假设在图 8-1 的配电系统节点 4 处接入 1 个可调度 DG，根据 IEEE1547.4 标准[12]，该可调度 DG 在故障时可形成孤岛，并为孤岛内的负荷提供稳定的电压和频率支撑。由于不同支路故障将导致不同的负荷停电范围，需要针对不同的支路故障情况进行孤岛范围的优化，确保最大范围地恢复负荷供电。

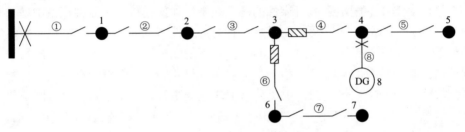

图 8-1　可调度 DG 接入位置示意图

1. 可调度 DG 的供电路径矩阵

基于图 8-1 的配电系统网络结构，构建节点支路关联矩阵 E。删去 DG 接入节点 8 所在行，并对此矩阵求逆矩阵，即可得到此 DG 对所有负荷的 PSPM，用 R 表示，如图 8-2 所示。

节点支路关联矩阵 E 删除DG节点8对应的行

电源节点	①	②	③	④	⑤	⑥	⑦	⑧
1	1	0	0	0	0	0	0	0
2	−1	1	0	0	0	0	0	0
3	0	−1	1	0	0	0	0	0
4	0	0	−1	1	0	1	0	0
5	0	0	0	−1	1	0	0	1
6	0	0	0	0	−1	0	0	0
7	0	0	0	0	0	−1	1	0
8	0	0	0	0	0	0	−1	0
删除	0	0	0	0	0	0	0	−1

求逆运算 ⟹

DG的PSPM R

电源节点	1	2	3	4	5	6	7
①	1	0	0	0	0	0	0
②	1	1	0	0	0	0	0
③	1	1	1	0	0	0	0
④	1	1	1	1	0	1	1
⑤	0	0	0	0	0	−1	0
⑥	0	0	0	0	0	−1	−1
⑦	0	0	0	0	0	0	−1
⑧	1	1	1	1	1	1	1

图 8-2　DG 的 PSPM 示意图

R 的行号与支路编号对应，列号与负荷节点编号对应。将 R 按列观察，$R=[r_1\ r_2 \cdots r_{Nb}]$，每个列向量 r_k 中的非零元素为对应编号负荷节点的供电路径。以图 8-2 中第 6 列为例，其中的非零元素在第④、⑥和⑧行。与此对应，图 8-2 中，负荷节点 6 到 DG 的供电路径也为支路④、⑥和⑧。PSPM 中的 "1" 代表供电路径方向与支路规定正方向相同，"–1" 代表供电路径方向与支路规定正方向相反。

对 R 做进一步修正，由于电源节点不在可靠性计算范围内，因此，删除 PSPM 中电源节点所对应的列向量。此外，由于支路⑧安装有断路器，DG 和支路⑧故障都不会影响系统可靠性指标，因此，删除 R 中支路⑧对应的行向量。由于矩阵中的元素正负号仅表示与支路规定正方向之间的关系，在后续计算中没有利用价值，因此对 PSPM R 的所有元素取绝对值，修正后的 PSPM R^{mod} 如图 8-3 所示。

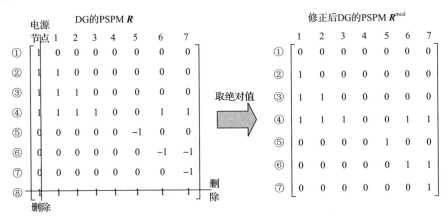

图 8-3　修正后 DG 的 PSPM

对于一个负荷节点，若它与 DG 之间的供电路径上没有故障元件，即非零元素对应编号的支路无故障，那么这个负荷节点就可以在失去配电系统主电源的情况下由 DG 所形成的孤岛恢复供电。因此，判断不同位置的元件故障下 DG 的孤岛范围就成了计算系统可靠性指标的重要环节。为了显式表达 DG 在故障时的孤岛范围，下面介绍由 DG 的 PSPM 推导 DG 孤岛范围矩阵的过程。

2. 无容量约束下 DG 孤岛范围矩阵

首先不考虑 DG 的容量约束，即在故障条件下可恢复尽可能多的负荷节点。用孤岛范围矩阵(island range matrix，IRM)I 表示 DG 在不同位置元件故障时，可以恢复供电的孤岛范围。I 的行号为支路编号，列号为负荷节点编号。元素为 "0" 或 "1"。元素为 "1" 表示对应行号的支路故障时，负荷节点在 DG 的孤岛范围内，可恢复供电；元素为 "0" 表示负荷节点在元件故障条件下不在 DG 孤岛范围内。

在无容量约束条件下，该可调度 DG 的 IRM I 按照式(8-1)计算：

$$I = A - A \bigcap R^{\text{mod}} \tag{8-1}$$

式中，A 为不考虑 DG 的 FIM A；运算符 "$\bigcap$" 为矩阵元素的按位 "与" 运算，即两个矩阵相同位置的元素值同时为 "1"，则新矩阵对应位置的元素值为 "1"，否则为 "0"。式(8-1)的意义是当不考虑 DG 的容量约束时，只有支路故障导致该负荷节点到主电源和 DG 的供电路径都被断开时，才会导致停电，否则，该负荷节点都会被 DG 恢复供电。以图 8-1 中的配电系统为例，位于节点 8 的 DG 的 IRM I 如图 8-4 所示。

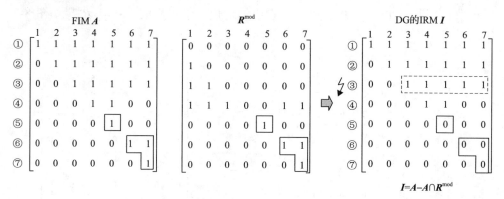

图 8-4　位于节点 8 的 DG 的 IRM I

　　图 8-4 I 中被实线框出的元素 "0" 表示对应行号的支路故障，不仅切断了主电源对此负荷节点的供电路径，也切断了 DG 对此负荷节点的供电路径，此负荷节点无法被 DG 恢复供电。IRM I 第⑤、⑥、⑦行的元素都为 "0"，表示对于支路⑤、⑥、⑦故障，DG 无法形成孤岛，不能恢复负荷节点供电。I 中的元素 "1" 表示在不考虑 DG 容量约束的情况下，DG 可以恢复的节点范围。以 I 中虚线框中的元素 "1" 为例，其表示当支路③故障时，负荷节点 3~7 可形成孤岛，如图 8-5 所示，当故障被隔离后，即可形成孤岛恢复供电。

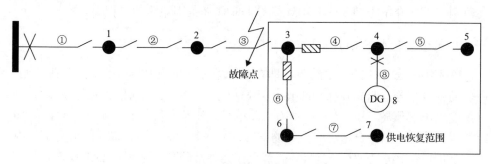

图 8-5　支路③故障下的 DG 供电恢复范围

利用式(8-1)求出了不考虑 DG 容量约束下 DG 的孤岛范围。然而，若 DG 容量有限，则有可能无法恢复 I 中元素 "1" 对应的所有负荷节点。在有容量限制时，需要对 DG 的 IRM 进行修正。

3. 容量约束下的单一可调度 DG 孤岛划分模型

当 DG 的容量有限时，需要削减 DG 孤岛范围内的部分负荷。对应的矩阵操作就是对 I 中的某些元素 "1" 置 "0"，形成新的 IRM I^{mod}。为了最大限度地发挥 DG 对系统可靠性的提升作用，需要优化孤岛范围，尽可能多地恢复对负荷的供电。为此，建立某一支路(编号 z)故障下的 DG 孤岛范围的优化模型：

$$\max \sum_{k=1}^{N_{\text{b}}} I_{zk}^{\text{mod}} \omega_k P_k$$

$$\text{s.t.} \begin{cases} \sum_{k=1}^{N_{\text{b}}} I_{zk}^{\text{mod}} P_k \leqslant P_{\text{DG,max}} \\ \sum_{k=1}^{N_{\text{b}}} I_{zk}^{\text{mod}} Q_k \leqslant Q_{\text{DG,max}} \\ I_{zk}^{\text{mod}} \leqslant I_{zk} \\ I_{zk}^{\text{mod}} (I_{zi}^{\text{mod}} - I_{zj}^{\text{mod}}) = 0, \quad \text{branch}_{ij} \in R_k \end{cases} \tag{8-2}$$

式中，I_{zk} 和 I_{zk}^{mod} 分别为修正前后的 IRM I 和 I^{mod} 中第 z 行、第 k 列的元素，值为 "0" 或 "1"；ω_k 为第 k 个负荷节点的负荷重要度权重值；P_k 和 Q_k 分别为负荷 k 的有功和无功需求；$P_{\text{DG,max}}$ 和 $Q_{\text{DG,max}}$ 分别为 DG 的有功和无功出力上限值；branch_{ij} 为以 i 为起点以 j 为终点的支路；R_k 为负荷 k 的供电路径集合，R_k 中的元素为负荷节点到 DG 节点所经过的所有支路。

式(8-2)的目标函数的意义是尽量使得优先级高的负荷恢复供电。式(8-2)的前两个约束表示孤岛内的负荷需求不能超过 DG 出力的上限值，这里忽略了线路上的功率损耗。第三个约束表示在 DG 容量有约束的情况下，优化后的孤岛恢复范围不能超过没有容量约束下的 DG 孤岛恢复范围，用矩阵形式表示就是 I^{mod} 中的元素值不能超过 I 中对应位置的元素值。

式(8-2)的第四个约束表示所优化的 DG 孤岛范围需要满足辐射状约束。此约束保证在 DG 孤岛内，所恢复的负荷节点是彼此相连的，不会出现中间断开的情况。以图 8-6 来说明此约束的意义。

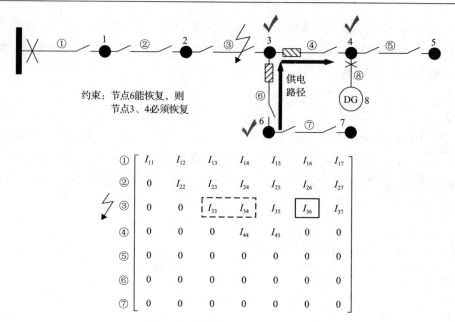

图 8-6　DG 孤岛的辐射状约束示意图

设 $z=3$，表示当支路③故障时，需要优化 DG 的孤岛恢复范围。若节点 6 能够被恢复供电，即优化变量 $I_{36}^{\mathrm{mod}}=1$（图 8-6 中实线框中的元素），那么节点 6 到 DG 的供电路径上的负荷节点也必须恢复供电，即 I_{33}^{mod} 和 I_{34}^{mod} 也必须为 1（图 8-6 中虚线框中的元素）。因为节点 6 无法跳过节点 3 和 4 直接与 DG 相连建立联系，DG 孤岛的辐射状约束必须满足，这也是式(8-2)第四个约束的意义。这个约束的数学表达形式是：节点 6 到 DG 的路径 R_6 包含支路④和⑥，即 $\mathrm{branch}_{34} \in R_6$，$\mathrm{branch}_{36} \in R_6$。$\mathrm{branch}_{34}$ 的首末端节点是 3 和 4，branch_{36} 的首末端节点是 3 和 6，则必须满足 $I_{36}^{\mathrm{mod}} \times (I_{33}^{\mathrm{mod}} - I_{34}^{\mathrm{mod}}) = 0$ 和 $I_{36}^{\mathrm{mod}} \times (I_{33}^{\mathrm{mod}} - I_{36}^{\mathrm{mod}}) = 0$。两个约束保证了只要 I_{36}^{mod} =1，则 I_{33}^{mod} 和 I_{34}^{mod} 必为 1，即只要节点 6 在孤岛范围内，则节点 3 和节点 4 也必须在孤岛范围内。

应用式(8-2)，DG 的孤岛优化模型中辐射状约束转化为解析的数学表达形式，进而使 DG 孤岛范围优化问题转化为 0-1 整数二次规划问题。

以图 8-6 中的配电系统为例，若 DG 的有功输出最大为 35kW，而每个负荷节点的需求为 10kW，那么，当③支路故障时，不可能全部恢复负荷节点 3～7 的供电，必须进行孤岛范围的优化。应用式(8-2)对 DG 的 IRM $\boldsymbol{I}$ 中的元素进行修正，可得到优化后的 IRM，如图 8-7 所示。

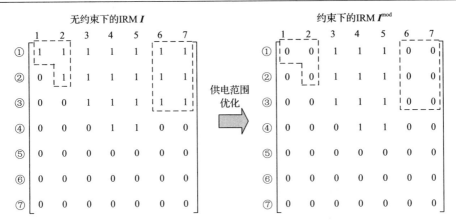

图 8-7　IRM 元素优化结果示意图

在考虑了 DG 的容量限制后，一些原本可以恢复供电的负荷无法被 DG 恢复，在 I^{mod} 中体现为虚线框中的 "1" 元素被修正为 "0"。图 8-7 仅是简单的优化结果示意，实际中还需要考虑 DG 和负荷的无功功率、负荷的优先级等因素对优化结果的影响。

8.2.2　考虑可调度和不可调度的多 DG 孤岛划分模型

8.2.1 节建立了单一可调度 DG 的孤岛范围优化模型，本节将孤岛范围优化模型拓展到含有多个不可调度和可调度 DG 的场景。以图 8-8 为例，在节点 3 和节点 5 接入不可调度 DG，在节点 4 和节点 7 接入可调度 DG，若支路①故障，则多个可调度 DG 可形成多个孤岛。

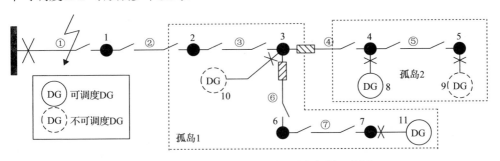

图 8-8　多 DG 接入的配电系统孤岛范围示意图

对于不可调度 DG，由于无法给孤岛提供电压频率支撑，此类 DG 不可单独形成孤岛，在孤岛恢复范围优化模型中只能处理为负的负荷。对于多个可调度 DG，需要为每个 DG 求取 IRM。假设配电系统中共有 N_{disp} 个可调度 DG，第 n 个可调度 DG 的 IRM 为 I^n，假设支路 z 发生故障，需要优化多个 DG 孤岛范围，则单一 DG 的孤岛范围优化模型[式(8-2)]被拓展为如下优化模型：

$$\max \sum_{n=1}^{N_{\text{disp}}} \sum_{k=1}^{N_{\text{b}}} I_{zk}^{n,\text{mod}} \omega_k P_k$$

$$\text{s.t.} \begin{cases} \displaystyle\sum_{k=1}^{N_{\text{b}}} I_{zk}^{n,\text{mod}} P_k - P_{\text{undisp}}^n \leqslant P_{\text{disp,max}}^n \\ \displaystyle\sum_{k=1}^{N_{\text{b}}} I_{zk}^{n,\text{mod}} Q_k - Q_{\text{undisp}}^n \leqslant Q_{\text{disp,max}}^n \\ I_{zk}^{n,\text{mod}} \leqslant I_{zk}^n \\ I_{zk}^{n,\text{mod}}(I_{zi}^{n,\text{mod}} - I_{zj}^{n,\text{mod}}) = 0, \quad \text{branch}_{ij} \in R_k \\ \displaystyle\sum_{n=1}^{N_{\text{disp}}} I_{zk}^{n,\text{mod}} \leqslant 1 \end{cases} \tag{8-3}$$

式中，I_{zk}^n 和 $I_{zk}^{n,\text{mod}}$ 分别为第 n 个可调度 DG 修正前后的孤岛范围矩阵 $\boldsymbol{I}^n$ 和 $\boldsymbol{I}^{n,\text{mod}}$ 中第 z 行、第 k 列元素；$P_{\text{disp,max}}^n$ 和 $Q_{\text{disp,max}}^n$ 分别为第 n 个可调度 DG 的有功和无功出力上限值；P_{undisp}^n 和 Q_{undisp}^n 分别为第 n 个孤岛内的不可调度 DG 的有功功率和无功功率。

相比于式(8-2)，式(8-3)将单一孤岛优化问题拓展为 N_{disp} 个孤岛范围优化问题，每个孤岛内的负荷和不可调度 DG 都以一个可调度 DG 作为频率、电压支撑节点。目标函数拓展为 N_{disp} 个孤岛总的负荷恢复量最大。每个孤岛 n 的约束条件与式(8-2)相同，只是多了第五个约束，其意义是每个可调度 DG 所形成的孤岛范围不能重合，即每个负荷只能属于一个孤岛。若优化出的结果中有两个孤岛范围相邻，有融合形成一个大孤岛的条件，则可将其中一个孤岛内的可调度 DG 当作不可调度 DG，并再次进行孤岛范围优化，从而形成更大范围的孤岛。

8.3 有源配电系统可靠性指标解析计算

8.3.1 可靠性指标解析计算公式

在得到了 n 个可调度 DG 的 IRM 后，即可计算含有分布式电源的配电系统可靠性指标，计算公式如下：

$$\text{SAIFI} = \boldsymbol{\lambda} \times (\boldsymbol{A} + \boldsymbol{B} + \boldsymbol{C}) \times \frac{\boldsymbol{n}^{\text{T}}}{N} \tag{8-4}$$

$$\text{SAIDI} = \left[\boldsymbol{\lambda} \circ \boldsymbol{u} \times \left(\boldsymbol{A} - \sum_{n=1}^{N_{\text{disp}}} \boldsymbol{I}^n \right) + \boldsymbol{\lambda} \times t_{\text{sw}} \times \boldsymbol{B} + \boldsymbol{\lambda} \times t_{\text{op}} \times \boldsymbol{C} + \boldsymbol{\lambda} \times t_{\text{island}} \times \sum_{n=1}^{N_{\text{disp}}} \boldsymbol{I}^n \right] \times \frac{\boldsymbol{n}^{\text{T}}}{N} \tag{8-5}$$

$$\text{EENS} = \left[\boldsymbol{\lambda} \circ \boldsymbol{u} \times \left(\boldsymbol{A} - \sum_{n=1}^{N_{\text{disp}}} \boldsymbol{I}^n \right) + \boldsymbol{\lambda} \times t_{\text{sw}} \times \boldsymbol{B} + \boldsymbol{\lambda} \times t_{\text{op}} \times \boldsymbol{C} + \boldsymbol{\lambda} \times t_{\text{island}} \times \sum_{n=1}^{N_{\text{disp}}} \boldsymbol{I}^n \right] \times \boldsymbol{L}^{\text{T}} \quad (8\text{-}6)$$

式中，t_{island} 为形成孤岛所用的开关操作时间。相比第 4 章无 DG 配电系统可靠性指标计算公式[式(4-5)～式(4-7)]，式(8-4)～式(8-6)增加考虑了 DG 孤岛对负荷恢复供电的贡献。原本在 FIM $\boldsymbol{A}$ 中的元素"1"转移到了 IRM $\boldsymbol{I}$ 中，负荷的停电时间也从故障修复时间缩短到了形成孤岛所用的开关操作时间 t_{island}。

8.3.2　考虑主动孤岛策略的可靠性指标计算

由式(8-4)可以看出，接入 DG 与否对 SAIFI 指标的计算没有影响，其原因在于故障发生后，DG 出口断路器会立即断开，防止 DG 增大故障短路电流造成事故恶化。只有等到故障隔离后，才允许后续的孤岛开关操作和 DG 恢复运行，因此，负荷的停电次数不会减少。随着信息技术、控制技术的发展，智能配电系统的自动化程度提高，实施 DG 主动孤岛策略成为可能，主动孤岛内的负荷将不会停电。以图 8-9 为例，虚线框为故障隔离后的 DG 孤岛范围，而实线框内为支路①故障时 DG 的主动孤岛范围。

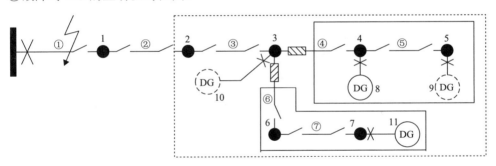

图 8-9　主动孤岛范围示意图

当支路①故障时，依靠智能配电自动化技术，支路④和⑥处的断路器会立即断开，可调度 DG 可不断电，立即形成孤岛(如图 8-9 实线框内所示)，保证负荷节点 4～7 的不间断供电。当故障被隔离后，通过开关操作形成更大范围的孤岛，恢复负荷 2、3 的供电。

形成主动孤岛必须满足两个条件：①故障发生在主动孤岛外；②主动孤岛内存在可调度 DG，且可调度 DG 的最大出力可以满足主动孤岛内所有的负荷需求。为了计及主动孤岛策略对可靠性的提升作用，需要对 FIM 和 IRM 中的元素进行修正，部分元素"1"需要置"0"，表示由于主动孤岛的操作，故障将不再影响主动孤岛内的负荷。

主动孤岛策略不会影响 FIM $\boldsymbol{C}$ 中的元素。FIM $\boldsymbol{C}$ 中的元素"1"表示负荷被

联络转供，不在 DG 的孤岛范围内，因此，主动孤岛策略也不会影响此部分负荷的停电。

主动孤岛策略会影响 FIM A、FIM B 和 IRM I 中的元素"1"。对于 FIM A 中的元素"1"，如果负荷节点在等待故障修复期间，恰好在 DG 的主动孤岛范围内，则该负荷节点就不必停电。当故障被修复后，该负荷节点就可以从主动孤岛供电转为主电源供电，不会经历停电，此部分负荷在 FIM A 中的元素"1"需要置"0"。对于 FIM B 中的元素"1"，如果负荷节点在等待故障隔离期间，恰好在 DG 的主动孤岛范围内，则该负荷节点就不必停电。当故障被隔离时，该负荷节点就可以从主动孤岛供电转为主电源供电，不会经历停电，此部分负荷在 FIM B 中的元素"1"需要置"0"。对于 I 中的元素"1"，如果负荷节点在 DG 的主动孤岛范围内，自然也不停电，此部分负荷在 IRM I 中的元素"1"需要置"0"。

应用 4.5.2 节的支路分区法寻找到含有可调度 DG 的主动孤岛，设第 n 个主动孤岛的负荷节点集合为 $\Omega_b^{n,\text{acitve}}$，支路集合为 $\Omega_l^{n,\text{acitve}}$，按照式(8-7)修正 FIM A、FIM B 和 IRM I 中的元素：

$$\begin{cases} a_{ij}=0, & i\notin \Omega_l^{n,\text{active}}, j\in \Omega_b^{n,\text{active}} \\ b_{ij}=0, & i\notin \Omega_l^{n,\text{active}}, j\in \Omega_b^{n,\text{active}} \\ I_{ij}=0, & i\notin \Omega_l^{n,\text{active}}, j\in \Omega_b^{n,\text{active}} \end{cases} \tag{8-7}$$

式(8-7)的实际意义是，依据主动孤岛策略，若主动孤岛范围外的支路 i 故障，即 $i\notin \Omega_l^{n,\text{acitve}}$，则对于主动孤岛范围内的负荷，即 $j\in \Omega_b^{n,\text{acitve}}$，故障并不会产生影响，因此，需要将此位置的元素"1"置"0"。这里以图 8-10 中的配电系统为例，说明孤岛范围矩阵 I 中元素修正的过程。

图 8-10 中的配电系统共有两个主动孤岛，孤岛 1 包含的节点集合为 $\Omega_b^{1,\text{active}}=[4,5]$，支路集合为 $\Omega_l^{1,\text{active}}=[④,⑤]$。孤岛 2 包含的节点集合为 $\Omega_b^{2,\text{active}}=[6,7]$，支路集合为 $\Omega_l^{2,\text{active}}=[⑥,⑦]$。以图 8-10 中的支路①故障为例，由于支路①不属

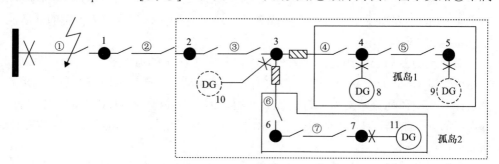

(a) 考虑主动孤岛策略下的孤岛形成过程示意图

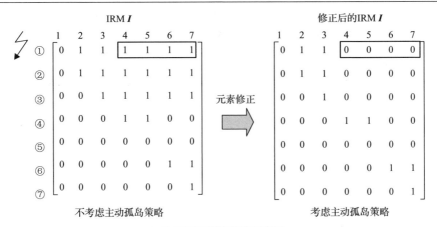

(b) IRM元素修正过程示意图

图 8-10　考虑主动孤岛策略下的 IRM 元素修正过程示意图

于两个孤岛的支路集合，即支路①不影响主动孤岛的形成，因此，支路①故障时，主动孤岛内对应的负荷节点 4～7 不会停电，则 IRM **I** 中对应负荷节点 4～7 编号位置的元素"1"置"0"（图 8-10 实线框中的元素）。

　　FIM **A**、FIM **B** 的修正方法与 IRM **I** 的修正方法相同。将经过式(8-7)修正后的 FIM 和 IRM 代入式(8-4)～式(8-6)即可得到含有 DG 并考虑主动孤岛策略的系统可靠性指标。

8.3.3　算法流程

　　本节所提出的有源配电系统可靠性计算具有良好的可编程性，其基本流程如图 8-11 所示。

　　DG 接入下的有源配电系统可靠性计算流程如下。

　　(1)参数输入：输入元件故障率、故障修复时间、负荷需求、用户数、网络连接关系等参数信息。

　　(2)构建 FIM：构建不考虑 DG 接入的配电系统 FIM **A**、FIM **B** 和 FIM **C**。

　　(3)求取 DG 供电路径：通过节点支路关联矩阵求逆的方法，求配电系统中所有可调度 DG 的 PSPM。

　　(4)孤岛恢复范围优化：应用 8.2.1 节的优化模型，优化每个可调度 DG 的孤岛供电恢复范围，形成 IRM。

　　(5)主动孤岛策略修正：确定可调度 DG 的主动孤岛范围，并依此将 FIM 和 IRM 中的部分元素"1"置"0"。

　　(6)可靠性指标计算：将 FIM、IRM 以及故障参数代入式(8-4)～式(8-6)即可得到含有 DG 并考虑主动孤岛策略的有源配电系统可靠性指标。

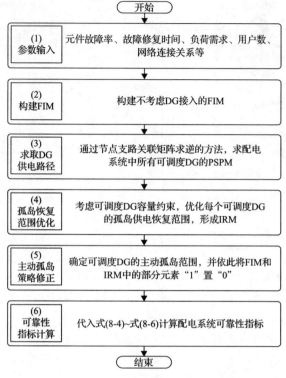

图 8-11　有源配电系统可靠性计算流程

8.4　案　例　分　析

以 IEEE RBTS Bus6 配电系统的馈线 F_4 为分析对象，接入若干个 DG，如图 8-12 所示。在节点 6、9、20 和 22 分别接入额定出力 0.5MW、0.5MW、1.2MW 和 1.2MW 的 DG。

为了分析可调度和不可调度 DG 对配电系统可靠性指标的影响，构建 4 个不同的案例。

案例 1：无 DG 接入。

案例 2：接入的 4 个 DG 都是可调度 DG，均可独立形成孤岛，不采用主动孤岛策略，即故障发生后，DG 都需要先退出运行，然后根据停电范围和 DG 容量约束，形成孤岛恢复供电。

案例 3：接入的 4 个 DG 都是可调度 DG，均可独立形成孤岛，采用主动孤岛策略，即故障发生后，主动孤岛可与外部故障通过断路器隔离，DG 保证主动孤岛内的负荷不停电。在图 8-12 中，DG_3 可形成包括 $LP_{14} \sim LP_{18}$ 的主动孤岛，DG_4 可形成包括 $LP_{19} \sim LP_{23}$ 的主动孤岛。

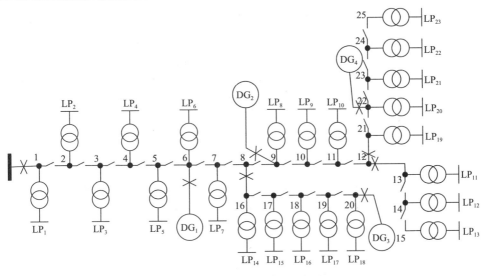

图 8-12　有源配电系统示意图

案例 4：接入的 4 个 DG 中，DG$_1$ 与 DG$_2$ 是可调度 DG，DG$_3$ 与 DG$_4$ 是不可调度 DG。不采用主动孤岛策略。

案例描述见表 8-1。

表 8-1　有源配电系统可靠性分析案例描述

案例	是否有 DG 接入	可调度 DG	主动孤岛范围
案例 1	无 DG 接入	—	
案例 2	DG$_1$, DG$_2$, DG$_3$, DG$_4$	DG$_1$, DG$_2$, DG$_3$, DG$_4$	不考虑主动孤岛
案例 3	DG$_1$, DG$_2$, DG$_3$, DG$_4$	DG$_1$, DG$_2$, DG$_3$, DG$_4$	主动孤岛 1：LP$_{14}$～LP$_{18}$ 主动孤岛 2：LP$_{19}$～LP$_{23}$
案例 4	DG$_1$, DG$_2$, DG$_3$, DG$_4$	DG$_1$, DG$_2$	不考虑主动孤岛

选取 SAIFI、SAIDI 和 EENS 为系统可靠性指标，四个案例的配电系统可靠性指标计算结果如表 8-2 所示。

表 8-2　四个案例的配电系统可靠性指标计算结果

案例	SAIFI/(次/年)	SAIDI/(h/年)	EENS/(MW·h/年)
案例 1	1.9778	9.4150	51.7510
案例 2	1.9778	6.8722	35.5136
案例 3	1.5351	6.4294	32.0067
案例 4	1.9778	7.2711	39.9929

分析表 8-2 的结果，接入 DG 会有效提升系统的可靠性指标，且 DG 的孤岛

策略和调度特性不同时，其对系统可靠性产生的影响也不同。

分析表 8-2 中 4 个案例的 SAIFI 指标的变化情况可得结论：只有当 DG 采用主动孤岛策略，才会提升 SAIFI(案例 2 与案例 3 对比)。原因是当发生外部故障时，只有 DG 不退出，保证主动孤岛内的负荷不停电，系统的停电次数才会减少。否则，如果故障发生 DG 就必须先退出运行再形成孤岛，那么就无法减少负荷的停电次数，SAIFI 的指标也不会得到改善。

对比案例 2 和案例 4 可得到结论：相比于不可调度 DG，可调度 DG 对配电系统可靠性的提升作用更大。原因是不可调度 DG 不能独立形成孤岛，只能寻找可调度 DG 一起形成孤岛，其形成孤岛的灵活性受限。而可调度 DG 孤岛形成策略更加灵活，可更大范围地恢复负荷供电，因此，对可靠性的提升作用更明显。

另外，由于不可调度 DG 不能实施主动孤岛策略，更加限制了其对配电系统可靠性的提升作用。例如，案例 4 中的 DG_3 和 DG_4 是不可调度 DG，在故障发生时只能先退出运行，无法形成包含 LP_{14}～LP_{18} 和 LP_{19}～LP_{23} 的主动孤岛，因此无法像可调度 DG 一样，可以对 LP_{14}～LP_{18} 和 LP_{19}～LP_{23} 不间断供电。

分析 DG 接入下配电系统可靠性的目的之一是规划设计 DG 在配电系统的接入位置与容量，使得 DG 的接入对配电系统可靠性的提升作用最大。下面针对 DG 接入位置、接入容量以及孤岛划分策略，对 DG 接入下的配电系统可靠性进行灵敏度分析。

8.4.1　DG 接入位置灵敏度分析

基于案例 2，改变 DG_2 的接入位置，从节点 9 开始，将其接入位置逐步后移至节点 15，系统可靠性指标 SAIDI 和 EENS 的变化情况如图 8-13 所示。

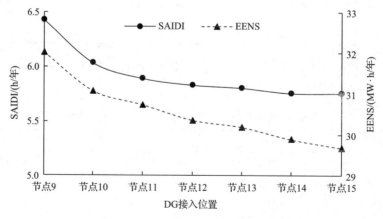

图 8-13　DG 接入位置的可靠性指标灵敏度分析

在图 8-13 中，随着 DG 接入点向配电系统末端移动，两个指标逐渐改善，可见 DG 接入末端节点对可靠性的提升作用更大。原因是相比网络前端的负荷节点，末端负荷的供电路径较长，故障事件较多，可靠性指标更差，DG 接入末端会极大地减少末端负荷的停电时间和缺供电量，因此对系统可靠性指标的改善作用更大。

8.4.2　DG 接入容量灵敏度分析

基于案例 2 的情况，将 DG_4 的容量从 1.2MW 逐渐上升为 2.0MW，分析系统可靠性指标 SAIDI 与 EENS 的变化情况，如图 8-14 所示。

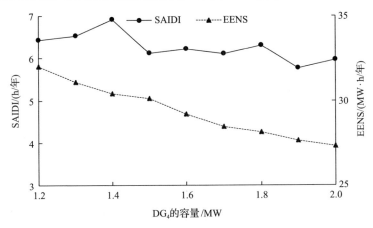

图 8-14　DG_4 容量的可靠性指标灵敏度分析

由图 8-14 可知，随着 DG_4 接入容量的逐渐增大，EENS 指标逐渐降低，其原因是 DG_4 的容量越大，故障时恢复的供电量越大，因此，EENS 指标越小。而 SAIDI 指标并不像 EENS 指标一样随着 DG 容量的增大而逐渐减小，而是呈现出波动式的下降趋势。这是因为 SAIDI 与负荷恢复量并不相关，它重点关注的是恢复的用户数。本案例配电系统中每个负荷节点的负荷需求与用户数并不成正比，DG 容量的扩大并不代表故障时恢复的用户数也增加。以图 8-15 为例说明 SAIDI 指标波动变化的原因。

如图 8-15 所示，DG_4 以最大恢复负荷量为孤岛恢复的目标函数，当 DG_4 容量为 1.5MW 时，孤岛范围为 LP_{10}、LP_{11}、$LP_{19} \sim LP_{23}$，其恢复的用户数为 313 户，而当 DG_4 的容量增大到 1.6MW 时，孤岛范围变为了 LP_9、LP_{10}、$LP_{19} \sim LP_{23}$，虽然负荷恢复量由原来的 1.4095MW 增大到 1.5372MW，使得 EENS 指标得到改善，但恢复的用户数却由原来的 313 户下降到了 235 户，这种以最大恢复量为目标函数的孤岛恢复策略导致了虽然 DG 的容量增大，但可能出现恢复的用户数量减少的情况，进而导致 SAIDI 反而恶化。但随着 DG 容量的进一步增大，恢复的用户数量总是有增多的趋势。因此，SAIDI 随 DG 容量的增大呈现出如图 8-14 所示的具有波动性的下降趋势。

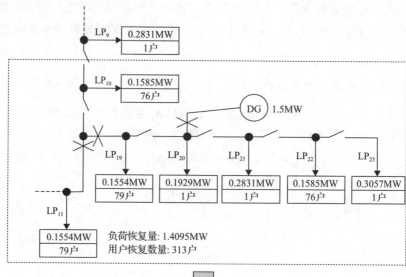

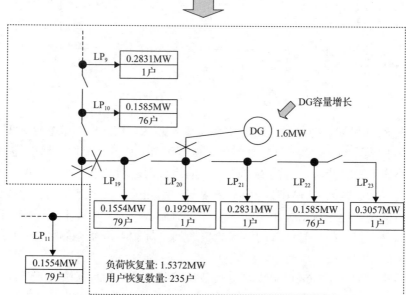

图 8-15　DG₄ 容量增长前后的孤岛范围变化示意图

8.4.3　孤岛划分策略灵敏度分析

通过 8.4.2 节的结果可知，SAIDI 与 EENS 的关注重点不同，SAIDI 关注 DG 恢复的用户数量，EENS 关注 DG 恢复的负荷量。以最大负荷恢复量为目标的 DG 孤岛划分策略可以保证系统的 EENS 指标得到最大限度的改善，但并不能保证

SAIDI 指标最优。因此，本节将孤岛划分策略的目标函数作为灵敏度分析对象，孤岛划分策略分别是：①以最大恢复负荷量为目标；②以最大恢复用户数为目标。基于案例 2 的情况，采用以上两种孤岛划分策略的系统可靠性指标对比情况如表 8-3 所示。

表 8-3　两种孤岛划分策略的系统可靠性指标对比情况

策略编号	SAIDI/(h/年)	EENS/(MW·h/年)
策略①	6.4294	32.0067
策略②	6.1824	32.2293

　　由表 8-3 可知，两种孤岛划分策略的目标不同，孤岛划分策略①尽可能恢复最多的负荷量，因此，对 EENS 的改善作用最大。孤岛划分策略②的目的是恢复尽可能多的用户，因此，对 SAIDI 的改善作用最大。在实际可靠性提升规划工作中应考虑到不同 DG 孤岛划分策略对系统可靠性的提升作用的差异，进而针对系统不同位置的可靠性提升需求，给不同位置的 DG 制定最合理的孤岛划分策略。

8.5　本章小结

　　本章分析了 DG 的接入对配电系统可靠性的影响。应用节点支路关联矩阵求逆的方法，可求得 DG 对所有负荷节点的 PSPM，并进一步将 DG 孤岛用 IRM 形式表达，结合三类 FIM，实现了考虑 DG 的配电系统可靠性指标的快速解析计算，为含 DG 的配电系统可靠性分析提供了简洁方便的计算工具，也给以可靠性提升为目标的 DG 规划分析工作提供支撑。电网规划、运行人员可利用本章提出的模型研究 DG 孤岛划分策略、DG 接入位置、DG 接入容量等因素对配电系统可靠性的影响，从而最大限度地发挥 DG 对配电系统可靠性指标的提升作用。

参 考 文 献

[1] 张天宇. 基于故障关联矩阵的配电系统可靠性评估方法. 天津: 天津大学, 2019.

[2] Borges C L T. An overview of reliability models and methods for distribution systems with renewable energy distributed generation. Renewable and Sustainable Energy Reviews, 2012, 16(6): 4008-4015.

[3] Greatbanks J A, Popović D H, Begović M, et al. On optimization for security and reliability of power systems with distributed generation. IEEE Power Tech Conference, Bologna, 2003: 1-8.

[4] Borges C L T, Djalma M F. Optimal distributed generation allocation for reliability, losses, and voltage improvement. International Journal of Electrical Power & Energy Systems, 2006, 28(6): 413-420.

[5] Muhaini A M, Heydt G T. A novel method for evaluating future power distribution system reliability. IEEE Transactions on Power Systems, 2013, 28(3): 3018-3027.

[6] Bie Z, Zhang P, Li G, et al. Reliability evaluation of active distribution systems including microgrids. IEEE Transactions on Power Systems, 2012, 27(4): 2342-2350.

[7] Bae I S, Kim J O. Reliability evaluation of distributed generation based on operation mode. IEEE Transactions on Power Systems, 2007, 22(2): 785-790.

[8] Bae I S, Kim J O. Reliability evaluation of customers in a microgrid. IEEE Transactions on Power Systems, 2008, 23(3): 1416-1422.

[9] Muhaini A M, Heydt G T. Evaluating future power distribution system reliability including distributed generation. IEEE Transactions on Power Delivery, 2013, 28(4): 2264-2272.

[10] Atwa Y M, Elsaadany E F, Salama M M A, et al. Adequacy evaluation of distribution system including wind/solar DG during different modes of operation. IEEE Transactions on Power Systems, 2011, 26(4): 1945-1952.

[11] Farzin H, Fotuhifiruzabad M, Moeiniaghtaie M. Reliability studies of modern distribution systems integrated with renewable generation and parking lots. IEEE Transactions on Sustainable Energy, 2016, 8(1): 431-440.

[12] Moghaddam H J, Hosseinian S H, Vahidi B. Active distribution networks islanding issues: An introduction. IEEE International Conference on Environment & Electrical Engineering, Venice, 2012: 1-6.

第9章 考虑信息系统影响的配电系统可靠性分析

9.1 引　　言

作为世界上最复杂的人造工程系统之一，电力系统被认为是一种典型的物理-信息系统。其中的物理系统指电气一次系统，而信息系统包含了支撑一次系统运行的信息采集、信息传输、保护控制等各类二次系统。

信息系统对电力系统的安全、高效、经济运行起着重要的支撑作用，但其故障或失效也很可能会严重影响电力系统的正常运行。随着电气物理系统与信息系统的耦合关系日益密切，信息系统对电力系统运行的影响越来越不可忽略。因此，建模分析信息系统与电气物理系统的耦合关系，量化信息系统对电力系统运行的影响，甄别并改善电气物理-信息系统的薄弱环节，对于保障电力系统的安全稳定运行具有重要意义。

配电系统中的物理-信息耦合环节比比皆是，例如，用户的用电信息通过智能电表和通信网络远程传送到配电营销中心；调度系统基于远方终端上传的故障信息操作配电自动化开关；接入配电系统的 DG 基于本地电压信息调节出力等，这些物理-信息耦合环节若出现故障，极有可能影响配电系统的安全稳定运行。当前，对这种配电系统层面的物理-信息系统可靠性的研究尚不成熟，本章将给出在配电系统中比较常见的典型物理-信息耦合环节，剖析物理与信息系统之间的耦合关系，建立物理-信息系统耦合模型，总结梳理信息环节故障类别，进而计算考虑信息环节故障的配电系统可靠性指标。

9.2 信息系统故障对配电系统可靠性的影响分析

在配电系统中，配电自动化系统是支撑配电系统安全稳定运行的重要信息系统之一，对配电系统的可靠性有着重要的影响。当配电系统出现故障时，配电自动化系统基于配电终端的量测、高效的信息通信以及主站的智能分析功能，可以实现故障快速定位，进而控制自动开关进行故障段隔离以及非故障段的恢复供电，从而提升配电系统可靠性。当配电自动化系统出现故障时，会影响其在处理故障时的效率。例如，信息延时或信息通路中断所导致的开关拒动、信息传输偏差导致的开关误动等，会对配电系统的可靠性产生负面影响。在分析配电系统可靠性时，并不能假设信息系统完全可靠，需要分析信息系统的故障对配电系统可靠性的影响。由于配电自动化系统是与电气一次系统耦合最为紧密的信息系统，因此，本节将重点研究配电自动化系统中的信息系统不可靠对配电系统可靠性的影响。

9.2.1　配电物理-信息系统架构

本节首先简要介绍配电物理-信息系统的架构。配电物理-信息系统的基本架构如图 9-1 所示，其中的物理系统由电力网架设备与负荷构成，信息系统由配电终端、配电子站、配电主站以及通信网络设备构成，SW 表示网络交换机，FTU 表示馈线终端，DTU 表示配电终端。

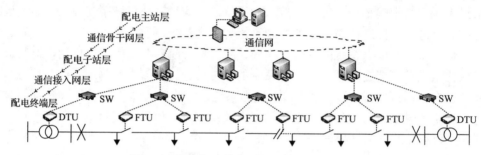

图 9-1　配电物理-信息系统基本架构示意图

配电系统的安全可靠运行离不开信息系统的支撑，以配电线路发生短路故障为例，当某一段线路发生短路故障时，断路器跳闸断开，配电终端所采集到的故障信息会由通信网上传至配电自动化主站，主站依据故障信息进行故障区域的判断，并形成故障处理命令下发给配电子站和配电终端，配电终端执行命令控制开关操作，最终实现故障段的隔离和非故障段的恢复供电。相比人工寻找故障发生位置并手动操作开关，依靠配电自动化系统能够提高故障处理速度，显著提高配电系统的可靠性。然而，当信息系统发生故障时，如通信线路断开、传输延时等，配电自动化系统的相关功能有可能失灵，对配电系统的可靠性产生负面影响。

9.2.2　信息系统故障类型及其影响

对于配电自动化系统来说，信息系统的故障可以分为三类[1,2]。

第一类：信息设备故障。此类故障包括配电终端故障导致的状态监测、信息上传、执行开关操作等功能的丧失；通信线路故障导致信息无法正常传输；服务器故障导致运行决策无法实施等。

第二类：信息传输偏差。较差的通信环境、通信主机的频繁切换等原因会对信道内的信息包造成干扰，从而产生信息传输偏差，包括目标地址的传输偏差和有效载荷的传输偏差。

第三类：信息传输延时。即使信息网络状态良好，信息包从源节点到目标节点的传输也需要一定的时间，只要延时在允许范围内，就不会影响信息系统的正常运行。但当传输路径较长且网络负载较大时，会出现系统无法容忍的延时，系统将认为此次传输无效，影响系统的正常运转。

故障快速处理是配电自动化系统的重要功能，即通过配电终端控制网络中的分段开关、联络开关，实现故障段的自动隔离和非故障段的快速恢复供电。配电自动化开关是联系配电物理系统和信息系统的重要渠道，信息系统的故障也会通过配电自动化开关映射到物理系统中，即开关的拒动。实际中，开关的拒动也是影响配电系统可靠性的重要因素。下面定性分析由信息系统故障引起的开关拒动对配电系统可靠性的负面影响。

信息设备故障、信息传输偏差和信息传输延时都可能导致开关拒动。信息设备故障将导致信息传输路径断开，故障信息无法上传，开关动作命令也无法下达。信息传输偏差包括目标地址以及有效载荷的传输偏差。目标地址传输偏差会使本该动作的开关无法得到命令。而有效载荷出现偏差时，开关会得到错误的动作命令。过长的延时也将使动作命令失效，导致自动开关拒动。下面以图 9-2 为例说明开关拒动对配电系统可靠性的影响。

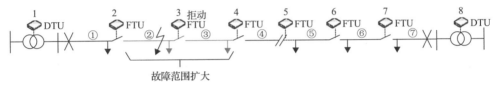

图 9-2 开关拒动对配电系统可靠性的影响示意图

在图 9-2 的配电系统中，当支路②发生故障时，本应由 2 号和 3 号 FTU 控制开关自动断开，从而实现故障的自动隔离，此时故障段仅为支路②。如果此时 3 号 FTU 由于信息系统故障而无法控制开关，导致开关拒动，则只能由 4 号 FTU 控制开关断开，则故障段扩大为支路②和支路③，支路③只能通过人工现场的手动操作进行故障隔离。当自动开关完成隔离故障的操作后，开始进行故障下游区段的负荷转供。5 号 FTU 需要控制联络开关闭合使停电负荷恢复供电，但如果此时 5 号 FTU 由于信息系统故障而无法实现联络开关的自动闭合，需要人工现场手动操作，则将进一步增加非故障区段恢复供电的时间，降低系统的可靠性。

本节定性分析了信息系统故障对配电系统可靠性的影响，9.2.3 节将建立配电物理-信息系统可靠性模型，并定量计算考虑信息系统故障影响的配电系统可靠性指标。

9.2.3 配电物理-信息系统可靠性模型

本节将信息系统的模型分为静态连接模型和动态传输模型，静态连接模型描述信息网络设备的连接关系，动态传输模型描述信息包在通信网络中的传输过程。

1. 信息系统的静态连接模型

信息系统的链路通常会有冗余，但在传输信息时一般仅建立唯一的信息传输路径。为描述信息设备的相互连接关系和信息传输路径，需要建立信息系统的静态连接模型，进而在复杂的连接关系中消除冗余，确定信息系统运行时的信息传输路径。

1) 信息系统拓扑的节点邻接矩阵

使用节点邻接矩阵描述信息网络拓扑，思路如下：首先，将信息设备定义为节点，信息设备之间的连接关系定义为边。然后，基于设备之间的拓扑连接关系建立信息设备节点邻接矩阵，表示为矩阵 H，并规定若设备 i 与设备 j 相连，则 $h_{ij}=1$，否则 $h_{ij}=0$。

以图 9-3 中的信息系统为例，其中配电子站、光纤 1、交换机 1 等设备均表示为节点，分别编号为 1、2、3…。1 号设备(配电子站)与 2 号设备(光纤 1)直接相连，表示为 $h_{12}=h_{21}=1$；交换机 1 与交换机 4 不直接相连，则 $h_{37}=h_{73}=0$。图 9-3 中的信息系统共包含 16 个信息设备，则 H 为 16×16 阶矩阵。

2) 信息网络的路由分析

路由的作用是为数据从信息源到目的地的传输过程建立传输路径。如果信息网络中的某个或某些设备故障，有可能无法建立完整的传输路径。但如果信息网络存在冗余，两点之间保持通畅的路径有多条，那么其中一条路径上的信息设备损坏可能并不影响信息源和目的地之间的正常通信。在建立信息网络节点邻接矩阵的基础上，需要进一步分析信息传输的路径是否通畅，思路如下。

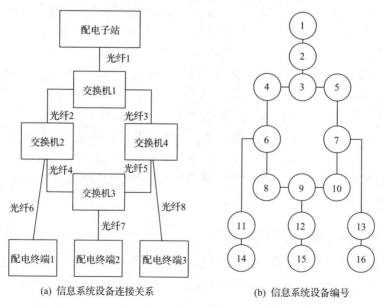

(a) 信息系统设备连接关系　　　　　　　(b) 信息系统设备编号

$$
\begin{array}{c}
\begin{array}{cccccccccccccccc} 1 & 2 & 3 & 4 & 5 & 6 & 7 & 8 & 9 & 10 & 11 & 12 & 13 & 14 & 15 & 16 \end{array}\\
\begin{array}{r}
1\\2\\3\\4\\5\\6\\7\\8\\9\\10\\11\\12\\13\\14\\15\\16
\end{array}
\left[
\begin{array}{cccccccccccccccc}
1 & 1 & 0 & 0 & 0 & 0 & 0 & 0 & 0 & 0 & 0 & 0 & 0 & 0 & 0 & 0\\
1 & 1 & 1 & 0 & 0 & 0 & 0 & 0 & 0 & 0 & 0 & 0 & 0 & 0 & 0 & 0\\
0 & 1 & 1 & 1 & 1 & 0 & 0 & 0 & 0 & 0 & 0 & 0 & 0 & 0 & 0 & 0\\
0 & 0 & 1 & 1 & 0 & 1 & 0 & 0 & 0 & 0 & 0 & 0 & 0 & 0 & 0 & 0\\
0 & 0 & 1 & 0 & 1 & 0 & 1 & 0 & 0 & 0 & 0 & 0 & 0 & 0 & 0 & 0\\
0 & 0 & 0 & 1 & 0 & 1 & 0 & 1 & 0 & 0 & 1 & 0 & 0 & 0 & 0 & 0\\
0 & 0 & 0 & 0 & 1 & 0 & 1 & 0 & 0 & 1 & 0 & 0 & 1 & 0 & 0 & 0\\
0 & 0 & 0 & 0 & 0 & 1 & 0 & 1 & 1 & 0 & 0 & 0 & 0 & 0 & 0 & 0\\
0 & 0 & 0 & 0 & 0 & 0 & 1 & 1 & 1 & 0 & 1 & 0 & 0 & 0 & 0 & 0\\
0 & 0 & 0 & 0 & 0 & 1 & 0 & 1 & 1 & 0 & 0 & 0 & 0 & 0 & 0 & 0\\
0 & 0 & 0 & 0 & 1 & 0 & 0 & 0 & 0 & 1 & 0 & 0 & 1 & 0 & 0 & 0\\
0 & 0 & 0 & 0 & 0 & 0 & 1 & 0 & 0 & 0 & 1 & 0 & 0 & 1 & 0 & 0\\
0 & 0 & 0 & 0 & 0 & 1 & 0 & 0 & 0 & 0 & 1 & 0 & 0 & 1 & 0 & 1\\
0 & 0 & 0 & 0 & 0 & 0 & 1 & 0 & 0 & 1 & 0 & 0 & 1 & 0 & 1 & 0\\
0 & 0 & 0 & 0 & 0 & 0 & 0 & 1 & 0 & 0 & 1 & 0 & 1 & 0 & 1 & 0\\
0 & 0 & 0 & 0 & 0 & 0 & 0 & 0 & 0 & 0 & 0 & 1 & 0 & 0 & 1 & 1
\end{array}
\right]
\end{array}
$$

(c) 信息系统邻接矩阵

图 9-3　信息系统的设备连接关系和邻接矩阵示意图

第一步：首先判断信息网络中的设备状态，若存在故障信息设备，则从矩阵 **H** 中剔除故障信息设备所对应节点编号的行与列，形成无故障信息设备的节点邻接矩阵。假设图 9-3 中的交换机 2 与光纤 7(编号分别为 6 和 12)故障并退出运行，则将矩阵 **H** 中的第 6 行第 6 列和第 12 行第 12 列剔除，如图 9-4 所示。

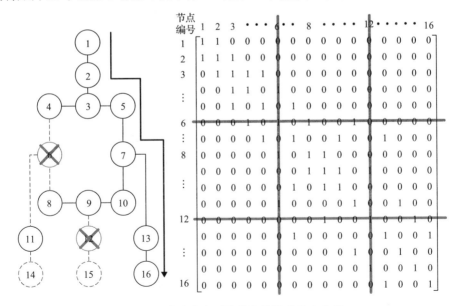

图 9-4　考虑信息系统设备故障的路由分析

　　第二步：以信息源节点为初始节点，运用 Dijkstra 最短路径算法[3]开展信息网络的路由分析，形成信息源节点到网络中各个节点的信息传输路径。如图 9-4 所示，设信息源节点为配电子站，设备 6 和设备 12 为故障设备，已经被剔除。设备 14 和设备 15 经过路由分析后无法与信息源节点形成完整路由，设备 16 可与设备 1 之间形成完整路由，路由为 1—2—3—5—7—13—16。

　　建立信息系统静态连接模型以及路由分析，可以为信息系统的动态模拟运行提供模型基础。

2. 信息系统的动态传输模型

　　在得到信息系统的设备连接关系以及信息传输路径后，就需要对信息系统的动态运行过程进行模拟。

　　假设在时刻 t，信息网络中有一个信息包 S 需要通过设备 i，最终到达设备 k，可以将其表示为信息包 $S\left[S_{\mathrm{st}}^{i}(t),k\right]$，信息包在设备 i 内的动态传输过程可用图 9-5 描述。

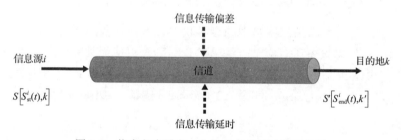

图 9-5　信息包在设备 i 内的动态传输过程示意图

　　该信息包共含有两部分信息，第一部分为有效载荷 $S_{\mathrm{st}}^{i}(t)$，即需要传输的信息量值，如节点电压、线路电流、温度等信息量；第二部分为报头信息 k，包含信息包最终需要送达的地址，即信息设备 k。k 可能是配电主站的地址，也有可能是某个配电终端的地址，视运行过程中信息传输的情况而定。

　　若传输信道质量较差，信息包 S 在通过信息设备 i 时可能发生传输扰动，则 $S\left[S_{\mathrm{st}}^{i}(t),k\right]$ 中的两部分信息都有可能因为扰动而变化，在信息包通过设备 i 后，信息包变为 $S'\left[S_{\mathrm{end}}^{i}(t),k'\right]$。下面具体分析传输信道质量问题对信息包的影响，主要包括信息传输偏差和信息传输延时两种影响。

1) 传输偏差模拟模型

　　假设信息包在设备 i 中传输的时刻为 t，有效载荷发生传输偏差的概率为 P_{error1}，目标地址发生传输偏差的概率，也就是路由错误的概率为 P_{error2}。偏差分别是时刻 t 的函数 $e_1(t)$ 和 $e_2(t)$，且通常为高斯函数[4]，单位为%。考虑传输偏差后，信息包通过信息设备 i 后输出的信息可表示如下：

$$S_{\text{end}}^{i}(t) = S_{\text{st}}^{i}(t) - \text{int}\left[\text{rand}(0,1) - P_{\text{error1}}\right] \times e_{1}(t) \tag{9-1}$$

$$k' = k - \text{int}\left[\text{rand}(0,1) - P_{\text{error2}}\right] \times e_{2}(t) \tag{9-2}$$

式中，$\text{rand}(0,1)$ 产生 0~1 的随机数；int 为取整函数，通过比较 $\text{rand}(0,1)$ 与传输偏差概率的大小来判断所传输的信息是否会产生偏差。例如，设 $P_{\text{error1}}=0.2$，在某次信息传输过程中，若产生的随机数为 0.8，$\text{int}[0.8-0.2]=0$，则 $e_{1}(t)$ 前面的系数为 0，说明此时传输过程不产生偏差；若产生的随机数为 0.15，$\text{int}[0.15-0.2]=-1$，则模拟到此刻，传输过程将产生偏差。

2) 传输延时模拟模型

类似于传输偏差的建模思路，设延时量为 t 的函数 $e_{t}(t)$，则考虑传输延时后，信息包通过信息设备 i 后输出的信息可用式 (9-3) 表示：

$$S_{\text{end}}^{i}(t) = S_{\text{st}}^{i}\left[t + e_{t}(t)\right] \tag{9-3}$$

式中，$e_{t}(t)$ 为信息包经过传输设备 i 的延时量，延时量通常不是定值，随网络的负载变化而变化，假设延时量服从指数分布，则 $e_{t}(t)$ 可表示为[5,6]

$$e_{t}(t) = \frac{1}{\lambda_{t}} e^{-\frac{1}{\lambda_{t}}t} \tag{9-4}$$

式中，λ_{t} 为信息传输的平均延时。

综合信息系统静态连接模型和动态传输模型，可以得到信息包 S 通过信息设备 i 后的输出状况：

$$S_{\text{end}}^{i} = i_{\text{status}} \times \left\{S_{\text{st}}^{i}\left[t + e_{t}(t)\right] - \text{int}\left[\text{rand}(0,1) - P_{\text{error1}}\right] \times e_{1}(t)\right\} \tag{9-5}$$

$$k' = i_{\text{status}} \times \left\{k - \text{int}\left[\text{rand}(0,1) - P_{\text{error2}}\right] \times e_{2}(t)\right\} \tag{9-6}$$

式中，i_{status} 为该信息设备的状态，当设备损坏时，$i_{\text{status}}=0$，无法传输信息，当设备正常运行时，$i_{\text{status}}=1$。式 (9-5) 和式 (9-6) 综合考虑了信息设备故障、信息传输偏差和信息传输延时的因素。

9.2.4　信息系统故障影响下的可靠性指标计算

本节应用序贯蒙特卡罗法模拟配电物理-信息系统的运行，并在模拟过程中记录故障事件，在达到模拟结束条件后，统一计算系统可靠性指标。

1. 配电物理-信息系统设备状态模拟

这里应用两状态马尔可夫过程模拟配电物理-信息系统设备的状态变化。设备的两状态马尔可夫过程如图 9-6 所示，设备的状态在 1（正常）和 0（故障）之间转换。λ 表示设备的故障率，μ 表示设备的修复率。

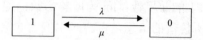

图 9-6　设备的两状态马尔可夫过程

假设设备停留在正常或故障状态的时间符合指数分布。相应地，设备保持正常和故障状态的时长 t_{up} 和 t_{down} 的概率 $P_{\text{up}}(t_{\text{up}})$ 和 $P_{\text{down}}(t_{\text{down}})$ 如下：

$$P_{\text{up}}(t_{\text{up}}) = \mathrm{e}^{-\lambda t_{\text{up}}} \tag{9-7}$$

$$P_{\text{down}}(t_{\text{down}}) = \mathrm{e}^{-\mu t_{\text{down}}} \tag{9-8}$$

应用序贯蒙特卡罗法模拟设备的状态时，产生一个随机数 x，用来表示设备保持正常状态的概率，x 的范围为 0～1，x 满足

$$x = \mathrm{e}^{-\lambda t_{\text{up}}} \tag{9-9}$$

则设备保持正常状态的时间 t_{up} 按照式(9-10)计算：

$$t_{\text{up}} = -\frac{\ln x}{\lambda} \tag{9-10}$$

在得到设备保持正常状态的时长 t_{up} 后，再用相同的方法得到设备故障的时间 t_{down}，重复应用式(9-7)～式(9-10)就可以得到设备在序贯蒙特卡罗法模拟期间的状态变化，如图 9-7 所示。

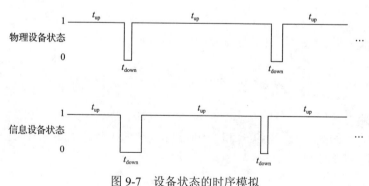

图 9-7　设备状态的时序模拟

2. 故障事件记录

在模拟系统运行的过程中，当图 9-7 中物理设备状态为 0（故障）时，需要对故

障事件进行记录。首先需要分析当前时刻信息系统的状态，应用信息系统静态连接模型得到系统中各个信息传输的路由是否通畅，并判断有无信息偏差和延时，进而判断系统中的自动开关是否有拒动情况发生。当出现开关拒动时，将此开关作为手动开关处理，然后推导各类 FIM，最后计算此次故障造成的停电指标。

假设在模拟的一次故障事件中，发生故障的配电物理设备编号为 i，此次故障事件所造成的停电指标如下：

$$\mathrm{saifi}(i) = \left(\boldsymbol{a}_i + \boldsymbol{b}_i + \boldsymbol{b}_i^{\mathrm{auto}} + \boldsymbol{c}_i + \boldsymbol{c}_i^{\mathrm{auto}} \right) \times \frac{\boldsymbol{n}^{\mathrm{T}}}{N} \tag{9-11}$$

$$\mathrm{saidi}(i) = \left(u_i \times \boldsymbol{a}_i + t_{\mathrm{sw}} \times \boldsymbol{b}_i + t_{\mathrm{sw}}^{\mathrm{auto}} \times \boldsymbol{b}_i^{\mathrm{auto}} + t_{\mathrm{op}} \times \boldsymbol{c}_i + t_{\mathrm{op}}^{\mathrm{auto}} \times \boldsymbol{c}_i^{\mathrm{auto}} \right) \times \frac{\boldsymbol{n}^{\mathrm{T}}}{N} \tag{9-12}$$

$$\mathrm{eens}(i) = \left(u_i \times \boldsymbol{a}_i + t_{\mathrm{sw}} \times \boldsymbol{b}_i + t_{\mathrm{sw}}^{\mathrm{auto}} \times \boldsymbol{b}_i^{\mathrm{auto}} + t_{\mathrm{op}} \times \boldsymbol{c}_i + t_{\mathrm{op}}^{\mathrm{auto}} \times \boldsymbol{c}_i^{\mathrm{auto}} \right) \times \boldsymbol{L}^{\mathrm{T}} \tag{9-13}$$

式中，$\mathrm{saifi}(i)$、$\mathrm{saidi}(i)$ 和 $\mathrm{eens}(i)$ 分别为此次配电物理设备故障造成的停电次数、停电时间和缺供电量；向量 $\boldsymbol{a}_i$、$\boldsymbol{b}_i$ 和 $\boldsymbol{c}_i$ 分别为 FIM $\boldsymbol{A}$、FIM $\boldsymbol{B}$ 和 FIM $\boldsymbol{C}$ 的第 i 行，可应用 4.5 节的方法推导得到；$\boldsymbol{b}_i^{\mathrm{auto}}$ 和 $\boldsymbol{c}_i^{\mathrm{auto}}$ 分别为 FIM $\boldsymbol{B}^{\mathrm{auto}}$ 和 FIM $\boldsymbol{C}^{\mathrm{auto}}$ 的第 i 行，可应用 5.4 节的方法推导得到。

3. 系统可靠性指标计算

在满足模拟的终止条件后，即可对系统可靠性指标进行计算：

$$\mathrm{SAIFI} = \frac{\sum \mathrm{saifi}(i)}{T} \tag{9-14}$$

$$\mathrm{SAIDI} = \frac{\sum \mathrm{saidi}(i)}{T} \tag{9-15}$$

$$\mathrm{EENS} = \sum \frac{\mathrm{eens}(i)}{T} \tag{9-16}$$

式中，T 为序贯模拟的时长。

4. 配电物理-信息系统可靠性分析流程

配电物理-信息系统的可靠性分析流程如图 9-8 所示。

考虑信息系统故障影响的配电物理-信息系统可靠性分析步骤如下。

(1)配电物理-信息设备状态模拟：应用序贯蒙特卡罗法模拟配电物理设备和信息设备的工作状态。

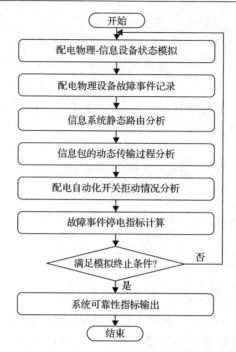

图 9-8　配电物理-信息系统可靠性分析流程

(2) 故障事件记录：当配电物理设备出现故障时，记录一次故障事件。

(3) 信息系统状态分析：当配电物理设备发生故障时，分析此时信息系统的状态，包括信息系统静态路由分析以及信息包的动态传输过程分析。信息系统静态路由分析关注的是信息系统能否建立完整的信息传输路径，信息包的动态传输过程分析关注的是信息包能否在延时允许范围内正确地传输到相应的信息设备。

(4) 配电自动化开关拒动情况分析：根据配电自动化开关的拒动情况计算该次故障事件给负荷造成的停电影响。

(5) 故障事件停电指标计算：根据信息系统的状态计算该次故障事件给负荷造成的停电影响。

(6) 系统可靠性指标输出：在未满足模拟终止条件时，返回步骤(1)继续模拟配电物理-信息系统的运行过程。当满足模拟终止条件时，计算系统可靠性指标并输出结果。

9.2.5　案例分析

1. 案例简介

配电设备点多、面广、分散，因此无线通信就成了配电自动化系统的重要通信方式之一。而其中的无线公网通信由于部署迅速、覆盖率高、不受地域限制的特点，在当前配电自动化通信中得到了广泛应用。本节以 IEEE RTBS Bus6 配电系统为基础所建立的配电物理-信息系统算例如图 9-9 所示。

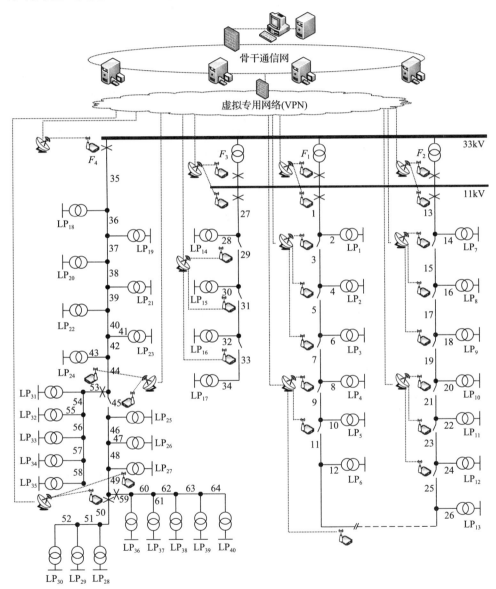

图 9-9 配电物理-信息系统算例示意图

对系统中所有的手动分段开关、联络开关进行配电自动化改造，开关的操作时间由 2h 缩短为 2min。配电终端与配电子站之间采用无线公网 GPRS 通信方式，为每个配电终端安装 GPRS 无线通信模块，无线通信模块通过公用基站接入虚拟专用网络进而与配电子站进行上下行信息的交换。设无线通信模块的可靠度为 95%[7]，信息传输误码率为 10^{-5}[8]。通信延时服从指数分布，通信平均延时 5s，允许的最大延时为 30s，当超过最大延时时，视为通信无效。

2. 配电物理-信息系统可靠性指标

应用序贯蒙特卡罗法模拟配电物理-信息系统运行，记录系统发生的故障和开关是否正常动作的情况。考虑两个场景，第一个场景假设信息系统设备完全可靠且信道传输质量良好，不发生信息传输偏差和延时过大的情况。第二个场景考虑信息系统的设备故障，并可能发生信息传输偏差和延时。两种场景所得到的系统可靠性指标如表 9-1 和表 9-2 所示。第二个场景的系统年平均故障发生次数以及开关正常动作和拒动次数统计情况如表 9-3 所示。

表 9-1　考虑和不考虑信息系统故障的 SAIDI

统计项目	馈线 F_1	馈线 F_2	馈线 F_3	馈线 F_4	系统
不考虑信息系统故障 SAIDI/(h/年)	0.4606	0.4609	0.7967	7.6714	3.3667
考虑信息系统故障 SAIDI/(h/年)	0.5823	0.5975	0.8209	7.9004	3.5358
指标劣化程度/%	26.42	29.64	3.04	2.99	5.02

表 9-2　考虑和不考虑信息系统故障的 EENS

统计项目	馈线 F_1	馈线 F_2	馈线 F_3	馈线 F_4	系统
不考虑信息系统故障 EENS/(MW·h/年)	0.5284	0.5859	2.8407	41.5593	45.5143
考虑信息系统故障 EENS/(MW·h/年)	0.6740	0.7677	2.9402	42.5365	46.9184
指标劣化程度/%	27.55	31.03	3.50	2.35	3.08

表 9-3　系统年平均故障发生次数与开关动作情况统计

统计项目	馈线 F_1	馈线 F_2	馈线 F_3	馈线 F_4	系统
故障发生次数/(次/年)	0.5427	0.6338	0.3673	4.1405	5.6843
正确动作次数/(次/年)	0.2424	0.2661	0.1297	0.7109	1.3597
拒动次数/(次/年)	0.0339	0.0393	0.0097	0.0496	0.1219
拒动概率/%	12.27	12.87	6.96	6.52	8.23

由表 9-1 和表 9-2 可见，对比考虑与不考虑信息系统故障的系统可靠性指标，当考虑信息系统故障时，SAIDI 和 EENS 指标分别劣化了 5.02%和 3.08%，可见信息系统故障对配电系统可靠性具有一定程度的影响。

　　从各条馈线的可靠性指标变化情况来看，信息系统故障对不同馈线的影响情况不同。以 EENS 指标为例，馈线 F_1 和 F_2 受信息系统故障的影响比较严重，EENS 指标的劣化程度达到了 27.55%和 31.03%，而馈线 F_3 和 F_4 对信息系统故障并不敏感，受影响程度较小，只有 3.50%和 2.35%。原因是馈线 F_1 和 F_2 的自动开关较多，且存在自动联络开关，在信息系统完全可靠的情况下，依靠自动开关的快速操作，故障对非故障段负荷的影响较小，因此可靠性指标也较好。然而一旦信息系统发生故障，自动化程度降低，这两条馈线的可靠性指标劣化程度也较大。表 9-3 也可以印证，当发生电气物理设备故障时，馈线 F_1 和 F_2 需要控制自动分段开关隔离故障以及自动联络开关闭合转供负荷，所涉及的自动开关数量较多，开关的拒动概率也较大，达到了 12.27%和 12.87%。反观馈线 F_3 和 F_4，馈线上的自动开关较少，且无联络，故障时配电主站远程控制的自动开关也较少，因此自动开关的故障对馈线 F_3 和 F_4 的可靠性指标影响就相对较小。

　　表 9-4 给出了馈线 F_1 在模拟运行期间每个自动开关的拒动概率以及开关拒动对馈线 F_1 可靠性指标的影响程度。

表 9-4　馈线 F_1 自动开关拒动概率及其影响　　　　　（单位：%）

统计项目	开关 3	开关 5	开关 7	开关 9	开关 11	自动联络开关
拒动概率	11.81	12.00	12.03	11.95	11.92	13.81
SAIDI 指标劣化程度	1.85	1.96	2.43	1.91	1.71	16.56

　　由表 9-4 可知，联络开关拒动概率比自动分段开关拒动概率稍大，这是由于联络开关与配电主站之间的通信路径所包含的信息设备稍多，信息的传输更容易受到影响。因此，拒动概率达到了 13.81%。自动分段开关的拒动概率均为 12%左右。但联络开关拒动对馈线 F_1 的影响明显要比自动分段开关拒动的影响大很多，联络开关拒动对 SAIDI 的劣化程度达到了 16.56%，而自动分段开关的拒动对 SAIDI 的劣化程度仅为 2%左右。这是由于联络开关负责故障段下游所有负荷的转供恢复供电，而自动分段开关只负责一段线路上的负荷隔离和恢复供电，因此联络开关拒动对馈线停电负荷的恢复供电影响更大。在配电自动化系统设计时，也需要对自动联络开关的正常运行给予更大的保障。

　　由表 9-1 和表 9-2 中馈线 F_1 和 F_2 的可靠性指标结果可知，当馈线的自动化程度较高时，由于无线公网的传输信道质量无法保证 100%可靠，信息系统故障对配电系统的可靠性指标具有一定程度的负面影响。为了减小信息系统对配电系统可靠性的负面影响，将原系统的无线公网改为以太无源光网络（ethernet passive optical network，EPON），如图 9-10 所示。

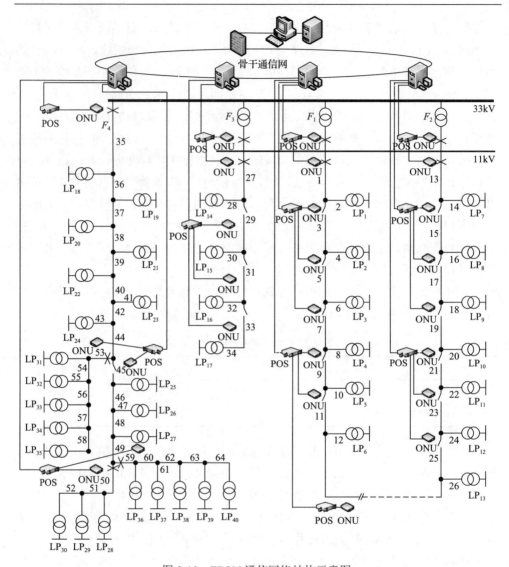

图 9-10 EPON 通信网络结构示意图

系统中的所有分段开关和联络开关受配电自动化终端控制,每个配电终端通过一个光网络单元(optical network unit,ONU)接入信息网络,信息网络中的无源光纤分路器(passive optical splitter,POS)用于路由分析,负责上传配电终端所采集的信息以及下传主站的相关控制命令。假设配电子站、配电主站以及骨干通信网完全可靠,只分析接入层信息系统设备故障对配电系统可靠性的影响,相关信息设备的可靠性参数见表 9-5。

表 9-5　通信设备可靠性参数[9]

元件名称	正常运行时长/h	平均修复时长/h
光网络单元	175200	2
光纤线路	200000	6
无源光纤分路器	5714286	12

假设 EPON 网络的传输误码率为 2.3×10^{-10}[10]，通信平均延时为 2ms[11,12]。考虑与不考虑信息系统故障的系统可靠性指标对比情况如表 9-6 所示。

表 9-6　考虑与不考虑信息系统故障的可靠性指标对比情况

可靠性指标	不考虑信息系统故障	考虑信息系统故障
SAIDI/(h/年)	3.3667	3.3718
EENS/(MW·h/年)	45.5143	45.5871

由表 9-6 可见，应用 EPON 支撑配电自动化系统运行，其故障对系统可靠性指标的影响很小，SAIDI 指标劣化程度为 0.15%，EENS 指标劣化程度为 0.16%。光纤通信系统投资建设费用相比无线公网系统要大很多，且在不具备光缆敷设条件的地区也无法建设，因此需要根据不同配电区域对可靠性的要求以及建设条件选择适当的通信组网方式。

9.3　考虑信息系统影响的微电网可靠性分析

微电网作为一种小型的发、配、用电系统，是一种深度融合计算、通信以及控制技术的物理-信息系统。微电网的物理系统包括 DG、储能装置、能量转换装置、负荷等电气设备。信息系统包括数据采集器、状态检测器、控制器、通信设备以及高性能计算决策模块等设备。为充分且有效地协调微电网内各类发电、储能以及负荷的功率平衡关系，微电网需要依靠安全可靠的信息系统实时采集各个电气设备的信息，并基于一定的策略为相关受控单元下达命令执行信息，以保证整个微电网的电压和频率的稳定，同时支撑实现面向经济调度等目标的微电网能量管理和运行优化。信息系统一旦发生故障将很有可能影响微电网的安全稳定运行。本节将给出微电网的物理-信息架构并分析信息系统对微电网运行可靠性的影响。

9.3.1　微电网物理-信息系统架构

一个微电网物理-信息系统的典型架构如图 9-11 所示。微电网物理系统的安全稳定运行，需要依靠安全高效的信息系统实时监测微电网设备的运行情况并协调控制各个设备的运行状态。微电网的协调控制方式主要有两种：集中控制和分散控制。其中，集中控制模式的微电网依靠中央控制系统实时采集信息并为相关微电网单元下达功率参考点信息以保证微电网内的供需平衡以及电压、频率的稳定。分散控制模式的微电网依靠各个设备之间的高效通信来调节各自的稳定运行点。两种模式的微电网的信息系统工作机理基本相同，均包括信息采集、信息上传、决策分析、命令下传和命令执行的全过程。

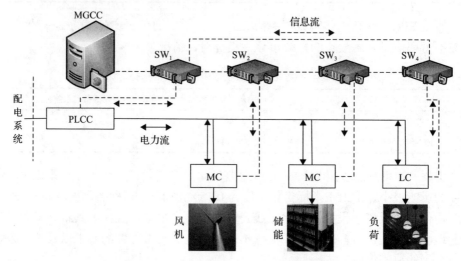

图 9-11　微电网物理-信息系统架构示意图

以集中式控制的微电网为例，其信息系统对物理系统的支撑作用如图 9-12 所示。

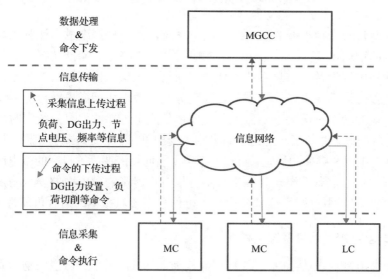

图 9-12　微电网信息系统对物理系统的支撑作用

微电网中央控制器(MGCC)负责 DG、储能等装置间的协调运行，实现功率输出与负荷之间的平衡。MGCC 通过微型电源控制器(MC)或负荷控制器(LC)采集本地信息,如 DG 出力信息、负荷信息、节点电压信息、频率信息等。在所有信息通过通信信道传输到 MGCC 后,MGCC 根据特定策略生成 DG 出力设置或负荷削减命令,并通过信道将命令下发至 MC 或 LC。然后,本地 MC 和 LC 根据 MGCC 的命令控制电气单元改变运行状态。

整个微电网物理-信息系统的控制周期可归纳为 5 个阶段:信息采集、信息上传、信息处理决策、命令传输以及命令执行。由于微电网需要在 DG 和负荷不断变化的情况下保持实时稳定运行,控制策略需要每分钟甚至每秒钟执行一次。在实时控制周期的情况下,信息系统中的信息设备失效甚至微小干扰都可能对微电网的运行产生不利影响。信息系统对微电网运行可靠性的影响可以归纳为以下几方面。

(1)信息设备故障:信息设备故障会导致 MC 或 LC 与 MGCC 之间的信息传输障碍,在失去通信连接的情况下可能导致部分电气设备与微电网断开电气连接,将极大地影响微电网的可靠运行。

(2)信息传输偏差:如果在信息传输过程中出现有效载荷的传输偏差,MGCC 可能相应地产生出错误的出力调整策略或负荷削减策略,导致命令执行的偏差,从而影响微电网的可靠运行。如果出现信息路由的传输偏差,信息包将无法到达正确的信息设备。本该得到信息的相关设备无法取得实时有效的信息,这可能导致电气设备不能及时跟踪微电网的运行变化,从而影响微电网的供需平衡。

(3)信息传输延时:如果发生信息传输延时,则 MC 或 LC 与 MGCC 之间将无法及时通信,可能导致微电网对负荷的变化反应缓慢,从而影响微电网的可靠运行。

分析信息系统的不可靠给微电网运行带来的影响时,同样可应用本章所建立的物理-信息系统可靠性模型,分析流程如图 9-13 所示。

如图 9-13 所示,由于微电网中的负荷实时变化,不同时刻信息系统的故障所导致的故障后果不同,因此,以微电网每个控制周期 t 为单位,应用蒙特卡罗法模拟信息系统的运行和故障状态,包括信息采集、信息传输、信息决策处理和命令下达。进而计算每个周期内信息系统故障所导致的失负荷情况,计算每个周期内的可靠性指标,包括失负荷量 $eens(t)$、失负荷概率 $lolp(t)$ 和负荷停电时间 $saidi(t)$,逐个周期模拟微电网运行,直到满足模拟终止条件,再对所有周期内的负荷可靠性指标进行加和,即可得到整个运行期间微电网的可靠性指标,包括 EENS、LOLP 及 SAIDI。具体步骤如下。

(1)微电网物理-信息设备状态模拟:应用蒙特卡罗法,模拟在微电网的一个控制周期 t 内,微电网物理-信息系统设备的状态。

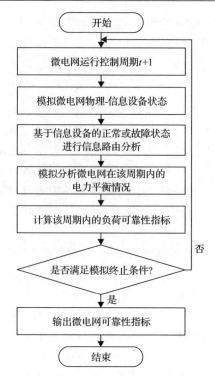

图 9-13　考虑信息系统影响的微电网运行可靠性分析流程图

（2）信息系统状态分析：包括信息设备的静态连接分析和信息包的动态传输分析。静态连接分析判断在该周期内，信息系统是否可以形成完整的信息传输路由。动态传输分析判断信息传输路径中的信息包在传输过程中是否发生信息传输偏差和延时。

（3）电力平衡分析：基于信息系统的运行状态，分析该控制周期内的电源出力与负荷需求之间是否平衡。若负荷需求大于电源出力，则需要削减负荷，使部分负荷停电，更新负荷的可靠性指标，包括失负荷量 $\text{eens}(t)$、失负荷概率 $\text{lolp}(t)$ 和负荷停电时间 $\text{saidi}(t)$。

（4）系统可靠性指标计算：满足模拟终止条件后，对所有模拟周期内的负荷可靠性指标进行加和，可得到整个运行期间微电网的可靠性指标，包括 EENS、LOLP 及 SAIDI。

9.3.2　案例分析

1. 案例简介

以一个微电网案例说明信息系统的不可靠对微电网运行可靠性的影响，微电网结构如图 9-14 所示。

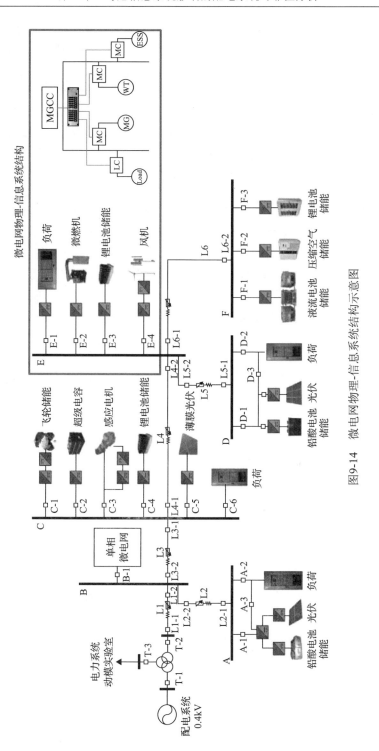

图9-14　微电网物理-信息系统结构示意图

选取天津大学微电网实验平台[13]的一部分，即图 9-14 实线框中的母线 E 及其所连接的负荷(Load)、储能系统(ESS)、微型燃气轮机(MG)和小型风机(WT)作为微电网物理-信息系统分析案例。微型燃气轮机的最大输出功率和最小输出功率分别为 100kW 和 10kW。小型风机最大出力为 50kW，设风速的概率分布为两参数韦布尔分布，其中形状参数为 2、尺度参数为 5。负荷的随机变化满足概率分布为 0～100kW 的平均分布。储能系统容量为 500kW·h，最大功率为 10kW。所有微电网负荷与电源都配有控制设备(MC 或 LC)，用于采集设备信息并将其上传至 MGCC。MGCC 根据控制策略生成命令，如负载削减设置、电源出力设置、电源启停、开关 E-1～开关 E-4 的开断等指令。这些指令通过信息网络传输到相关设备并被执行。

信息系统设备的可靠性参数见表 9-7。考虑三种信息系统设备故障对微电网运行可靠性的影响，包括光纤故障、路由设备故障和信息终端故障。设定信息包发生传输偏差的概率为 0.01%[14]，有效载荷的传输误差在 1% 以内[15]。信息传输的平均延时为 0.02s[16]，最大容许延迟裕度设为 2s[17-19]。为了比较信息设备故障和物理设备故障对微电网运行可靠性的不同影响，表 9-7 还给出了微电网母线和各类电源、储能设备的可靠性参数。

表 9-7　微电网物理-信息系统设备可靠性参数[20-23]

设备名称	平均无故障时间/h	平均修复时间/h	可靠度/%
信息终端设备	13300	24	99.8199
光纤	500000	4	99.9992
路由器	43800	48	99.8905
微电网母线	876000	5	99.9994
微型燃气轮机	7500	100	98.6842
小型风机	11380	279	97.6070
储能系统	50700	7.8	99.9846

2. 微电网物理-信息系统可靠性指标

表 9-8 给出了考虑和不考虑信息系统故障的微电网运行可靠性指标对比情况。

表 9-8　考虑和不考虑信息系统故障的微电网运行可靠性指标

可靠性指标	信息系统完全可靠	考虑信息系统故障
EENS/(MW·h/年)	7346.1	8649.3
LOLP/%	3.01	3.346
SAIDI(h/年)	146.1	165.3

由表 9-8 可知，信息系统故障引起的 EENS、LOLP 和 SAIDI 分别为 1303.2kW·h/年、0.336% 和 19.2h/年，信息系统故障影响所占比例分别为 15.07%、10.04% 和 11.62%。可见，信息系统对微电网运行可靠性有一定的影响。究其原因，

是由于信息与物理系统的深度耦合，微电网的运行依赖信息系统的控制。即使信息系统传输过程中发生很小的偏差或延时，也极有可能导致命令执行失败，从而破坏整个微电网系统的供需平衡。一旦在没有备用冗余通道的情况下发生信息系统设备故障，部分电气系统可能会直接脱网，导致更具破坏性的事故。因此，虽然信息传输质量较高，且信息设备的可靠度均在 99%以上，但信息系统的故障对微电网的运行可靠性仍有很大的影响。

3. 信息系统可靠性参数灵敏度分析

为了找出影响微电网可靠性的信息系统薄弱环节，下面对微电网信息系统中的信息传输质量等相关参数进行灵敏度分析。

1) 信息传输质量灵敏度分析

将信息传输过程中的有效载荷偏差、路由错误以及传输延时超过允许裕度的概率从 0.0001 增加到 0.001，可得到微电网的运行可靠性指标的变化，如图 9-15 和图 9-16 所示。

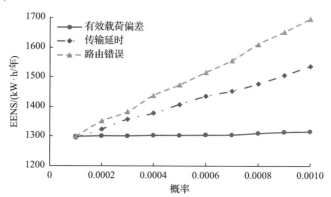

图 9-15　微电网可靠性指标 EENS 对信息系统信道质量的灵敏度

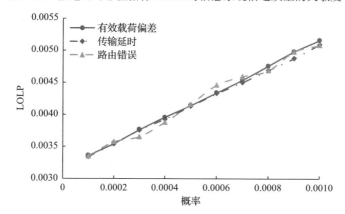

图 9-16　微电网可靠性指标 LOLP 对信息系统信道质量的灵敏度

从图 9-15 和图 9-16 可以看出，指标 EENS 对路由错误的灵敏度最高，这是因为路由设备是整个信息系统的关键节点，路由错误会导致信息包传输到错误的地址，其影响可能等同于整个传输过程的失效，因此路由错误对微电网可靠性的影响较大。EENS 对有效载荷偏差的敏感度最低，因为有效载荷偏差在 1% 以内，不会严重影响微电网的电力供需平衡。

2) 信息系统设备故障率灵敏度分析

下面针对信息系统设备故障率 λ 对微电网运行可靠性的影响进行灵敏度分析。设信息终端、光纤和路由设备的故障率逐渐增加到原来的 10 倍。微电网可靠性指标对三种信息系统设备故障率的灵敏度如图 9-17～图 9-19 所示，λ_0 表示设备初始故障率。

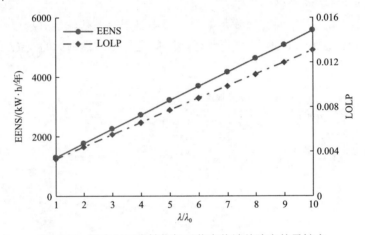

图 9-17 微电网可靠性指标对信息终端故障率的灵敏度

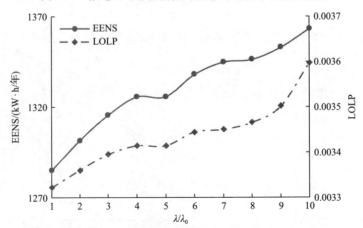

图 9-18 微电网可靠性指标对光纤故障率的灵敏度

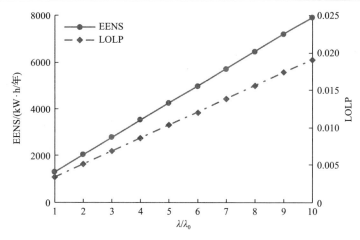

图 9-19　微电网可靠性指标对路由设备故障率的灵敏度

　　系统可靠性指标 EENS 对信息终端故障率的灵敏度为 1114.45kW·h/(次·年)、对光纤故障率的灵敏度为 496.04kW·h/(次·年)、对路由设备故障率的灵敏度为 2371.75kW·h/(次·年)。可见，EENS 对路由设备故障率的灵敏度最高。原因是该微电网的信息网络为树形网络，路由设备是信息系统中的关键节点。路由设备的故障将导致整个通信系统丧失传输信息的能力，对微电网的运行可靠性影响最大。

　　图 9-20 显示了信息系统各类故障对整个微电网运行可靠性影响所占的比例。信息终端故障对微电网的运行可靠性影响最大。一旦信息终端设备出现故障，其控制的电气设备将直接退出运行。由于信息终端的故障率在三种信息设备中最高，因此信息终端的故障对运行可靠性的影响占比也最高。虽然路由设备在信息系统中起重要作用，但由于路由设备的故障率很小，路由设备故障对微电网可靠性的影响占比仅次于信息终端故障。

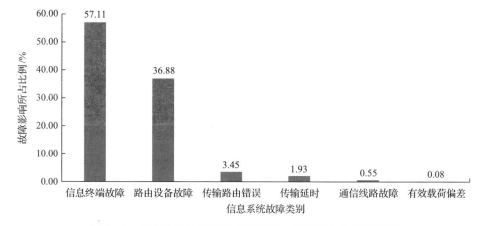

图 9-20　各类信息故障对微电网可靠性影响所占比例示意图

各类信息系统故障对 EENS 数值的贡献如表 9-9 所示。

表 9-9　各类信息系统故障对 EENS 数值的贡献

故障类型	对 EENS 数值的贡献/(kW·h/年)
信息终端故障	745.6
路由设备故障	479.5
传输路由错误	44.8
传输延时	25.1
通信线路故障	7.2
有效载荷偏差	1.0

从灵敏度分析结果可以看出，路由设备故障和信息终端故障是对微电网可靠性影响比较大的因素。下面针对这两个影响因素，提出两种信息网络拓扑方案，以提高微电网运行可靠性。

3) 信息网络拓扑结构的可靠性灵敏度分析

不同的信息网络拓扑结构对微电网运行可靠性也有不同的影响。这里给出另外两种网络拓扑结构，如图 9-21 所示，与原方案中的信息拓扑结构(图 9-14 中的树形结构)对比，分析不同的信息网络拓扑结构对微电网运行可靠性的影响。

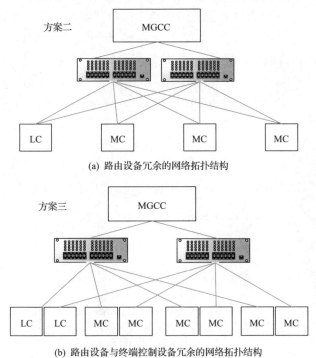

图 9-21　两种具有冗余备份的树形网络结构

原方案中的信息网络是一个简单的树形网络,每个控制终端与 MGCC 之间只有一个通道。单个网络设备故障将导致通信断开。图 9-21(a)中信息网络的路由设备具有冗余。每个控制终端 MC/LC 都有到 MGCC 的冗余通信信道。当单个网络元件发生故障时,可以通过备用通道传输数据。在图 9-21(b)中的信息网络中,每个负荷与电源均使用两个独立的信息控制终端互为备份,单个信息终端发生故障不影响微电网的运行。

假设电气物理设备 100%可靠,只考虑信息系统故障,三种网络拓扑结构下的微电网 EENS 和 LOLP 如表 9-10 所示,信息系统的各种故障类型对微电网可靠性的影响占比如表 9-11 所示。由于方案二和方案三这两种拓扑结构存在冗余,微电网的可靠性有了相当程度的提高。应用方案二中的信息网络拓扑,由于路由设备冗余,路由设备故障对微电网 EENS 的影响占比从原方案的 479.5kW·h/年降至 0.6kW·h/年。应用方案三中的信息网络拓扑结构,由于所有信息终端冗余备份,微电网的运行可靠性进一步提升,EENS 指标相比原方案改善了 94.4%。

表 9-10　不同信息网络拓扑下的微电网运行可靠性指标

方案	EENS		LOLP	
	指标值/(kW·h/年)	可靠性提升程度/%	指标值/%	可靠性提升程度/%
原方案	1303.2	—	0.3361	—
方案二	818.5	37.2	0.2243	33.3
方案三	72.9	94.4	0.0501	85.1

表 9-11　各类信息系统故障对 EENS 数值的贡献　　　(单位:kW·h/年)

故障类型	原方案	方案二	方案三
信息终端故障	745.6	745.6	1.3
路由设备故障	479.5	0.6	0.6
传输路由错误	44.8	44.8	44.8
传输延时	25.1	25.1	25.1
通信线路故障	7.2	1.4	0.1
有效载荷偏差	1.0	1.0	1.0

9.4　本 章 小 结

随着电气物理-信息系统之间的耦合日益密切,分析信息系统对配电系统运行的影响具有重要意义。本章构建了信息系统静态连接模型以及考虑信息传输偏差和延时的信息包动态传输模型,旨在量化信息系统设备故障和信道质量对配电系统运行可靠性的影响。

　　本章重点针对配电自动化系统,将信息系统的不可靠分为信息设备故障、信息传输偏差、信息传输延时三种类型,进而将三类信息系统故障类型映射为配电终端所控制的开关拒动,基于 FIM 分析了信息系统故障对配电系统可靠性的影响。分析发现,无线公网通信方式下的配电自动化系统故障对配电系统可靠性指标的负面影响不可忽略,无源光网络通信方式下的配电自动化系统故障对配电系统可靠性的负面影响较小。由于无源光网络投资建设费用相比无线公网要大很多,且在不具备光缆敷设条件的地区也无法建设,因此需要根据配电系统所覆盖的区域对供电可靠性的要求以及建设条件选择适当的通信组网方式。

　　本章还分析了信息系统对微电网运行可靠性的影响,算例分析结果表明,信息传输偏差和延时等信道质量问题会影响微电网的信息采集、传输和控制命令下发等一系列过程,对微电网运行可靠性的影响不可忽略。信息系统关键节点上的信息设备对微电网的可靠运行影响较大,为提升运行可靠性,必要时需要进行信息设备的热备用,为信息的传输提供冗余通道。信息系统中故障率较大的设备,即使并非关键节点,由于故障率较高,对微电网的可靠运行影响也较大,可考虑加装备用冗余设备。

参 考 文 献

[1] Wang C, Zhang T, Luo F, et al. Impacts of cyber system on microgrid operational reliability. IEEE Transactions on Smart Grid, 2017, 10(1): 105-115.

[2] 张天宇. 基于故障关联矩阵的配电系统可靠性评估方法. 天津: 天津大学, 2019.

[3] Peyer S, Rautenbach D, Vygen J. A generalization of Dijkstra's shortest path algorithm with applications to VLSI routing. Journal of Discrete Algorithms, 2009, 7(4): 377-390.

[4] Rojas A J. Feedback control over signal-to-noise ratio constrained communication channels with channel input quantisation. American Control Conference, Baltimore, 2010: 256-271.

[5] Park J W, Lee J M. Transmission modeling and simulation for internet-based control. The 27th Annual Conference of IEEE Industrial Electronics Society, Denver, 2001: 165-169.

[6] Tipsuwan Y, Chow M Y. Gain scheduler middleware: A methodology to enable existing controllers for networked control and teleoperation—part Ⅰ: Networked control. IEEE Transactions on Industrial Electronics, 2004, 51(6): 1218-1228.

[7] 赵奕, 秦卫东, 魏皓铭, 等. 配电自动化无线公网通信可用性分析与保障. 供用电, 2014(5): 43-48.

[8] 林添顺. 基于 GPRS 的新型配电网自动化通信系统设计及实用性分析. 电力系统保护与控制, 2008(19): 54-57.

[9] 鲍兴川. 配电通信网接入层 EPON 保护组网可靠性与性价比分析. 电力系统自动化, 2013, 37(8): 96-101.

[10] 张傲, 何岩. FEC 对 EPON 系统性能的影响. 全国集成光学学术会议, 南京, 2003: 277-281.

[11] 徐光福. 适用于智能配电网基于 EPON 通信的馈线差动保护. 中国电机工程学会电力系统自动化专业委员会三届三次会议暨学术交流会, 南京, 2013: 1-8.

[12] 梁晓红. 基于 EPON 的电力配电网通信方案设计. 光通信技术, 2013(9): 38-41.

[13] Wang C, Yang X, Wu Z, et al. A highly integrated and reconfigurable microgrid testbed with hybrid distributed energy sources. IEEE Transactions on Smart Grid, 2016, 7(1): 451-459.

[14] Zheng L, Parkinson S, Wang D, et al. Energy efficient communication networks design for demand response in smart grid. IEEE International Conference on Wireless Communication and Signal Processing, Nanjing, 2011: 3-9.

[15] Xin S, Guo Q, Sun H, et al. Cyber-physical modeling and cyber-contingency assessment of hierarchical control systems. IEEE Transactions on Smart Grid, 2015, 6(5): 2375-2384.

[16] 邓思成, 陈来军, 郑天文, 等. 考虑系统延时的微电网有功功率分布式控制策略. 电网技术, 2019, 43(5): 1536-1542.

[17] Wang R, Li Q, Zhang B, et al. Distributed consensus based algorithm for economic dispatch in a microgrid. IEEE Transactions on Smart Grid, 2018, 33(1): 602-612.

[18] Chen G, Guo Z. Distributed secondary and optimal active power sharing control for islanded microgrids with communication delays. IEEE Transactions on Smart Grid, 2019, 10(2): 2002-2014.

[19] Lai J, Zhou H, Lu X, et al. Droop-based distributed cooperative control for microgrids with time-varying delays. IEEE Transactions on Smart Grid, 2016, 7(4): 1775-1789.

[20] Wang Y, Li W, Lu J, et al. Evaluating multiple reliability indices of regional networks in wide area measurement system. Electric Power Systems Research, 2009, 79(10): 1353-1359.

[21] Wang Y, Li W, Lu J. Reliability analysis of phasor measurement unit using hierarchical Markov modeling. Electric Power Components & Systems, 2009, 37(5): 517-532.

[22] Spinato F, Tavner P J, Bussel G J W, et al. Reliability of wind turbine subassemblies. IET Renewable Power Generation, 2009, 3(4): 387-401.

[23] 钟宇峰, 黄民翔, 关丁建. 电池储能系统可靠性建模及其对配电系统可靠性的影响. 电力系统保护与控制, 2013(19): 95-102.

第10章 智能配电系统可靠性分析研究展望

10.1 智能配电系统典型特征

电力是现代社会不可或缺的能源利用方式,关系到国家经济发展和能源安全,大力发展智能电网已成为新一轮能源革命的重要任务之一。其中,配电系统作为电力从生产到用户的关键环节,与用户的联系最为紧密,对用户的影响最为直接。用户电能质量与服务体验的提升、各类分布式绿色能源的消纳、电动汽车与新型负荷的灵活接入、多主体间的市场交易互动等,都需要依托配电系统来实现。相比传统配电系统,以数字化、信息化、自动化和互动化为特征的智能配电系统又增加了新的内涵和要求。

(1)更高的供电可靠性。具有抵御自然灾害和人为破坏的能力,能够进行故障的智能处理,最大限度地减小配电系统故障对用户的影响。在线路停电时,能够依托分布式电源、微电网等继续保障重要用户的供电,并具备故障自愈功能。

(2)更高的电能质量。利用先进的电力电子技术、电能质量在线监测和补偿技术,实现对电能质量敏感设备的不间断、高质量、连续性供电。

(3)更好的兼容性。支持大量分布式电源、储能装置等设备的灵活可靠接入,实现分布式电源的即插即用。支持微电网的可靠运行,方便电动汽车的充放电,对电力用户更具兼容性。

(4)更强的互动能力。借助智能表计和通信网络,支持用户侧的需求响应,为用户提供更多的附加服务,为降低用户能耗提供便捷的互动平台。

(5)更高的资产利用率。通过实时在线监测设备状态,完善设备评价体系,建立标准化、有针对性的电网资产维护管理流程等措施,延长设备使用寿命。支持配电系统快速仿真模拟,合理控制潮流,降低损耗。充分利用系统容量,降低投资,减少设备折旧。采用有效的移峰填谷措施,显著提高配电设施的资产利用率。

(6)更集成的可视化信息系统。通过对配电系统及其设备运行数据的实时采集,实现运行数据与离线管理数据的高度融合和深度集成。通过设备管理、检修管理、停电管理以及用电管理等的信息化集成,实现调度与运行管理的一体化。

(7)多网合一的能源系统互联。多种能源系统紧密互联成为当前能源系统的发展趋势。能源系统互联可有效提高能源综合利用率、资产利用率并减少排放和环境污染。电力作为一种清洁的二次能源将成为能源互联系统的纽带中心。配电系统需优化与其他能源系统(如冷热网络、天然气网络、交通网络等)的能源接口,实现高效率的能源传输和转化。

　　智能配电系统与传统配电系统相比，在系统结构、控制手段、运营模式、管理策略等方面将发生巨大的变化，一些典型特征对比如表 10-1 所示。

表 10-1　智能配电系统和传统配电系统典型特征对比[1]

对比项	传统配电系统	智能配电系统
电网设备	少量电源设备； 有限的信息设备支撑	多样化分布式电源、电力电子设备； 广泛的信息设备支撑
电网结构	交流网； 闭环设计，开环运行	交直流混合； 环网运行环节广泛存在； 含微网的多层次结构
信息通信技术	监测点少； 运行保护策略简单； 自动化程度低	全面监测保护； 智能决策； 自动化程度高
规划设计	目标、方法单一； 确定性规划	规划元素多样； 规划与运行耦合
系统分析	单一时间断面静态分析； 单一维度评价	多时间尺度多维度精细化动态分析； 多维度综合评价
运行控制	主从式控制； 控制结构、控制主体、控制策略简单	分层控制与自主控制结合； 多样化控制主体、控制策略复杂
维护管理	人工干预因素大； 人工负荷繁重	智能化维护管理

10.2　智能配电系统可靠性分析技术展望

　　面对智能配电系统在形态结构、设备构成、运行方式等方面的新特征，有关配电系统可靠性分析的相关理论需要进一步拓展。本节将从交直流混合以及综合能源系统两方面展望未来配电系统可靠性分析理论的拓展方向。

10.2.1　交直流混合配电系统可靠性分析

　　近年来，随着配电系统中直流负荷的大量增加以及电力电子控制技术的日趋成熟，直流配电技术开始在配电系统中应用。交直流配电形式将有效支撑配电系统中分布式电源和储能装置的广泛接入，提升配电系统的兼容性与灵活性，实现配电设备的即插即用和网络的灵活重构。交直流配电技术是未来智能配电系统发展的重要支撑技术，交直流混合配电系统也将成为智能配电系统的发展趋势。

　　当前，交直流配电技术尚处在理论研究和工程示范阶段[2-6]。其中，如何分析交直流混合配电系统的可靠性，衡量直流环节对配电系统可靠性的影响，以及如何充分挖掘交直流混合配电系统网络结构的优势从而进一步提升配电系统的供电可靠性是建设高可靠性配电系统的重要课题。

　　在交直流混合配电系统中，直流环节对配电系统可靠性水平的影响具有两面性。

　　一方面，直流环节的引入可使配电系统可靠性水平得到一定程度的提升。例如，通过直流环节汇集直流电源与负荷，可简化直流型分布式电源的换流器并网环节，降低整流、逆变、升压等设备的故障概率，从而提升配电系统的整体可靠性。直流线路由于不存在频率稳定和无功补偿等问题，控制模式的简化将有助于提升系统的运行可靠性。引入直流环节还可在故障发生时通过快速调整运行方式，大幅降低失负荷率，减少停电时间与范围。此外，直流线路可避免电磁环网、不增加短路电流，亦可进一步提升配电系统的可靠性。

　　另一方面，直流环节的引入对配电系统的可靠性也有一定的负面影响。例如，相比交流设备，当前直流设备中所包含的电力电子元件寿命较短、故障率高，导致直流环节故障发生频率较高，系统平均停电持续时间较长。引入直流环节后，配电系统的复杂运行方式和交直流间的交互影响在一定程度上也会降低配电系统的可靠性。

　　为衡量和量化直流环节对配电系统可靠性的影响，需要开展相应的交直流混合配电系统可靠性分析工作。当前配电系统可靠性分析理论的重点仍然是交流设备及其系统，缺乏面向交直流混合配电系统的可靠性分析理论和相关实践，针对传统交流配电系统可靠性分析的相关理论方法需要立足于交直流混合配电系统的新形态进行拓展和丰富。

1. 直流环节对配电系统可靠性的提升作用分析

直流环节的引入对配电系统可靠性的提升作用主要体现在三方面。

1) 减少换流环节，降低系统故障概率

当配电系统中接入的直流负荷或电源比例较大时，若采用交流供电模式，则每个直流负荷或电源的接入点均需配置换流器。若选择直流配电系统，则节省了直流电源和负载接入所需要的换流环节，相应地也避免了大量换流设备的故障事件，从而降低了整个系统发生故障的概率。

2) 闭环运行，为负荷提供多方向电源

传统的交流配电系统大都采取环网建设、开环运行的方式，正常运行时馈线之间的联络开关处于断开状态，使得10kV供电区域的电源来源单一。对于交直流混合配电系统，若基于直流环节实现环网运行，并在系统中合理地接入分布式电源，为负荷提供多个电源点，则可有效增强正常运行方式下系统的供电可靠性。

3) 基于灵活潮流控制，提升故障下的负荷转供能力

在交流配电系统中馈线发生故障时，通过分段开关、联络开关的倒闸操作，可将馈线上的停电负荷转移至其他馈线。若配电系统其他未停电馈线负载率较高，末端电压较低，则由于馈线容量或电压约束，馈线可承受的转移负荷量可能受限，无法转带全部停电负荷，部分负荷需要等到故障修复才可恢复供电，可靠性较差。对于交直流混合配电系统，依靠柔性互联装置的动态无功补偿和灵活的潮流转移能力，可将全部停电负荷转带，从而提升系统可靠性。

2. 直流环节对配电系统可靠性的负面影响分析

由于直流配电系统尚在示范应用阶段，技术不成熟、保护策略不完善以及设备可靠度不高等问题都有可能造成配电系统可靠性的下降。直流环节的引入对配电系统可靠性造成的负面影响主要体现在以下两方面。

1) 直流设备较高的故障率和较长的检修时间导致系统可靠性水平下降

交流配电设备由于具有长时间的运行历史数据支撑，人们对其故障特性和可靠度参数的掌握比较充分，运维操作流程和可靠性管理标准也相对成熟。但对于直流配电设备，由于目前尚缺乏统一的可靠性管理标准和成熟的运行维护经验，相比交流配电设备，直流配电设备的故障发生频率更高，故障后维修时间更长[7-9]，这就导致交直流混合配电系统整体可靠性水平的降低。

此外，由于缺乏足够的历史运行数据，拟合直流配电设备的故障行为特征，并计算其可靠性参数也有一定困难，这就给评估交直流混合配电系统可靠性水平、分析直流环节对可靠性的影响等工作造成了一定的障碍。当前，直流配电设备可靠性参数可以借鉴结构功能相近的同类元件，或根据设备的组成部件和拓扑结构进行预测。未来随着直流配电设备的逐步推广应用和运维经验的不断积累，人们对直流配电设备的运行和故障特性将有更精确的把握。

2) 不成熟的交直流系统运行方式导致系统可靠性水平下降

当前交流配电系统广泛采用闭环设计、开环运行的方式，对于由架空馈线所形成的多分段多联络的网络结构，当一条馈线发生永久故障时，与之联络的馈线可分担该条馈线上的停电负荷。对于电缆馈线，由于所形成的双环网结构加上配电自动化系统的配合，负荷停电时间可短至几分钟。成熟的系统运行方式和故障处理策略使近年来交流配电系统的可靠性水平有了显著提升。直流环节加入后，制定与直流环节相匹配的系统运行方式也尤为重要，不当的系统运行模式很有可能影响系统整体的可靠性水平。

这里以含智能软开关装置(SOP)的交直流混合配电系统为例，说明不恰当的系统运行方式对配电系统可靠性的影响。SOP 可安装在馈线之间的联络开关处，

不仅具有联络开关本来的负荷转供、调整运行方式的功能，还可以通过自身的电力电子控制策略自由调节两端潮流，平衡馈线之间的潮流分布以及馈线各节点电压，提升配电系统的运行效率[10]。SOP 的出现使得交流馈线之间可以实现互联互通，配电系统闭环运行成为可能。但在交流馈线发生永久性短路故障的条件下，若 SOP 的运行方式与保护策略配合不当，未能在故障发生时切断与故障点之间的联系，则很可能会将单一馈线故障扩大至多条互联馈线中，使停电影响的负荷更多，导致系统可靠性水平下降。此外，闭环运行方式也可能增大故障短路电流，对设备造成不可逆的损害。当前，有关交直流混合配电系统的正常运行方式和故障处理策略方面的研究还不成熟，直流环节的引入对配电系统可靠性的负面影响还需要全面分析研究。

3. 交直流混合配电系统可靠性分析研究展望

随着直流环节的大规模示范应用，交流配电系统的可靠性分析理论也需要向交直流混合配电系统拓展，主要有三方面。

1) 直流配电设备可靠性建模分析

设备可靠性模型是系统可靠性分析的基础。准确掌握直流配电设备的运行机理，进而对直流配电设备的可靠性参数建模是十分必要的。直流设备种类繁多，包括直流开关、线路、换流器、变压器等，需要了解各类设备的元件组成并进行等效，基于设备的历史数据，针对不同运行场景下的直流设备，给出合适的可靠度概率分布，预估其在系统可靠性分析中的正常和故障运行状态，为系统可靠性分析提供模型基础。

2) 交直流混合配电系统故障模式影响分析

故障的后果模式分析是评估系统可靠性的核心。计算系统可靠性指标的过程就是逐一枚举故障事件并记录停电影响的过程。当枚举分析配电系统中发生的故障时，需要明确系统处理故障的策略、处理时长以及系统停电的范围。对直流环节的引入是否会提升故障处理的灵活度、降低停电时长、缩小停电范围等都需要进行详细的分析。当前对于交直流混合配电系统的运行方式、网架结构、故障处理模式等都没有形成统一标准，对交直流混合配电系统的故障模式影响分析仍需要深入研究和探讨。

3) 交直流混合配电系统可靠性优化提升方法分析

提升交直流混合配电系统的可靠性水平是可靠性分析工作的目标。引入直流环节的目的是要尽可能地提升系统可靠性水平，减小直流环节对可靠性的负面影响。这就需要对交直流混合配电系统的可靠性进行灵敏度分析，寻找薄弱环节并建立优化模型，优化直流接入方案。以何种标准选取直流系统的接入方案、如何确定直流系统的运行方式从而最大限度地发挥直流环节的效益、提升系统可靠性水平是未来交直流混合配电系统可靠性分析工作的重要一环。

10.2.2　综合能源系统可靠性分析

在传统社会供能系统中，供电、供气、供热/冷环节往往单独规划、独立运营，缺乏协调机制，可能造成能源效率低下、用能可靠性差。当前持续增长的能源需求与能源紧缺、能源利用与环境保护之间的矛盾日益突出，为了进一步提升能源利用效率，实现能源利用的清洁化，综合能源系统这一概念正越来越受到人们的关注。综合能源系统是以电力系统为核心，打破供电、供气、供冷/热等各种能源供应系统单独规划、独立运营的既有模式，在规划、设计、建设和运行的过程中，对各类能源的分配、转化、存储、消费等环节进行有机协调与优化，充分利用可再生能源的新型区域能源供应系统。

在综合能源系统中，各能源子系统紧密耦合且相互影响。综合能源系统由多种不同层级的能源子系统(如配电系统、配气系统、区域热力系统等)耦合而成，各能源子系统不再彼此分立运行，而是既可以作为能量供给者，也可成为其他能源供应的对象。综合能源系统可充分利用不同能源在运行机理、供需行为、价格属性等方面的互补互济特性，通过能源转换、分配等过程，提高系统的供能可靠性与灵活性。同时，它可实现对"源-网-荷-储"各部分可调资源的协同利用，使得各能量环节紧密相连，提高系统能源的综合利用能效。

1. 综合能源系统可靠性分析的复杂性

与配电系统的安全可靠供电一样，为用户提供安全可靠的高品质能源是对综合能源系统的基本要求。对综合能源系统进行可靠性分析，辨识影响综合能源系统可靠性的薄弱环节，并在规划设计以及运行阶段努力提升综合能源系统的可靠性也是一项最基本的工作。相比于配电系统，综合能源系统的可靠性分析更加复杂，其复杂性主要体现在两方面。

1) 综合能源系统可靠性量化评价指标的复杂性

当前，供电可靠性已有完善的评价指标，但综合能源系统涉及气、冷/热等多种能源形式，它们的能源传输特性与电力传输有着显著区别，供能的中断对不同用户的影响也不尽相同。例如，冷、热的传导速度相对较慢，供热中断的影响可能需要经过一段时间才能显现，这种延迟特性给评价能源供应的可靠性带来了一定的复杂度。

2) 综合能源系统可靠性建模的复杂性

综合能源系统可靠性分析涉及多种能源系统的网络、节点建模，不同能源系统的运行特性差异增加了可靠性建模的复杂程度。此外，还需要考虑不同能源系统之间的耦合关系，任何一个供能系统出现问题都可能对系统整体的能源供给产生影响。例如，供气系统与配电系统通过微型燃气轮机耦合关联，供气系统的故障可能导致配电系统缺电，进而对整体区域的能源可靠性产生影响。在可靠性分析中必须建立模型定量刻画这种耦合关联，以实现可靠性水平的准确分析。

2. 综合能源系统可靠性分析研究展望

综合能源系统的可靠性分析是配电系统可靠性分析工作的拓展，主要包括以下三方面。

1) 综合能源系统可靠性的评价指标体系

综合能源系统的供能可靠性分析涉及电力、热力、天然气等多种能源系统，其可靠性指标包括能源停供频率类、停供时间类、停供量类和概率类 4 种。但与配电系统的运行特性不同，其他形式的能源供应和用户需求可能并不要求瞬时的供需平衡。例如，冬季供热系统运行要求用户室温高于某一个下限值即可，在供热管网发生故障时，可能导致供热中断或对用户限额供热，但只要室温未达到下限，用户就可能对故障并没有感知。对于此类存在传输延时特性的能源系统，需要准确刻画故障对用户的影响程度，建立客观的评价标准和指标。此外，如何兼容不同能源系统的运行特性差异，建立一套能表征综合能源系统整体可靠性水平的指标体系，也需要进一步研究和探讨。

2) 综合能源系统的故障模式影响分析

在综合能源系统中，各类能源系统彼此之间存在耦合，单一能源系统的故障事件可能影响多个与之耦合的能源系统正常运行，其故障模式影响的分析过程将更加复杂。当前已有学者对多种能源系统间的耦合特性以及多能潮流计算进行了研究和探索，这给综合能源系统的故障模式影响分析提供了良好的模型基础。但除了精确高效的综合能源潮流计算模型外，故障模式影响分析还需要考虑故障后的系统恢复供能策略，类比配电系统中的停电负荷转供优化、分布式电源孤岛范围优化等，只有考虑了故障到恢复的全过程，故障模式影响分析的准确性才有保证。

3) 综合能源系统可靠性指标的解析计算

应用枚举法并结合故障模式影响分析即可计算综合能源系统的可靠性指标，此种方法简单但可扩展性不强，系统规模的扩大将导致枚举过程变得烦琐，尤其在故障模式影响分析中，涉及多个能源系统从故障到恢复的动态潮流计算和耦合环节分析，枚举所有故障并计算可靠性指标的方法不具有广泛适用性。未来，综合能源系统的可靠性分析需要找到一种简洁方便的解析计算方法，可以将系统进行一定程度的简化和等效，并应用类似 FIM 的模型，在所有能源系统故障事件参数与指标之间建立解析关系，应用解析公式即可计算得到系统的可靠性指标，也方便系统可靠性的灵敏度分析以及后续的可靠性提升优化措施研究。

10.3　本 章 小 结

本章分析了未来智能配电系统发展的新需求，包括更高的供电可靠性、更优质的电能质量、更好的兼容性、更强的互动能力、更高的资产利用率、更集成的可视化信息系统以及多网合一的能源互联等方面。基于未来配电系统发展趋势，本章在交直流混合配电系统以及综合能源系统方面展望了未来配电系统可靠性分析技术新的应用场景和发展方向。

参 考 文 献

[1] 王成山, 罗凤章, 张天宇, 等. 城市电网智能化关键技术. 高电压技术, 2016, 42(7): 2017-2027.

[2] 黄仁乐, 程林, 李洪涛. 交直流混合主动配电网关键技术研究. 电力建设, 2015, 36(1): 46-51.

[3] 杨涛. 浅谈交直流混合微电网中的安全性. 世界电子元器件, 2018(7): 40-42.

[4] 班国邦, 徐玉韬. 国内首个五端柔性直流配电示范工程进入试运行. 电力大数据, 2018, 21(9): 93-94.

[5] 傅守强, 高杨, 陈翔宇, 等. 基于柔性变电站的交直流配电网技术研究与工程实践. 电力建设, 2018, 39(5): 51-60.

[6] 熊雄, 季宇, 李蕊, 等. 直流配用电系统关键技术及应用示范综述. 电机工程学报, 2018, 38(23): 6802-6814.

[7] 邓帅荣. 基于元件和设备的中低压直流配电网可靠性评估. 重庆: 重庆大学, 2017.

[8] 史清芳, 徐习东, 赵宇明. 电力电子设备对直流配电网可靠性影响. 电网技术, 2016, 40(3): 725-732.

[9] 曾嘉思, 徐习东, 赵宇明. 交直流配电网可靠性对比. 电网技术, 2014, 38(9): 2582-2589.

[10] 孙充勃. 含多种直流环节的智能配电网快速仿真与模拟关键技术研究. 天津: 天津大学, 2015.

附录 A　IEEE RBTS Bus6 配电系统算例

第 4 章、第 5 章、第 7～9 章中，均应用 IEEE RBTS Bus6 配电系统[1,2]开展了相关案例分析。该系统包含 3 条 11kV 馈线 F_1、F_2 和 F_3，1 条 33kV 馈线 F_4，共有 40 个负荷节点，编号为 LP_1～LP_{40}，41 台配电变压器。4 条馈线的首端以及馈线 F_4 的分支馈线首端均安装断路器，所有配电变压器与馈线连接处均安装熔断器，断路器与熔断器的故障切除成功率为 100%，分段开关和联络开关的操作时间均为 1h。

算例系统内各个设备的故障参数如附表 A-1 所示。

附表 A-1　算例系统设备的故障参数

参数	线路	配电变压器
故障率	0.065 次/(年·km)	0.015 次/年
修复时间/h	5	200

根据单位线路故障率和线路长度，可得到算例系统内 64 个馈线段的故障率参数，如附表 A-2 所示。

附表 A-2　算例系统各馈线段的故障率参数

线路编号	线路长度/km	故障率/(次/年)	线路编号	线路长度/km	故障率/(次/年)
1	0.75	0.04875	18	0.80	0.05200
2	0.60	0.03900	19	0.60	0.03900
3	0.60	0.03900	20	0.60	0.03900
4	0.80	0.05200	21	0.80	0.05200
5	0.75	0.04875	22	0.75	0.04875
6	0.75	0.04875	23	0.75	0.04875
7	0.75	0.04875	24	0.60	0.03900
8	0.60	0.03900	25	0.60	0.03900
9	0.60	0.03900	26	0.75	0.04875
10	0.75	0.04875	27	0.75	0.04875
11	0.80	0.05200	28	0.60	0.03900
12	0.60	0.03900	29	0.80	0.05200
13	0.60	0.03900	30	0.75	0.04875
14	0.75	0.04875	31	0.60	0.03900
15	0.75	0.04875	32	0.80	0.05200
16	0.80	0.05200	33	0.75	0.04875
17	0.60	0.03900	34	0.60	0.03900

续表

线路编号	线路长度/km	故障率/(次/年)	线路编号	线路长度/km	故障率/(次/年)
35	2.80	0.18200	50	2.80	0.18200
36	2.50	0.16250	51	3.20	0.20800
37	1.60	0.10400	52	2.50	0.16250
38	0.90	0.05850	53	3.20	0.20800
39	1.60	0.10400	54	1.60	0.10400
40	2.50	0.16250	55	0.80	0.05200
41	0.60	0.03900	56	2.80	0.18200
42	1.60	0.10400	57	2.50	0.16250
43	0.75	0.04875	58	3.20	0.20800
44	0.90	0.05850	59	2.80	0.18200
45	3.20	0.20800	60	2.50	0.16250
46	2.80	0.18200	61	0.75	0.04875
47	0.60	0.03900	62	1.60	0.10400
48	3.50	0.22750	63	3.20	0.20800
49	1.60	0.10400	64	2.80	0.18200

系统各节点的负荷需求和用户数量如附表 A-3 所示。

附表 A-3 系统各节点的负荷需求和用户数量

负荷节点编号	用户数量/户	负荷需求/MW	负荷节点编号	用户数量/户	负荷需求/MW
1	138	0.1775	21	1	0.2633
2	126	0.1808	22	132	0.207
3	138	0.1775	23	147	0.1659
4	126	0.1808	24	1	0.3057
5	118	0.2163	25	79	0.1554
6	118	0.2163	26	1	0.2831
7	147	0.1659	27	76	0.1585
8	147	0.1659	28	79	0.1554
9	138	0.1775	29	76	0.1585
10	147	0.1659	30	1	0.2501
11	126	0.1808	31	79	0.1554
12	132	0.2070	32	1	0.1929
13	132	0.2070	33	76	0.1585
14	10	0.4697	34	1	0.2501
15	1	1.6391	35	1	0.2633
16	1	0.9025	36	79	0.1554
17	10	0.4697	37	1	0.1929
18	147	0.1659	38	1	0.2831
19	126	0.1808	39	76	0.1585
20	1	0.2501	40	1	0.3057

应用本书 FIM 法，计算得到系统各负荷节点的可靠性指标，如附表 A-4 所示。

附表 A-4　系统各负荷节点的可靠性指标

负荷节点编号	年停电次数/(次/年)	年停电时间/(h/年)	负荷节点编号	年停电次数/(次/年)	年停电时间/(h/年)
1	0.3303	3.6662	21	1.6725	8.4015
2	0.3433	3.6923	22	1.6725	8.4015
3	0.3400	3.7150	23	1.7115	8.5965
4	0.3303	3.6662	24	1.7212	8.6453
5	0.3400	3.6760	25	1.6725	11.2875
6	0.3303	3.6793	26	1.7115	11.4825
7	0.3693	3.7052	27	1.6725	11.2875
8	0.3725	3.7605	28	2.2250	14.0500
9	0.3725	3.7215	29	2.2250	14.0500
10	0.3595	3.6565	30	2.2250	14.0500
11	0.3693	3.7573	31	2.5370	12.7240
12	0.3595	3.6955	32	2.5890	12.9840
13	0.3693	3.7052	33	2.5370	12.7240
14	0.2425	3.5785	34	2.5370	12.7240
15	0.2373	0.8353	35	2.5370	12.7240
16	0.2405	1.0075	36	2.5110	15.4800
17	0.2425	4.1375	37	2.5598	15.7238
18	1.6725	8.4015	38	2.5110	15.4800
19	1.6725	8.4015	39	2.5110	15.4800
20	1.6725	8.4015	40	2.5110	15.4800

应用本书 FIM 法，计算得到系统的可靠性指标，如附表 A-5 所示。

附表 A-5　系统可靠性指标

指标	数值
SAIFI/(次/年)	1.0067
SAIDI/(h/年)	6.669
EENS/(MW·h/年)	72.81
ASAI/%	99.924

参 考 文 献

[1] Billinton R, Jonnavithula S. A test system for teaching overall power system reliability assessment. IEEE Transactions on Power Systems, 1996, 11(4): 1670-1676.

[2] Allan R N, Billinton R. A reliability test system for educational purposes-basic distribution system data and results. IEEE Transactions on Power Systems, 1991, 6(2): 813-820.

附录 B　94 节点配电系统算例

　　第 6 章中应用 94 节点配电系统[1,2]开展了分段开关与联络开关的优化配置案例分析。该系统共有 11 条馈线，首端均安装有断路器。系统 11 条馈线共分为 83 段，均可作为分段开关的备选安装位置。系统结构如附图 B-1 所示。馈线间的虚线为联络以及联络开关的建设备选位置。

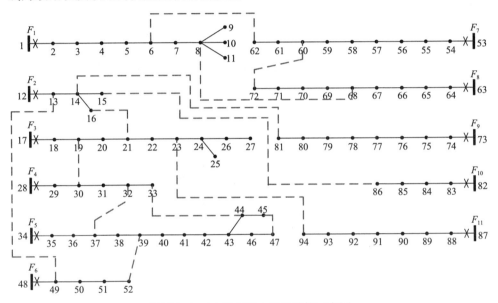

附图 B-1　94 节点配电系统结构示意图

　　系统各节点的负荷及用户数量如附表 B-1 所示。

附表 B-1　系统各节点负荷和用户数量

馈线编号	节点编号	有功/kW	无功/kvar	用户数/户	馈线编号	节点编号	有功/kW	无功/kvar	用户数/户
馈线 F_1	1	0	0	0	馈线 F_1	8	400	320	51
	2	0	0	0		9	300	200	1
	3	100	50	23		10	300	230	8
	4	300	200	4		11	300	260	31
	5	350	250	9	馈线 F_2	12	0	0	0
	6	220	100	15		13	0	0	0
	7	800	700	34		14	1200	800	3

馈线编号	节点编号	有功/kW	无功/kvar	用户数/户	馈线编号	节点编号	有功/kW	无功/kvar	用户数/户
馈线 F_2	15	750	600	7	馈线 F_6	48	0	0	0
	16	700	500	62		49	0	0	0
馈线 F_3	17	0	0	0		50	30	20	18
	18	0	0	0		51	750	600	68
	19	300	150	18		52	200	150	5
	20	500	350	74	馈线 F_7	53	0	0	0
	21	700	400	5		54	0	0	0
	22	1100	1000	193		55	0	0	0
	23	300	300	5		56	0	0	0
	24	400	350	37		57	200	160	27
	25	50	20	7		58	800	600	2
	26	50	20	11		59	500	300	37
	27	50	10	13		60	500	350	29
馈线 F_4	28	0	0	0		61	500	300	1
	29	50	30	19		62	200	80	18
	30	1000	600	1	馈线 F_8	63	0	0	0
	31	1000	700	1		64	0	0	0
	32	1800	1300	204		65	30	20	1
	33	200	120	23		66	600	420	107
馈线 F_5	34	0	0	0		67	0	0	0
	35	0	0	0		68	20	10	1
	36	1600	1500	167		69	20	10	1
	37	200	150	38		70	200	130	57
	38	200	100	46		71	300	240	62
	39	800	600	1		72	300	200	59
	40	100	60	57	馈线 F_9	73	0	0	0
	41	100	60	48		74	0	0	0
	42	20	10	3		75	50	30	1
	43	20	10	7		76	0	0	0
	44	20	10	12		77	400	360	68
	45	20	10	6		78	0	0	0
	46	200	160	1		79	0	0	0
	47	50	30	32		80	1900	1500	1

馈线编号	节点编号	有功/kW	无功/kvar	用户数/户	馈线编号	节点编号	有功/kW	无功/kvar	用户数/户
馈线 F_9	81	200	150	26		88	0	0	0
	82	0	0	0		89	400	360	23
	83	0	0	0		90	2000	1300	1
馈线 F_{10}	84	0	0	0	馈线 F_{11}	91	200	140	74
	85	1200	900	157		92	500	360	62
	86	300	180	41		93	100	30	29
馈线 F_{11}	87	0	0	0		94	400	360	57

所有馈线的最大传输容量为 5MV·A，各条馈线的负载率如附表 B-2 所示。

附表 B-2 各条馈线的负载率

馈线编号	F_1	F_2	F_3	F_4	F_5	F_6
负载率/%	77	65	86	98	86	25
馈线编号	F_7	F_8	F_9	F_{10}	F_{11}	
负载率/%	65	36	65	37	88	

各馈线段的故障率参数如附表 B-3 所示。

附表 B-3 各馈线段故障率参数

馈线编号	馈线段编号	故障率/(次/年)	馈线编号	馈线段编号	故障率/(次/年)
	1—2	0.0639		18—19	0.0172
	2—3	0.0689		19—20	0.0172
	3—4	0.0775		20—21	0.0517
	4—5	0.0301		21—22	0.0129
	5—6	0.0689	馈线 F_3	22—23	0.0560
馈线 F_1	6—7	0.0129		23—24	0.0775
	7—8	0.0133		24—25	0.0517
	8—9	0.0344		24—26	0.0646
	8—10	0.0775		26—27	0.0430
	8—11	0.0344		28—29	0.0186
	12—13	0.0258		29—30	0.0344
	13—14	0.1119	馈线 F_4	30—31	0.0818
馈线 F_2	14—15	0.0086		31—32	0.0160
	14—16	0.0258		32—33	0.0430
馈线 F_3	17—18	0.0373	馈线 F_5	34—35	0.0646

续表

馈线编号	馈线段编号	故障率/(次/年)	馈线编号	馈线段编号	故障率/(次/年)
馈线 F_5	35—36	0.0430	馈线 F_8	65—66	0.0172
	36—37	0.0430		66—67	0.0133
	37—38	0.0086		67—68	0.0129
	38—39	0.0560		68—69	0.0086
	39—40	0.0172		69—70	0.0344
	40—41	0.1636		70—71	0.0775
	41—42	0.0129		71—72	0.0080
	42—43	0.0129	馈线 F_9	73—74	0.0160
	43—44	0.0258		74—75	0.0560
	44—45	0.0689		75—76	0.0399
	43—46	0.0646		76—77	0.0719
	46—47	0.0689		77—78	0.0160
馈线 F_6	48—49	0.0160		78—79	0.0240
	49—50	0.0129		79—80	0.0186
	50—51	0.0430		80—81	0.0086
	51—52	0.0775	馈线 F_{10}	82—83	0.1065
馈线 F_7	53—54	0.0430		83—84	0.0106
	54—55	0.0086		84—85	0.0186
	55—56	0.0560		85—86	0.0160
	56—57	0.0172	馈线 F_{11}	87—88	0.0825
	57—58	0.1636		88—89	0.0426
	58—59	0.0129		89—90	0.0160
	59—60	0.0129		90—91	0.0430
	60—61	0.0258		91—92	0.0430
	61—62	0.0689		92—93	0.0301
馈线 F_8	63—64	0.0745		93—94	0.1033
	64—65	0.1765			

各馈线段的阻抗参数如附表 B-4 所示。

附表 B-4　各馈线段阻抗参数

馈线编号	馈线段编号	电阻/Ω	电抗/Ω	馈线编号	馈线段编号	电阻/Ω	电抗/Ω
馈线 F_1	1—2	0.1944	0.6624	馈线 F_1	3—4	0.2358	0.4842
	2—3	0.2096	0.4304		4—5	0.0917	0.1883

续表

馈线编号	馈线段编号	电阻/Ω	电抗/Ω	馈线编号	馈线段编号	电阻/Ω	电抗/Ω
馈线 F_1	5—6	0.2096	0.4303	馈线 F_5	44—45	0.2096	0.4304
	6—7	0.0393	0.0807		43—46	0.1965	0.4035
	7—8	0.0405	0.1380		46—47	0.2096	0.4304
	8—9	0.1048	0.2152	馈线 F_6	48—49	0.0486	0.1656
	8—10	0.2358	0.4842		49—50	0.0393	0.0807
	8—11	0.1048	0.2152		50—51	0.1310	0.2690
馈线 F_2	12—13	0.0786	0.1614		51—52	0.2358	0.4842
	13—14	0.3406	0.6944	馈线 F_7	53—54	0.2430	0.8280
	14—15	0.0262	0.0538		54—55	0.0655	0.1345
	14—16	0.0786	0.1614		55—56	0.0655	0.1345
馈线 F_3	17—18	0.1134	0.3864		56—57	0.0393	0.0807
	18—19	0.0524	0.1076		57—58	0.0786	0.1614
	19—20	0.0524	0.1076		58—59	0.0393	0.0807
	20—21	0.1572	0.3228		59—60	0.0786	0.1614
	21—22	0.0393	0.0807		60—61	0.0524	0.1076
	22—23	0.1703	0.3497		61—62	0.1310	0.2690
	23—24	0.2358	0.4842	馈线 F_8	63—64	0.2268	0.7728
	24—25	0.1572	0.3228		64—65	0.5371	1.1029
	24—26	0.1965	0.4035		65—66	0.0524	0.1076
	26—27	0.1310	0.2690		66—67	0.0405	0.1380
馈线 F_4	28—29	0.0567	0.1932		67—68	0.0393	0.0807
	29—30	0.1048	0.2152		68—69	0.0262	0.0538
	30—31	0.2489	0.5111		69—70	0.1048	0.2152
	31—32	0.0486	0.1656		70—71	0.2358	0.4842
	32—33	0.1310	0.2690		71—72	0.0243	0.0828
馈线 F_5	34—35	0.1965	0.3960	馈线 F_9	73—74	0.0486	0.1656
	35—36	0.1310	0.2690		74—75	0.1703	0.3497
	36—37	0.1310	0.2690		75—76	0.1215	0.4140
	37—38	0.0262	0.0538		76—77	0.2187	0.7452
	38—39	0.1703	0.3497		77—78	0.0486	0.1656
	39—40	0.0524	0.1076		78—79	0.0729	0.2484
	40—41	0.4978	1.0222		79—80	0.0567	0.1932
	41—42	0.0393	0.0807		80—81	0.0262	0.0528
	42—43	0.0393	0.0807	馈线 F_{10}	82—83	0.3240	1.1040
	43—44	0.0786	0.1614		83—84	0.0324	0.1104

续表

馈线编号	馈线段编号	电阻/Ω	电抗/Ω	馈线编号	馈线段编号	电阻/Ω	电抗/Ω
馈线 F_{10}	84—85	0.0567	0.1932		13—49	0.1310	0.2690
	85—86	0.0486	0.1656		14—81	0.3406	0.6994
馈线 F_{11}	87—88	0.2511	0.8556		15—86	0.4585	0.9415
	88—89	0.1296	0.4416		16—21	0.5371	1.0824
	89—90	0.0486	0.1656		19—30	0.0917	0.1883
	90—91	0.1310	0.2640	联络	23—94	0.0786	0.1614
	91—92	0.1310	0.2640		32—37	0.0524	0.1076
	92—93	0.0917	0.1883		33—44	0.0786	0.1614
	93—94	0.3144	0.6456		39—52	0.0262	0.0538
联络	6—62	0.1310	0.2690		45—47	0.1965	0.4035
	8—68	0.1310	0.2690		60—72	0.0393	0.0807

参 考 文 献

[1] Su C, Lee C. Network reconfiguration of distribution systems using improved mixed-integer hybrid differential evolution. IEEE Transactions on Power Delivery, 2003, 18(3): 1022-1027.

[2] Zhang T, Wang C, Luo F, et al. Optimal design of the sectional switch and tie line for the distribution network based on the fault incidence matrix. IEEE Transactions on Power Systems, 2019, 34(6): 4869-4879.